中国人民大学研究报告系列

U0301435

# 中国水处理行业可持续发展战略研究报告

## 再生水卷 II

REPORT FOR SUSTAINABLE
DEVELOPMENT STRATEGY OF
CHINA WATER TREATMENT INDUSTRY
WATER REUSE II

主　编　郑　祥　程　荣　李锋民

副主编　徐慧芳　张秀智　石　磊　张振兴
　　　　孙迎雪　曹效鑫

主　审　胡洪营　魏源送

编　委　（以姓氏笔画为序）

于　淼　王跃昌　石　伟　卢　如

代晋国　曲　丹　华河林　闫　政

李　江　李雪梅　肖宏康　吴昌敏

张为堂　张　凯　陈　翔　郁达伟

郑利兵　孟慧琳　赵喜华　冒建华

祝　敏　秦玉兰　高　嵩　董战峰

管金鑫　霍正洋

中国人民大学出版社
·北京·

# 总　序

陈雨露

　　当前中国的各类研究报告层出不穷，种类繁多，写法各异，成百舸争流、各领风骚之势。中国人民大学经过精心组织、整合设计，隆重推出由人大学者协同编撰的"研究报告系列"。这一系列主要是应用对策型研究报告，集中推出的本意在于，直面重大社会现实问题，开展动态分析和评估预测，建言献策于咨政与学术。

　　"学术领先、内容原创、关注时事、咨政助企"是中国人民大学"研究报告系列"的基本定位与功能。研究报告是一种科研成果载体，它承载了人大学者立足创新，致力于建设学术高地和咨询智库的学术责任和社会关怀；研究报告是一种研究模式，它以相关领域指标和统计数据为基础，评估现状，预测未来，推动人文社会科学研究成果的转化应用；研究报告还是一种学术品牌，它持续聚焦经济社会发展中的热点、焦点和重大战略问题，以扎实有力的研究成果服务于党和政府以及企业的计划、决策，服务于专门领域的研究，并以其专题性、周期性和翔实性赢得读者的识别与关注。

　　中国人民大学推出"研究报告系列"，有自己的学术积淀和学术思考。我校素以人文社会科学见长，注重学术研究咨政育人、服务社会的作用，曾陆续推出若干有影响力的研究报告。譬如自2002年始，我们组织跨学科课题组研究编写的《中国经济发展研究报告》《中国社会发展研究报告》《中国人文社会科学发展研究报告》，紧密联系和真实反映我国经济、社会和人文社会科学发展领域的重大现实问题，十年不辍，近年又推出《中国法律发展报告》等，与前三种合称为"四大报告"。此外还有一些散在的不同学科的专题研究报告也连续多年，在学界和社会上形成了一定的影响。这些研究报告都是观察分析、评估预测政治经济、社会文化等领域重大问题的专题研究，其中既有客观数据和事例，又有深度分析和战略预测，兼具实证性、前瞻性和学术性。我们把这些研究报告整合起来，与中国人民大学出版资源相结合，再做新的策划、征集、遴选，形成了这个"研究报告系列"，以期放大规模效应，扩展社会服务功能。这个系列是开放的，未来会依情势有所增减，使其动态成长。

中国人民大学推出"研究报告系列"，还具有关注学科建设、强化育人功能、推进协同创新等多重意义。作为连续性出版物，研究报告可以成为本学科学者展示、交流学术成果的平台。编写一部好的研究报告，通常需要集结力量，精诚携手，合作者随报告之连续而成为稳定团队，亦可增益学科实力。研究报告立足于丰厚素材，常常动员学生参与，可使他们在系统研究中得到学术训练，增长才干。此外，面向社会实践的研究报告必然要与政府、企业保持密切联系，关注社会的状况与需要，从而带动高校与行业企业、政府、学界以及国外科研机构之间的深度合作，收"协同创新"之效。

为适应信息化、数字化、网络化的发展趋势，中国人民大学的"研究报告系列"在出版纸质版本的同时将开发相应的文献数据库，形成丰富的数字资源，借助知识管理工具实现信息关联和知识挖掘，方便网络查询和跨专题检索，为广大读者提供方便适用的增值服务。

中国人民大学的"研究报告系列"是我们在整合科研力量，促进成果转化方面的新探索，我们将紧扣时代脉搏，敏锐捕捉经济社会发展的重点、热点、焦点问题，力争使每一种研究报告和整个系列都成为精品，都适应读者需要，从而铸造高质量的学术品牌、形成核心学术价值，更好地担当学术服务社会的职责。

# 编者简介 ▶

**郑祥**，博士，中国人民大学环境学院教授，博士生导师。九三学社北京市人口资源环境委员会委员，全国膜分离标准化技术委员会委员，CSTM 化工领域膜材料技术委员会委员，教育部膜与水处理技术工程研究中心技术委员会委员，国际水协会（IWA）膜技术专家委员会中国分委会委员。核心期刊《膜科学与技术》《工业水处理》《水处理技术》、*International Journal of Environmental Research and Public Health* 编委。2012 年入选教育部"新世纪优秀人才支持计划"，2016 年入选环境保护部（现生态环境部）"青年拔尖人才"，2020 年获"中国膜行业杰出青年科技工作者"称号。

长期致力于膜分离技术与公共卫生安全领域的研究。在 *Water Research*、*Journal of Membrane Science* 等期刊上发表 SCI 收录论文 80 余篇。2014 年《中国水处理行业可持续发展战略研究报告（膜工业卷）》荣获中国膜工业协会科学技术奖二等奖；2017 年"中国环保/膜产业可持续发展战略研究"获国际水协会中国青年委员会首创水星奖管理创新奖一等奖；2018 年"中国膜产业可持续发展战略研究"获中国膜工业协会科学技术奖（著作）一等奖；2022 年"新冠疫情下医疗废水膜法处理集成化技术与装备开发"获中国膜工业协会科学技术奖二等奖。

**程荣**，博士，中国人民大学环境学院副教授，博士生导师。*Frontiers of Environmental Science & Engineering*、*Chinese Chemical Letters*、《工业水处理》青年编委，中国化工学会工业水处理专业委员会专家，国际水协会中国青年委员会（IWA China-YWP）委员，生态环境部新冠肺炎疫情"医疗废水及其污泥、疫情粪便处理处置工作组"专家。

聚焦环境系统公共卫生安全与污染防控，重点围绕再生水生态安全开展了系列研究工作。在国内外学术期刊上发表论文 100 余篇；已授权发明专利 10 余项；出版学术专著 1 部，主、参编行业报告 4 部，主、参译教材 2 部，参编教材 1 部、中国环境百科全书 1 部。先后获得中国膜工业协会科学技术奖（著作奖）一等奖、北京水利学会科学技术奖二等奖、全国优秀中文论文奖等。承担国家科技重大专项、国家重点研发计划、国家自然科学基金、北京市自然科学基金、中国博士后科学基金以及国家部委委托课题等多项项目。

**李锋民**，中国海洋大学环境科学与工程学院副院长，教授，博士生导师。2005 年毕业于清华大学环境系，获博士学位。现任教育部高等学校教学指导委员会环境科学与工程类专业教学指导委员会委员、中国环境科学学会水处理与回用专业委员会常委、山东省智库高端人才、山东省生态环境保护专家委员会副主任委员，入选教育部"新世纪优秀人才支持计划"。

主要研究领域为近海新污染物环境行为与控制、再生水景观回用和污染水体水质净化生态系统研究。主持国家重点研发计划课题、山东省重大科技创新工程项目、国家自然科学基金课题、国家水体污染控制与治理科技重大专项等十余项。在国内外主流期刊发表论文 150 余篇，申请国家专利 30 余项。

# 前 言

"十四五"时期是中国全面建成小康社会、实现第一个百年奋斗目标之后，开启全面建设社会主义现代化国家新征程向第二个百年奋斗目标进军的第一个五年。作为水资源污染控制和再生领域的核心环节，城镇污水处理及再生利用在中国社会发展过程里将扮演愈来愈重要的角色。该行业面临改善城镇水生态环境质量、污水再生后替代传统水资源、提升人民群众对生态人居环境满意度的三重任务。

党的十八大"五位一体"总体布局和发展战略，将"生态文明"建设提到新的高度，生态文明理念需要社会各个行业按照生态文明宗旨重构行业和发展模式，助力中国"城市更新"和"双碳目标"的实现将是未来污水处理行业面临的关键挑战。

为科学评估中国水处理行业的自主创新能力和产业竞争力，帮助宏观经济监管部门规范管理，指导中国水处理行业科学健康发展，我们在2016年《中国水处理行业可持续发展战略研究报告（再生水卷）》的基础上，推出再生水卷Ⅱ。从投资结构、商业模式、市场格局、监管法规等多个角度介绍中国再生水市场和再生水产业的真实状况和发展趋势，并且全面比较分析中国和世界各国再生水产业的竞争力。从而为中国水资源开发利用、水环境保护，以及宏观经济管理和企业经营管理提供扎实的决策依据。

本报告分四部分对中国再生水行业发展现状及发展趋势进行了阐述。第一部分"概况篇"全面分析中国以及全球再生水利用的总体现状，采用文献计量学方法对各国在再生水技术研发方面的新动向与发展前沿进行详细评述。第二部分"区域与城市篇"对中国七大城市群与8个代表性城市的再生水利用状况进行系统比较分析。第三部分"工程案例篇"系统介绍5个典型人工湿地水质净化工程案例与11个代表性再生水工程案例，并对其工艺技术路线、运行效果、投资运行成本与项目特色进行系统分析。第四部分"产业篇"系统分析国内具有代表性的8家再生水知名企业的核心竞争力，并对其技术竞争力、市场格局、企业运行模式进行系统分析。

《中国水处理行业可持续发展战略研究报告（再生水卷Ⅱ）》由郑祥教授、程荣博士与李锋民教授带领中国人民大学和中国科学院生态环境研究中心、中国海洋大学等多方团队共同完成。陈惠鑫、何俊卿、陈逸琛、何柳、亓畅、旷文君、张莹莹、陈奕童、夏锦程、李威龙、邓子祺、陈炳全、谢星炜、陈雅婷、陈铭真、陈伟哲和马国新等数十位研究生参加了资料收集与整理工作。霍正洋博士与陈惠鑫小姐对全部书稿进行了文字校对与形式统稿。

非常感谢胡洪营教授与魏源送研究员在报告撰写过程中给予的指导与帮助！在调研过程中，我们得到了碧水源俞开昌博士，中国水环境曹效鑫博士，北控水务关春雨博士，光大水务王冠平博士、石伟博士，首创张为堂先生、宋新新女士，中持水务陈德清先生、吴昌敏先生，中信环境柴荆先生、张济先生，上海世浦泰白海龙先生，北京远浪潮生态建设有限公司王雷扬先生、王小平女士等业内同行的大力支持与帮助，确保了报告数据的可靠性。在报告的撰写过程中，我们多次向学界与产业界同行取经学习，获益良多，限于篇幅不能一一列举致谢，还请谅解。在报告的策划及出版过程中，中国人民大学出版社的崔灵琳老师付出了极大的心血，责任编辑老师以其一贯的敬业精神对报告进行了严格的把关，在此一并表示衷心的感谢！

敬畏同行的期望，我们在报告撰写过程中尽心竭力，不敢懈怠。但由于水平所限，难以尽如人意，敬请读者和同仁多多批评指正，以便我们更好的提高，共同促进中国再生水行业的健康发展。

郑祥

2022 年 3 月 12 日

# 目录 ▶

概 况 篇

# 区域与城市篇

# 工程案例篇

## 产 业 篇

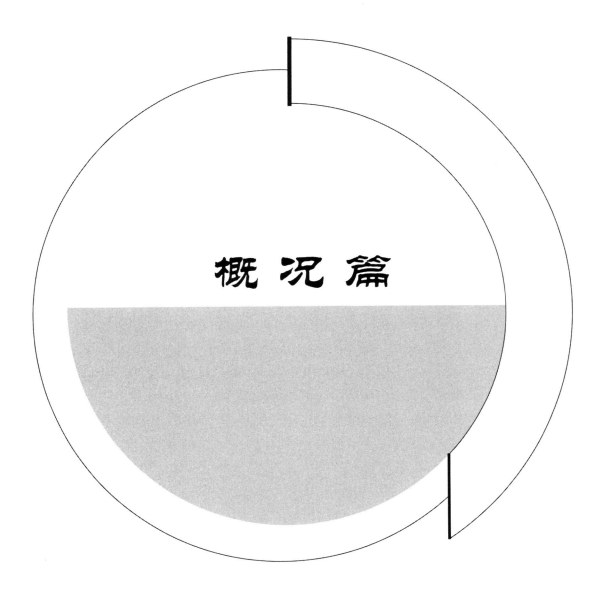

概 况 篇

# 第一章  中国再生水利用现状与历程

## 第一节  中国再生水发展历程

污水资源化利用是缓解水资源短缺、改善水生态环境、推进生态文明建设的重要手段，对落实节水优先方针，建设资源节约型、环境友好型社会具有重要意义。回顾这四十余年的发展历程，总体而言，中国再生水大致经历了四个发展阶段：萌芽起步期、初步探索期、加速发展期和绿色深化期。

第一阶段：萌芽起步期（1978—1991 年）。自 1978 年改革与发展以来，中国进入了快速发展时期。伴随着经济的快速发展和城市化，环境中废水排放量急剧增加，威胁着城市水和粮食安全。为了应对这一挑战，在这一时期，中国污水由之前的基本不处理或简易处理发展为由集中建设的污水处理厂和补充设施处理。20 世纪 80 年代后，国家适时调整政策，规定在城市政府担保还贷条件下，准许使用国际金融组织、外国政府和设备供应商的优惠贷款，推动了一大批城市污水处理设施的兴建。1984 年，天津建成了当时中国规模最大的污水处理厂——天津市纪庄子污水处理厂，处理规模为 26 万 $m^3/d$。随后，北京、上海、广东等省市根据各自的具体情况分别建设了不同规模的污水处理厂，标志着中国污水处理走向规模化。随着水污染防治工作的起步发展，较为完整的工作管理体系在这一时期得以形成。1984 年 5 月 11 日审议通过的《中华人民共和国水污染防治法》是水污染方面的专业性法律，也是中国第一部有关污染防治方面的法律。

第二阶段：初步探索期（1992—2001 年）。1992 年联合国召开的环境与发展大会通过了《里约宣言》和《21 世纪议程》等文件，成为全球历史上有深远影响的重大事件，从此可持续发展由理念转化为全球的行动指南。联合国环境与发展大会后，中国政府即着手制定国家级 21 世纪议程，使中国的经济社会发展迈入了新的纪元。在该阶段，中国的工业与经济发展相继进入加速发展期，但是在这一阶段中国的水污染防治工作偏重于工业污染防治，城市生活污水处理尚未得到重视。这主要是因为工业废水是当时中国污水的主要构成部分（见图 1-1）。基于此，这一阶段水处理行业国家科技攻关的研究重点聚焦工业污水的治理和资源化利用。"八五"期间，通过工程化和生产性试验研究出城市污水回用于不同对象和不同水质要求的成套回用技术，其中回用于工业冷却、钢铁工业、化工工业的技术已被应用；"九五"期间重点攻关了工业节水减污、有机难降解废水等方面。污水处理产业的快速发展，为再生水的回收利用提供了有利的前提条件及市场机会。从 20 世纪 90 年代中期开始，双膜法（超滤/微滤＋反渗透）以其优良的出水水质开始在工业再生水处理领域得到应用。

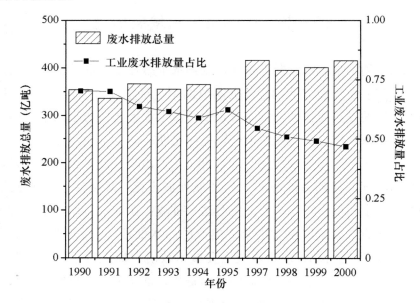

**图 1-1　中国废水排放总量及工业废水排放量占比**

数据来源：中国环境状况公报.

第三阶段：加速发展期（2002—2011 年）。城市化进程的加速为城市污水处理产业迅速发展提供了广阔的空间；伴随中国加入世界贸易组织（WTO），行业的竞争壁垒开始在一些城市被打破。2002 年，原建设部出台了《关于加快市政公用行业市场化进程的意见》，正式开放水务等公用行业，吸引了国外资本、民营资本投入其中。截至 2011 年，城市污水处理厂已增加至 1 588 座，约是 1978 年的 43 倍；污水处理能力提升至 11 303 万 m³/d，约是 1978 年的 178 倍。1999 年，中国生活废水的排放量超过工业废水排放量，城市污水的处理和利用成为该阶段水污染防治和水资源再生循环的重要内容。该阶段相关政策、指南见表1-1。随着《城镇污水处理厂污染物排放标准》的颁布和实施，城镇污水处理才真正开始从"达标排放"逐步转向"再生利用"。"十五""十一五"期间，中国再生水事业发展较快，先后进行了污水资源化利用技术与示范研究，建设了集中再生水利用工程，并陆续将再生水纳入城市规划。其中，北方地区缺水城市污水处理回用率基本达到规划指标，在全国兴起了一股再生水利用的高潮。

表1-1　　　　　　　　　　城市污水再生利用相关政策标准

| 指南/法规 | 年份 | 发布单位 |
| --- | --- | --- |
| 《城市污水再生利用分类》（GB/T 18919—2002） | 2002 年 | 国家质量监督检验检疫总局 |
| 《城市污水再生利用 城市杂用水水质》（GB/T－18920—2002） | 2002 年 | 国家质量监督检验检疫总局 |
| 《城市污水再生利用 景观环境用水水质》（GB/T 18921—2002） | 2002 年 | 国家质量监督检验检疫总局 |
| 《建筑中水设计规范》（GB 50336—2002） | 2003 年 | 原建设部；国家质量监督检验检疫总局 |
| 《城市污水再生利用 工业用水水质》（GB/T 19923—2005） | 2005 年 | 国家质量监督检验检疫总局；国家标准化管理委员会 |
| 《城市污水再生利用 地下水回灌水质》（GB/T 19772—2005） | 2005 年 | 国家质量监督检验检疫总局；国家标准化管理委员会 |
| 《城市污水再生利用技术政策》（建科〔2006〕100 号） | 2006 年 | 原建设部、科学技术部 |
| 《城市污水再生利用 农田灌溉用水水质》（GB 20922—2007） | 2007 年 | 国家质量监督检验检疫总局；国家标准化管理委员会 |
| 《再生水水质标准》（SL 368—2006） | 2007 年 | 水利部 |
| 《城市污水再生利用 绿地灌溉水质》（GB/T 25499—2010） | 2010 年 | 国家质量监督检验检疫总局；国家标准化管理委员会 |

第四阶段：绿色深化期（2012 年至今）。2012 年召开的党的十八大将生态文明建设纳入中国特色社会主义事业"五位一体"总体布局，"美丽中国"成为中华民族追求的新目标。中国开启了生态文明建设的新篇章，中国污水资源化也进入高质量发展新阶段。不再局限于"可持续发展"，"生态文明"在关注"人与自然"关系的传统观念基础上，增加了对"自然与社会"和"人与社会"之间和谐关系的强调。2014 年，在中国环保技术与产业发展推进会上，曲久辉院士等 6 位国内知名专家联合提出"应建设面向未来中国污水处理概念厂"，希望以此引领中国城市污水处理事业的升级发展。概念厂旨在将实现城市污水污染物消减的基本功能转变为城市的能源工厂、水源工厂、肥料工厂，进而再发展为与社区全方位融合、互利共生

的城市基础设施。2016 年，中共中央、国务院印发《关于进一步加强城市规划建设管理工作的若干意见》，明确提出，到 2020 年，地级以上城市建成区力争实现污水全收集、全处理，缺水城市再生水利用率达到 20％以上。同年国家发展和改革委员会发布《"十三五"全国城镇污水处理及再生利用设施建设规划》，提出了实现城镇污水处理设施建设由"规模增长"向"提质增效"转变，由"重水轻泥"向"泥水并重"转变，由"污水处理"向"再生利用"转变。

随着近年来中国不断持续的城镇化进程，很多原本处于城郊的污水处理厂目前已经地处人口密集的城市核心区域。由于污水处理厂对周边景观影响、本身噪声和臭味等问题对周边环境的影响经常得不到妥善处理，使得其成为"灰色"设施。地下处理厂在中国的兴建是污水处理行业的一次创举，改变了传统水厂与社区的对立关系，推动污水处理厂发挥更重要社会角色，成为水生态文明建设领域的特色实践之一。

党的十九大以来，再生水利用得到进一步重视，党和国家就再生水利用的目标、重点方向、典型领域、制度安排等做了全面而系统的布置。《中华人民共和国国民经济和社会发展第十四个五年规划和 2035 年远景目标纲要》进一步提出"鼓励再生水利用"，并提出了具体目标："十四五"期间地级及以上缺水城市污水资源化利用率超过 25％。2021 年，国家发展和改革委员会联合科学技术部、工业和信息化部、财政部、自然资源部、生态环境部、住房和城乡建设部、水利部、农业农村部、国家市场监督管理总局印发《关于推进污水资源化利用的指导意见》，就污水资源化的重点领域、机制体制保障等做出了明确的意见。在此基础上，生态环境部会同国家发展和改革委员会、住房和城乡建设部、水利部编制了《区域再生水循环利用试点实施方案》，从合理规划布局、强化污水处理厂运行管理、因地制宜建设人工湿地水质净化工程、完善再生水调配体系、拓宽再生水利用渠道与加强监测监管等六个方面，就再生水循环试点进行了全面的安排。2021 年 10 月，中共中央、国务院印发《黄河流域生态保护和高质量发展规划纲要》强调，积极推动再生水、雨水、苦咸水等非常规水利用，实施区域再生水循环利用试点。

随着国家"双碳目标"的提出，将促进再生水行业更多关注低碳和资源化。再生水处理向低碳运行、绿色转型方向发展，城镇再生利用低碳示范工程发挥了引领作用，部分企业如北京城市排水集团有限责任公司已率先发布碳中和规划和实施方案，推动行业低碳治水发展。2021 年，《"十四五"城镇污水处理及资源化利用发展规划》发布，就推进污水资源化利用、促进污泥无害化资源化处理处置、提升处理设施运行维护水平等提出了更加具体、有效的措施和要求。未来，为进一步深入贯彻落实习近平生态文明思想，助力碳达峰、碳中和目标的实现，将以京津冀地区、黄河流域等缺水地区为重点，选择再生水需求量大、再生水利用具备一定基础且工作积极性高的地级及以上城市开展区域再生水循环利用。通过在区域层面统筹再生水生产、调配、利用各环节，推动形成污染治理、生态保护、循环利用的治理体系，促进水生态环境质量和人居环境品质的不断改善。

## 第二节　中国工业领域再生水利用

### 一、中国工业用水现状

中国目前用水量较大，用水现状十分严峻。根据历年水资源公报公布的数据可以看出，近二十年来，中国全社会总用水量增加量超过 500 亿 m³，相比 2000 年增幅约为 9.52%；同一时期，中国工业用水量由 1 139.1 亿 m³ 增加到 1 217.6 亿 m³，上升幅度为 6.89%。中国工业用水量在 2011 年达到峰值，为 1 461.78 亿 m³，用水量比 2000 年增加 28.3%。2000—2020 年全国总用水量及工业用水量占比见图 1-2，近二十年来，中国工业用水量占比为 20%～25%，2000 年到 2010 年该占比总体上升，2010 年之后，该占比逐渐降低，全国用水总量也呈逐年下降趋势。

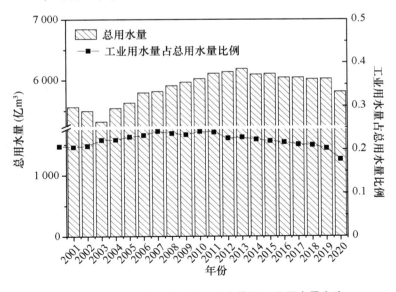

图 1-2　2000—2020 年全国总用水量及工业用水量占比

数据来源：中国统计年鉴.

中国工业用水量在全国总用水量中的占比约 25%，工业行业中，火电、钢铁、石化、化工等七大高耗水行业的总用水量约占到中国工业总用水量的一半。

工业用水量中近 17％为石油化工行业用水，该行业的用水特点包括用水量大，生产废水中含盐量高、污染物成分复杂、难以回收利用。其中，煤化工企业中运行的多种设备是重点的耗水单元，由于其具有较大的体量，使得煤化工项目的生产用水量巨大。煤制天然气工程生产 $10^3$ 标准立方米天然气的新水耗水量为 7 吨左右，煤制烯烃工程项目每生产 1 吨烯烃需消耗 27～30 吨新水，常规百万吨煤制油项目每年耗新水量超 1 000 万吨；工业用水量中近 10％为钢铁行业用水；工业用水量中近 6％为食品行业用水，该行业中原料用水量大，同时其生产过程中使用的清洗冷却用水水量大，且废水具有排放量大、COD 含量高的特点；工业用水量中近 6％为纺织行业用水，该行业的废水排放特点包括水量大、有机污染物浓度高等；工业用水量中近 4％为造纸行业用水，该行业废水具有污染物种类多、难去除物质浓度高等特点。

由图 1-3 可以看出，中国火电行业用水量一直非常大，其在工业用水量的占比从 2000 年的 28％增长到 2019 年的 40％，其次是石油化工行业，二十年来占比增长 10％。2000 年用水量为 3％的钢铁行业迅速发展成为第四大用水行业，到 2019 年占比达到 10％。纺织印染、造纸以及食品三个行业用水量占比相对稳定。

七大高耗水行业的用水主要集中于循环冷却水，整个工业用水量中 70％～80％的用水量为循环冷却水，在火电行业中，该比例甚至达到 80％～90％。

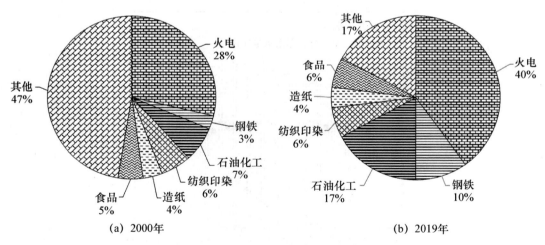

(a) 2000年　　　　　　　　　　　　(b) 2019年

**图 1-3　中国工业各行业用水量分布**

二、中国工业再生水利用现状

（一）中国工业节水现状

"十五"以来，中国万元工业增加值用水量从 2000 年的 278m³ 下降到 196m³

（当年价）。"十一五"以来，中国工业行业的用水效率逐年得到提升，2009 年中国万元工业增加值用水量降低至 103m$^3$。到"十二五"期间，中国 GDP 得到了大幅上升，提高了近 50%，全国万元 GDP 用水量逐年下降，降低比例超过 30%，万元工业增加值用水量下降 35%，工业用水量增长仅为 1.3%。到 2020 年，全国万元工业增加值用水量比 2015 年降低 44%，工业用水重复利用率达 92.5%。

图 1-4 展示了近二十年来中国产值及用水量的变化。从图可以发现，进入 21 世纪后，中国 GDP 增长迅速，2020 年 GDP 约为 2000 年的 10 倍，工业生产总值也在逐年迅速增加，2020 年中国工业生产总值约为 2000 年的 8 倍，但是无论是万元 GDP 用水量还是万元工业增加值用水量，都在逐年降低。

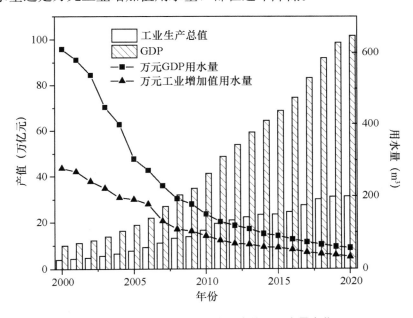

**图 1-4　2000—2020 年中国产值及用水量变化**

数据来源：中国统计年鉴.

1．火电

随着火电结构持续优化和节水技术推广，发电所需新水量逐年降低。2018 年，每发 1 度电所需新水量降至 1.23kg（见图 1-5），比 2015 年下降约 8%。截至 2020 年，全国火电厂平均每发 1 度电所需新水量为 1.18kg，自 21 世纪以来逐年降低。

2．钢铁

近年来，水资源的保护与节约理念不断深化，显著影响了中国钢铁行业用水情况。钢铁企业在保证产量不断提高的情况下，其用水效率也在逐年提高。"十一五"期间，污水回用措施在中国钢铁行业中逐步得到实行，用水量由 2006 年的 30.7 亿 m$^3$

降低至 2010 年的 27.9 亿 m³，年平均递减率为 2.3％；吨钢用水量由 7.3m³ 逐年下降至 4.11m³，5 年内年平均递减 12.0％，而水重复利用率却在不断提高，由 95.4％上升到 97.3％。到 2019 年，中国吨钢用水量降低至 2.56m³。钢铁等十八项工业用水定额中，钢铁行业用水定额如表 1-2 所示，钢铁企业炼钢用水定额如表 1-3 所示。

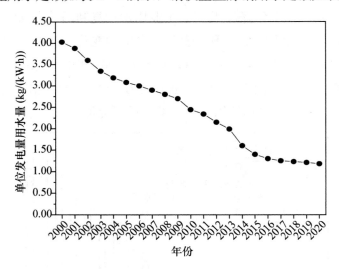

**图 1-5 2000—2020 年全国火电厂单位发电量用水量**

数据来源：中国电力企业联合会. 中国电力行业年度发展报告.

表 1-2 钢铁联合企业用水定额 （单位：m³/t 粗钢）

| 产品名称 | | 领跑值 | 先进值 | 通用值 |
| --- | --- | --- | --- | --- |
| 粗钢 | 含焦化生产、含冷轧生产 | 3.1 | 3.9 | 4.8 |
| | 含焦化生产、不含冷轧生产 | 2.4 | 3.2 | 4.5 |
| | 不含焦化生产、含冷轧生产 | 2.2 | 2.8 | 4.2 |
| | 不含焦化生产、不含冷轧生产 | 2.1 | 2.3 | 3.6 |

数据来源：水利部. 钢铁等十八项工业用水定额.

表 1-3 钢铁企业炼钢用水定额 （单位：m³/t 粗钢）

| 产品名称 | 领跑值 | 先进值 | 通用值 |
| --- | --- | --- | --- |
| 转炉炼钢 | 0.36 | 0.52 | 0.99 |
| 电炉炼钢 | 0.55 | 1.05 | 1.74 |

数据来源：水利部. 钢铁等十八项工业用水定额.

### （二）中国工业再生水利用量

再生水的利用缓解了工业用水的压力，为获取中国工业领域再生水利用量，中国人民大学"膜技术创新和产业发展中心"郑祥团队提出一种基于供应链上端数据的方法，计算中国工业领域高品质再生水的利用量（以反渗透膜的产水量计）。该方法将反渗透膜产业末端即应用环节的统计工作前移到产业前端即生产与销售环节，从销售环节中获取 8 英寸反渗透膜组件的销售量数据，从而推算较为精确的再生水反渗透膜产水规模。根据该方法可以估算：2021 年，中国工业领域再生水的反渗透膜应用规模保守估计为 $5\,500\pm500$ 万 $m^3/d$，即当年超过 180 亿 $m^3/d$ 高品质再生水在工业领域得到应用。

该方法利用供应链上端数据（批发销售数据）对特定区域（全球/国家或地区）或行业反渗透产水量进行估算；避免了供应链下端数据（用户）难以获取，准确性难以审核的问题。其具体包括四个步骤：（1）根据直接从主要膜组件供应商获得的数据估算每年的反渗透膜组件销售量；（2）估算每年的反渗透膜组件安装规模；（3）估算单只反渗透膜组件的平均单位产水量及其标准误差；（4）估算特定区域或行业反渗透产水量的平均值和 95％ 置信区间。该方法的流程图见图 1－6。

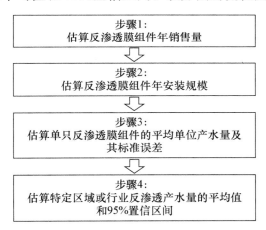

**图 1－6　特定区域或行业计算流程图**

因此，当特定区域或行业有更精细的销售数据时，可以使用自上而下的方法来估计区域或行业工业再生水利用量，进而为掌握中国工业各细分领域再生水应用现状提供数据基础。

## 第三节　中国城镇污水再生利用

### 一、中国城镇污水再生利用现状

中国城镇污水再生利用量及再生水生产量见图 1－7。从图可以看出，2008 年与 2012 年是两个关键的年份。中国再生水利用量与生产量在 2008 年达到 21 世纪前十年的峰值，在随后的 4 年间再生水利用量基本维持不变；2012 年起，中国再生水利用量与生产量快速增长。

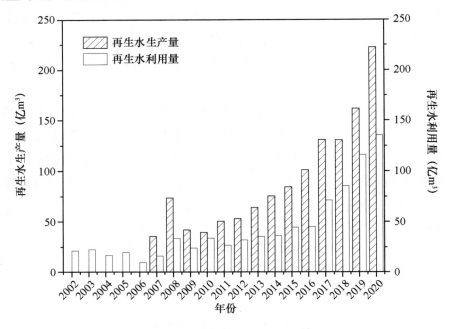

图 1-7　中国城镇污水再生利用情况

数据来源：中国城市建设统计年鉴.

2002 年，中国城镇污水再生利用总量为 21.22 亿 m³；2008 年，再生水利用量大幅增加，达 33.72 亿 m³，约为 2002 年的 1.6 倍，再生水的生产能力达 2 020.3 万 m³/d。在这一阶段，北京奥运会的举办推动了华北地区特别是北京的再生水利用。

为实现 2008 年"绿色奥运"的目标，北京 2005—2007 年间加快城镇污水处理及再生水厂建设，先后建立了密云再生水厂（4.5 万 m³/d）、北小河污水处理厂（6 万 m³/d）、怀柔污水处理厂（3.5 万 m³/d）、温榆河污水处理厂（10 万 m³/d）等多个大型膜法城镇污水处理厂，由清河再生水处理厂和北小河污水处理厂出水联网供应以保证奥林匹克森林公园的补水要求，使奥林匹克森林公园成为当时全球最大的以再生水为唯一水源的人工水景。北京奥运会期间，鸟巢等 14 处奥运场馆每日利用再生水 3 万 m³ 浇灌绿地、冲厕所；奥林匹克公园森林中心区的龙形水系，每日需要 5 000 m³ 的再生水；同时，圆明园公园、西护城河、清洋河、西土城沟、小月河等主要的景观河道也采用再生水作为补给。2008 年，北京再生水利用量为 6 亿 m³，占全国总利用量的 17.85%；再生水生产能力为 320.0 万 m³/d，占全国总生产能力的 15.84%。

2010 年，广州为了实现"绿色亚运"的目标，建成了设计规模为 10 万 $m^3/d$ 的地埋式 MBR 污水处理系统——京溪污水处理厂。该污水处理厂是广州市亚运会配套城市河涌改造项目，也是国内单位水量占地面积最小的污水处理厂。2010 年广州亚运会的举办有力推动了华南地区特别是广州与深圳两个南方重要城市在 21 世纪第二个十年再生水的应用。

2010—2020 年间，中央政府是城镇再生水利用工作的主要承担者和推动者。2012 年 1 月，国务院发布的《关于实行最严格水资源开发利用控制红线管理》对最严格水资源管理制度做了全面部署和具体安排。2015 年 4 月，《水污染防治行动计划》明确提到"以缺水及水污染严重地区城市为重点，完善再生水利用设施，工业生产、城市绿化、道路清扫、车辆冲洗、建筑施工以及生态景观等用水，要优先使用再生水"等促进再生水利用；并且要求"到 2020 年，缺水城市再生水利用率达到 20% 以上"；同时要求"敏感区域（重点湖泊、重点水库、近岸海域汇水区域）城镇污水处理设施应于 2017 年底前全面达到一级 A 排放标准"，城镇污水处理设施的提标改造为再生水的利用提供了水质保障。

2012 年，《"十二五"全国城镇污水处理及再生利用设施建设规划》明确提出，"十二五"期间再生水规模达到 3 885 万 $m^3/d$，到 2015 年全国再生水利用率达到 15%。2016 年，国家发展和改革委员会、住房和城乡建设部印发《"十三五"全国城镇污水处理及再生利用设施建设规划》，要求"到 2020 年底，城市和县城再生水利用率进一步提高"，"新增再生水利用设施规模 1 505 万 $m^3/d$"。在"十二五""十三五"两个再生水规划的指导下，近十年来，中国再生水开发利用量保持较快的增速，截至 2020 年，已达到 135.38 亿 $m^3$。

## 二、再生水前景分析

2019 年，中国 332 个再生水使用城市中，使用量超过 1 亿 $m^3$ 的城市有 23 个，超过全国再生水利用总量的 62.35%。这些城市绝大多数属于一线城市、省会城市或东部沿海城市。这也意味着目前中国再生水的利用仍主要集中在经济较为发达的区域。这主要是因为再生水新建管网投资巨大、施工难度大、运行处理成本高，使得只有发展水平较高、经济水平较高的区域才能够大规模开展污水回用。

2021 年是"十四五"的开局之年，再生水行业延续蓬勃发展的良好态势。为持续打好污染防治攻坚战，系统推进污水处理领域降碳增效、资源化利用，实现绿色发展和双碳目标，促进人与自然和谐共生、生态环境高质量和可持续发展，国家各部门陆续出台了一系列具有深远影响的方针政策：

● 1 月，国家发展和改革委员会等 10 部门联合印发《关于推进污水资源化利用的指导意见》（发改环资〔2021〕13 号），明确提出到 2025 年，全国地级及以上缺水城市再生水利用率达到 25％以上，京津冀地区达到 35％以上；到 2035 年，形成系统、安全、环保、经济的污水资源化利用格局。

● 2 月，国务院印发《关于加快建立健全绿色低碳循环发展经济体系的指导意见》（国发〔2021〕4 号），指出要推进城镇污水管网全覆盖，推动城镇生活污水收集处理设施"厂网一体化"，因地制宜布局污水资源化利用设施。

● 3 月，十三届全国人大四次会议表决通过了《关于国民经济和社会发展第十四个五年规划和 2035 年远景目标纲要的决议》，提出"十四五"期间，新增和改造污水收集管网 8 万千米，新增污水处理能力 2 000 万吨/日；地级及以上缺水城市污水资源化利用率超过 25％。

● 6 月，国家发展和改革委员会、住房和城乡建设部、生态环境部联合印发《"十四五"城镇污水处理及资源化利用发展规划》（发改环资〔2021〕827 号），明确提出要以提升城镇污水收集处理效能为导向，以设施补短板强弱项为抓手，统筹谋划、聚焦重点、问题导向、分类施策，加快形成布局合理、系统协调、安全高效、节能低碳的城镇污水收集处理及资源化利用新格局。

● 12 月 6 日，国家发展和改革委员会、水利部等 5 部委联合印发的《关于印发黄河流域水资源节约集约利用实施方案的通知》明确了未来再生水利用发展的方向，即强化再生水利用，将以现有污水处理厂为基础，合理布局污水再生利用设施，推广再生水用于工业生产、市政杂用和生态补水等。鼓励结合组团式城市发展，建设分布式污水处理及再生利用设施。推进区域污水资源化利用。开展污水资源化利用示范城市建设。高尔夫球场、人工滑雪场、洗车等特种行业优先使用再生水。鼓励工业园区与市政再生水生产运营单位合作，实施点对点供水。

● 12 月 10 日，为落实《关于推进污水资源化利用的指导意见》，水利部、国家发展和改革委员会等 5 部委印发《典型地区再生水利用配置试点方案》，明确以缺水地区、水环境敏感地区、水生态脆弱地区为重点，选择基础条件较好县级及以上城市开展试点工作。试点目标是到 2025 年，在再生水规划、配置、利用、产输、激励等方面形成一批效果好、能持续、可推广的先进模式和典型案例。按照方案要求，缺水地区、京津冀地区及其他地区的试点城市再生水利用率应当分别达到 35％、45％和 25％以上。

● 12 月 24 日，为贯彻落实党中央、国务院关于污水资源化决策部署，缓解区域水资源供需矛盾，生态环境部会同国家发展和改革委员会、住房和城乡建设部、水利部联合编制了《区域再生水循环利用试点实施方案》，方案明确阐述了区域再生利用是在重点排污口下游、河流入湖（海）口、支流入干流处等关键节点因地制宜建设人工湿地水质净化等工程设施，对处理达标后的排水进一步净化改善后，在一定区域统筹用于生产、生态、生活的污水资源化利用模式。从而达到三大目标：转变高耗水发展方式，缓解区域水资源供需矛盾；改善水生态环境质量，提升人居环境品质；减污降碳协同增效，促进实现碳达峰、碳中和。

在水资源短缺的现实倒逼和国家政策积极引导下，"十四五"期间再生水的利用地区将从北京、天津、大连、青岛等北方城市扩大到重庆、西安、合肥、昆明等中西部和南方城市；污水资源化的利用也将从单一地区的配置利用发展为区域层面统筹生产、调配、利用的循环体系。区域再生水循环利用试点工作将以京津冀地区、黄河流域等缺水地区为重点，选择再生水需求量大、再生水利用具备一定基础且工作积极性高的地级及以上城市开展试点。

# 第四节　绿色发展背景下的污水再生利用

## 一、发展趋势

党的十八大提出了中国特色社会主义经济建设、政治建设、文化建设、社会建设、生态文明建设"五位一体"的总体布局，提出要坚定不移贯彻"创新、协调、绿色、开放、共享"的新发展理念，强调绿色是永续发展的必要条件。在此战略背景下，中国的污水资源化利用也取得了突破性进展。具体进展如下。

（1）从污水处理概念厂到城乡共享新空间理念的提出。于2021年建成投运的宜兴城市污水资源概念厂向全社会清晰传递"污水是资源，污水处理厂是资源工厂"的理念。围绕着"水质永续、能量自给、资源回收、环境友好"的目标，宜兴城市污水资源概念厂颠覆了传统污水厂的形态，将示范污水处理厂从污染物削减基本功能扩展至城市能源工厂、水源工厂、肥料工厂等多种应用场景。宜兴城市污水资源概念厂重新定义了污水处理厂与城乡的关系，改变公众对污水处理厂的固有体验和认知。其中，概念厂从单纯实现环境友好到构造城乡共享新空间，将环境基础设施与城乡生态、生产和生活的融合、互动，是对污水处理与周边社区关系的又一重要深化。

行业高度关注的宜兴城市污水资源概念厂、东坝智慧绿色水厂投入运行，新一代再生水厂正在向资源转化、能源回收、低碳和谐为一体的生态型水厂转型。概念厂、智慧绿色水厂在中国的实践改变再生水行业"不断打补丁"的做法，践行低碳绿色先进理念，集中应用与展示已经和即将工程化的全球先进技术，充分满足中国城市可持续发展的战略要求。

概念厂构想是在党的十八大做出"大力推进生态文明建设"的战略决策这一背景下酝酿并启动的，也随着这一伟大事业的发展而深化。从最初单纯对污水处理厂的关注到绿色环境基础设施的理念，从水质永续到污水资源化，从能量自给到低碳发展，从环境友好到城乡共享新空间，成为水生态文明建设领域的重要特色实践。

（2）以地下厂为典型的高质量发展模式在再生水利用舞台上发挥重要作用。2020年，中国有2 618座城市污水处理厂，处理能力为1.93亿 m³/d，处理量达547.23亿 m³；市政再生水生产能力为6 095.2万 m³/d，利用量达135.38亿 m³，管道长度达14 630km。其中，地下污水处理厂数量达到109座，总处理规模达1 586万 m³/d。目前，中国地下污水处理厂分布具有明显的地区集中性特点，主要分布于环渤海、长三角和珠三角等经济发达地区，以及地貌较复杂的云贵川地区。以污水处理规模计，地下厂规模最大的省份分别为广东、湖北和北京，日处理规模均超过百万立方米。以数量计，拥有最多地下厂数量的省份分别为贵州、广东和云南，均达到10座以上。

地下厂的兴建是中国污水处理行业迈出的一次重大探索，打破行业界限，推动污水处理厂发挥更重要社会角色。中国许多地方政府以地下污水处理厂为抓手，基于生态文明建设的需求，重构人与自然、自然与社会、人与社会之间的关系，令地下污水处理厂成为中国水生态文明建设领域的特色实践之一。

（3）膜技术在市政与工业领域的再生水应用发挥关键作用。膜生物反应器（MBR）主要应用于中国市政污水再生利用过程；反渗透技术主要应用于工业领域的再生水利用过程。MBR技术自20世纪90年代初被引入中国，在经历了十多年的实验室与小型工程探索后，2006年，首座采用MBR工艺的万吨级北京密云再生水工程（处理规模达4.5万 m³/d）建设落成。此后，随着膜材料和膜技术的不断发展，中国成为MBR研究与推广应用最为活跃的国家。截至2021年底，中国万吨以上MBR工程（含在建）累计设计规模超过2 000万 m³/d。目前最大的MBR工程为2016年建成的北京槐房地下再生水厂，其处理规模达到60万 m³/d。

2021年，中国工业再生水领域的反渗透膜应用规模超过5 500万 m³/d，即超过180亿 m³/d高品质再生水在工业领域得到应用。从2000年到2020年，中国的工业生产总值增长近8倍，但工业耗水量只增加了6.89%。其中，以反渗透技术为核心的膜技术在工业再生水领域的大规模应用是关键的原因之一。

（4）以人工湿地为代表的生态工程技术在未来将发挥更为重要的作用。在重点排污口下游、河流入湖（海）口、支流入干流处等关键节点因地制宜建设人工湿地水质净化设施，对处理达标后的排水进一步净化改善后，在一定区域统筹用于生产、生态、生活的污水资源化利用模式。在区域层面统筹再生水生产、调配、利用各环节，推动形成污染治理、生态保护、循环利用有机结合的治理体系。将再生水纳入水资源统一配置，合理安排区域再生水循环利用相关设施建设改造项目，推动再生水生产和利用平衡、湿地净化与调蓄能力匹配，确保再生水利用目标可达、重点项目可落地、政策措施可持续。

再生水的生态处理可以实现再生水水质的进一步提高；再生水的生态储存和利用可以扩展水质净化的空间尺度，丰富和强化再生水的资源化属性。通过再生水的生态处理、生态储存和生态利用来控制城镇水环境污染、缓解城镇缺水困境和有效解决城市洪涝问题、以生态学理念审视城镇污水再生与循环利用的全过程，已经成为重要的发展趋势。

## 二、驱动力

"十四五"期间，包括再生水在内的非常规水源的巨大潜力将进一步释放，污水资源化利用将迎来新的格局。"政府引导"与"市场推动"将成为污水资源化的两大驱动力。《区域再生水循环利用试点实施方案》对城市政府提出明确要求：着力完善水资源价格政策，严格取用水管理，清理不利于再生水循环利用的政策规定，优化营商环境，吸引社会资本积极参与。为发挥市场作用，加大地方财政资金投入力度，试点地区可以享受以下优惠政策：

- 符合条件的区域再生水循环利用建设项目纳入地方政府专项债券支持范围；
- 支持试点城市将符合条件的人工湿地水质净化工程项目申报国家相关资金支持；
- 试点城市逐步建立健全使用者付费制度，放开再生水政府定价，由再生水供应企业和用户按照优质优价的原则自主协商定价；
- 对于提供公共生态环境服务功能的河湖湿地生态补水、景观环境用水使用再生水的，鼓励采用政府购买服务的方式推动区域再生水循环利用；
- 落实取用污水处理再生水免征水资源税费的相关政策；
- 鼓励符合条件的企业采用绿色债券、资产证券化等手段，依法合规拓宽融资渠道；

- 鼓励金融机构依法合规对试点城市符合放贷条件的项目给予融资支持。
- 落实现行相关税收优惠政策。

基于区域再生水循环利用试点的建设，形成的效果好、能持续、可复制的经验做法，将为推动建立污染治理、生态保护、循环利用有机结合的区域再生水循环利用体系，探索减污降碳协同增效的水生态环境保护新路径，提供典型示范。

# 第二章　全球污水再生利用状况

## 第一节　美国

### 一、总体状况

1920 年，美国在亚利桑那州建立了第一个分质供水系统，以缓解当地降雨量少、淡水缺乏的问题。目前，美国再生水利用已经成为城市水资源的重要组成部分。美国再生水利用工程主要分布于水资源短缺、地下水严重超采的加利福尼亚州、得克萨斯州、佛罗里达州和亚利桑那州等，用于市政建设、农林牧渔业、工业、旅游业等领域的发展以及地下水回灌等。美国地质调查局（USGS）在 1995 年的调查显示，95％的再生水回用发生在亚利桑那、加利福尼亚、佛罗里达和得克萨斯四个州。目前这四个州的回用水量在全美的占比已低于 90％，因为近 20 年来其他州的再生水回用也在积极开展，尤其是内华达州、科罗拉多州、新墨西哥州、弗吉尼亚州、华盛顿州和俄勒冈州。此外，美国大西洋地区、东北地区也开始实施再生水回用，在新泽西州、宾夕法尼亚州、纽约州、马萨诸塞州建设再生水回用设施。

美国各州对再生水回用管理准则和回用对象的标准各有不同，以顺应不同地区实际水资源利用情况，具有相当大的灵活性和适用性。例如加利福尼亚州、亚利桑那州和佛罗里达州等均推出不同的再生水资源管理条例和规章制度，明确不同的水质标准及水的加工处理标准，鼓励在保护环境和公众健康的前提下最大限度地回用再生水。

● 1980 年，美国环境保护署（USEPA）首次发布了《污水再生利用指南》。

● 1992 年，美国环境保护署会同有关方面推出了《再生水回用建议指导书》，涵盖了回用处理工艺、水质要求、监测项目与频率、安全距离和条文说明，为尚无可遵循法则的地方提供重要的指导信息。

● 2004 年，美国环境保护署颁布了修订后的《污水再生利用指南》，整理并总结了由各州颁布的有关再生水利用的法律法规、不同用途下的再生水水质标准，并依据不同的利用途径提出不同的处理方法、监测指标与频率，划分了包括二级处理、消毒、过滤、深度处理等不同的污水处理等级。

● 2012 年，美国在 2004 年的《污水再生利用指南》的基础上推出了《污水再生利用指南 2012》。

● 2017 年，美国颁布了《饮用水再利用纲要》，补充了《污水再生利用指南 2012》。各州根据本州水资源的实际需求，在推荐指南的基础上继续更新各自的再生水法规或指南。

美国在扩大再生水的利用和为社区扩展水资源方面取得了许多成果。但是，在再生水回用总量、全国再生水回用的分布以及采用新的、更高质量的用水方面，仍有改进的空间。如今，美国每天产生 1.2 亿 $m^3$ 的城市污水，其中只有 7％ 至 8％ 的污水被回收利用，污水再利用潜力仍然较大。美国再生水利用的各种途径可划分为农业、城市、环境、蓄积、工业、地下水回灌和饮用水回用方面（见表 2-1），通常分为向公众开放或限制访问区域的使用，限制区域通常设置围栏或限制访问等。

表 2-1 美国再生水回用应用分类

| 回用类别 | 描述 |
| --- | --- |
| 农业回用 | |
| 粮食作物 | 使用再生水灌溉拟供人类消费的粮食作物 |
| 加工粮食作物和非粮食作物 | 使用再生水灌溉在人类消费之前加工或未被人类消费的农作物 |
| 城市回用 | |
| 无限制 | 将再生水应用于不受限制的公共市政环境中的非饮用水项目 |
| 有限制 | 将再生水应用于因物理或制度障碍（例如围栏、咨询标牌或临时访问限制）而受控或受限的公共市政环境中的非饮用水项目 |
| 环境回用 | 利用再生水创造、增强、维持或增加水体，包括湿地、水生生态环境或溪流 |
| 工业回用 | 在工业应用和设施、电力生产以及化石燃料的提取中使用再生水 |
| 蓄积 | |
| 无限制 | 在不限制身体接触的蓄水池中使用再生水 |
| 有限制 | 在限制身体接触的蓄水池中使用再生水 |

续表

| 回用类别 | 描述 |
|---|---|
| 地下水回灌——非饮用水回用 | 使用再生水为非饮用水的蓄水层补给水 |
| 饮用水回用 | |
| IPR[1] | 在正常饮用水处理之前，用再生水补充饮用水水源（地表水或地下水） |
| DPR[2] | 将再生水直接引入水处理厂（在设计的储水缓冲区中保留或不保留），该厂可以与高级污水处理系统并置或远离 |

注 1) IPR：indirect potable reuse，间接饮用水回用
注 2) DPR：direct potable reuse，直接饮用水回用

以下简要介绍美国在蓄积、地下水回灌和饮用水回用方面的应用。

（一）生态景观回用

再生水用于生态景观回用的应用领域包括高尔夫球场的水障碍区、大规模的涉及偶然接触的景观性水库（例如钓鱼和划船）和全身接触的娱乐性水库（例如游泳和涉水）。自 1986 年以来，美国环境保护署制定了关于涉及身体接触的娱乐性的再生水利用的水质标准，以保护接触者免于接触娱乐水中的病原体。2011 年，美国环境保护署还针对分子生物学、病毒学和分析化学领域的研究结果提出了新的娱乐用水水质标准草案。

（二）地下水回灌——非饮用水回用

多年来，美国一直在向非饮用水的含水层补给地下水。再生水的地下水回灌除了作为一种处理污水的方法外还可以带来许多其他好处，包括：

- 回收处理后的水，以备未来使用或排放；
- 补充相邻的地表水；
- 工地下方季节性储存经处理的水，以季节性方式用于农业。

在许多情况下，地下水回灌还可以利用土壤或含水层系统，在这些系统中使用再生水作为附加的处理步骤来改善再生水的质量。

（三）饮用水回用

长期以来，美国一直考虑将再生水作为饮用水使用。早在 1962 年，间接饮用水回用（indirect potable reuse，IPR）就在美国洛杉矶的 Montebello Forebay 项目中使用。随后，在 1976 年加利福尼亚州奥兰治县的 Water Factory 21 项目和 1978 年弗吉尼亚上奥坎泉服务管理局的项目中同样报道了间接饮用水回用的再生水应用方式。1980 年，美国环境保护署赞助了一个关于饮用水回用和可行替代品的准则和标准制定的研讨会。当时的委员会已经认识到了饮用水回用的潜力。但是，由于

存在技术限制和知识空白，目前美国仍无法完全确定这种做法是否对公共卫生存在潜在危害。

除了间接饮用水回用外，美国也已经在国内严重干旱的地区实施了直接饮用水回用（direct potable reuse，DPR），包括得克萨斯州的大泉（2013）和得克萨斯州的威奇托福尔斯（2014）。DPR 被视为解决这些地区水资源挑战的最具成本效益或唯一可行的解决方案。

## 二、美国佛罗里达州的再生水利用

### （一）再生水利用现状

2019 年的统计数据显示，佛罗里达州共有 476 个正在使用的污水处理厂，可处理的污水最大量为 1 190 万 $m^3/d$，当前平均处理量为 774 万 $m^3/d$，为 428 个再生水回用系统提供了服务。佛罗里达州再生水回用系统的总处理能力为 799 万 $m^3/d$，占该州生活污水总处理量的 67%；当前约有 373 万 $m^3/d$ 的再生水能够通过这些系统实现重复利用，占该州生活污水总流量的 48%。表 2-2 显示了佛罗里达州每个水管理区的再生水回用容量和流量比。

表 2-2　　佛罗里达州不同水管理区的再生水处理情况和流量比（2019 年）

| 水管理区 | 回用系统总处理能力（即设计负荷，万 $m^3/d$） | 污水处理厂总处理能力（即设计负荷，万 $m^3/d$） | 污水回用率（设计）[1] | 回用系统总处理量（万 $m^3/d$） | 污水处理厂总处理量（万 $m^3/d$） | 污水回用率（实际）[2] | 替代饮用水的回用量[3]（万 $m^3/d$） | 替代饮用水的回用量比[4] |
|---|---|---|---|---|---|---|---|---|
| 西北佛罗里达 | 88.56 | 82.60 | 1.07 | 37.51 | 46.01 | 0.82 | 11.55 | 0.25 |
| 南佛罗里达 | 249.56 | 567.21 | 0.44 | 137.12 | 408.77 | 0.34 | 98.79 | 0.24 |
| 圣约翰斯河 | 217.81 | 256.32 | 0.85 | 93.89 | 145.98 | 0.64 | 62.42 | 0.43 |
| 苏万尼河 | 9.53 | 10.14 | 0.94 | 4.53 | 4.87 | 0.93 | 0.59 | 0.12 |
| 西南佛罗里达 | 233.29 | 274.07 | 0.85 | 99.71 | 168.16 | 0.59 | 77.92 | 0.46 |
| 2019 年总量 | 798.75 | 1190.30 | 0.67[5] | 372.78 | 773.79 | 0.48[5] | 250.85 | 0.32[5] |

注 1）污水回用率（设计）=回用系统总设计负荷/污水处理厂总设计负荷，比率大于 1.0（即大于 100%）表示公用事业可以采用几种回用选择，从而使回用系统总处理能力大于污水处理厂总处理能力。

注 2）污水回用率（实际）=回用系统总处理量/污水处理厂总处理量。

注 3）替代饮用水的回用量包括用于公共灌溉、食用作物灌溉、冲厕、消防和工业用途的水量。该水量计算中不包括其他农作物的农业灌溉、吸收田、快速渗透池、湿地和污水处理厂的工业再利用。

注 4）替代饮用水的回用比=替代饮用水的回用量/污水处理厂总处理量。

注 5）州平均水平。

佛罗里达州的一些再生水回用系统也使用其他水源来增加再生水的供应。2019

年，佛罗里达州共有 62 个再生水回用系统使用了 85 万 $m^3/d$ 的地表水，53 万 $m^3/d$ 的地下水，6 万 $m^3/d$ 的雨水，3 万 $m^3/d$ 的饮用水以及 2 万 $m^3/d$ 其他来源的的水补充再生水供应，总计使用 149 万 $m^3/d$ 的补充水。此外，佛罗里达州还从含水层存储和回采井中回收了 682 万 $m^3/d$ 的再生水，与 215 万 $m^3/d$ 的脱盐精矿混合后将其送至再生水回用系统。

佛罗里达州人均每天再生水利用量为 146 升，部分区域达到 227～403 升。佛罗里达州的再生水可用于供应 455 510 套住宅、529 个高尔夫球场、1 126 个公园和 394 所学校的用水。表 2-3 显示了佛罗里达州不同水管理区域的再生水厂和回用系统，以及某些公共场所的再利用活动的数量。表 2-4 总结了佛罗里达州按回用类型划分的再生水回用活动，包括每种回用子类型的回用系统数量、回用系统的设计负荷、回用量和回用面积。图 2-1 显示了每种再利用类型按水量划分的再生水利用率百分比。其中公用地区的灌溉量占据了 57% 的再生水总用量。

**表 2-3　佛罗里达州不同水管理区的再生水厂/回用系统和不同回用类别数量**

| 水管理区 | 处理厂数量[1] | 回用系统数量[1] | 灌溉住宅数量 | 灌溉高尔夫球场数量 | 灌溉公园数量 | 灌溉学校数量 | 冷却塔数量[2] |
|---|---|---|---|---|---|---|---|
| 西北佛罗里达 | 62 | 61 | 5 567 | 21 | 31 | 9 | 7 |
| 南佛罗里达 | 109 | 102 | 156 648 | 193 | 333 | 81 | 23 |
| 圣约翰斯河 | 143 | 124 | 143 326 | 124 | 332 | 110 | 16 |
| 苏万尼河 | 28 | 26 | — | 1 | 1 | — | 4 |
| 西南佛罗里达 | 134 | 115 | 149 969 | 190 | 429 | 194 | 39 |
| 2019 年总量 | 476 | 428 | 455 510 | 529 | 1 126 | 394 | 89 |
| 2018 年总量 | 478 | 427 | 437 380 | 529 | 1 138 | 401 | 86 |
| 变化百分比 | −0.4% | 0.2% | +4.1% | 0.0% | −1.1% | −1.7% | +3.5% |

注 1）再生水处理设备的数量大于回用系统的数量，因为在某些情况下，多个处理设备为一个回用系统提供服务。此外，处理设备可能将再生水送至一个以上的回用系统，而这些设备在提供再利用的设施总数中，它们仅被计算一次。

注 2）冷却塔的数量包括发电厂的直通式冷却塔以及其他商业用途的冷却塔。

**表 2-4　佛罗里达州再生水回用状况**

| 回用类型 | 系统数量[1] | 再生水处理能力[2]（万 $m^3/d$） | 再生水处理量[2]（万 $m^3/d$） | 服务面积[2,3]（$km^2$） | 调整的服务面积[2,3]（$km^2$） |
|---|---|---|---|---|---|
| 高尔夫球场灌溉 | 189 | 145.07 | 55.14 | 27.86 | 292.10 |
| 住宅灌溉 | 140 | 200.94 | 108.52 | 490.88 | 542.82 |
| 其他公共区域利用 | 153 | 120.06 | 48.73 | 186.18 | 225.71 |
| 公共区域和景观灌溉小计 | 245 | 466.07 | 212.44 | 955.83 | 1 060.63 |
| 食用作物[4] | 16 | 10.77 | 3.23 | 34.57 | 34.57 |

续表

| 回用类型 | 系统数量[1] | 再生水处理能力[2]（万 m³/d） | 再生水处理量[2]（万 m³/d） | 服务面积[2],[3]（km²） | 调整的服务面积[2],[3]（km²） |
|---|---|---|---|---|---|
| 其他农作物 | 108 | 58.69 | 26.28 | 84.72 | 92.81 |
| 农业灌溉小计 | 115 | 69.51 | 29.50 | 119.29 | 127.42 |
| 快速渗透池 | 180 | 95.79 | 41.10 | 25.74 | 26.87 |
| 吸收场 | 11 | 1.50 | 0.68 | 0.59 | 0.62 |
| 地表水补充 | 0 | 0 | 0 | — | — |
| 注射 | 1 | 1.36 | 1.05 | | |
| 地下水补给和间接饮用水回用小计 | 186 | 98.56 | 42.82 | 26.33 | 27.46 |
| 处理设施 | 101 | 42.10 | 29.37 | 3.21 | 3.21 |
| 其他设施 | 43 | 68.87 | 35.14 | 17.65 | 17.65 |
| 工业小计 | 120 | 110.97 | 64.51 | 20.86 | 20.86 |
| 冲厕 | 14 | 1.05 | 0.45 | — | — |
| 消防 | 0 | 0 | 0 | | |
| 湿地 | 16 | 48.10 | 21.18 | 20.77 | 20.77 |
| 其他用途 | 5 | 4.50 | 1.86 | 0.01 | 8.10 |
| 2019 年总量 | 428 | 798.75 | 372.78 | 1 143.09 | 1 265.24 |
| 2018 年总量 | 427 | 788.93 | 362.19 | 1 297.38 | 1 446.32 |
| 变化百分比 | +0.2% | +1.2% | +2.9% | −11.9% | −12.5% |

注 1）系统的数量不是累加的，单个系统可能参与一个或多个应用场景。

注 2）列总数的差异是与整理此汇总表的内部舍入有关的；表中的总数是在不对各个值进行四舍五入的情况下计算的。

注 3）一些设施没有报告使用再生水的面积。为了更好地表示实际面积，使用报告区域的平均值来调整面积总数，以包括未报告的值。

注 4）柑橘类约占食用作物总面积的 76%，包括橙子、葡萄柚和橘子。

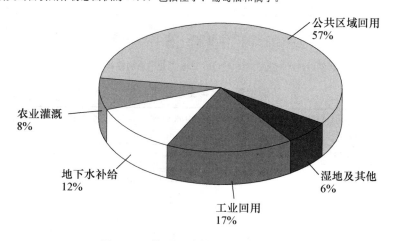

图 2-1 佛罗里达州再生水利用途径

据报道，在佛罗里达州的 60 个农场中，约有 3 457 公顷的食用农作物是用再生水灌溉的，其中约 76％用于柑橘类果实的生产（例如橙子、橘子、葡萄柚等）。

（二）再生水利用的管理

1. 水管理区

佛罗里达州在州和地区级别管理水资源。佛罗里达州环境保护部负责州级别的水资源管理，对地区级别的五个水管理区行使一般监督权。

佛罗里达州的五个水管理区包括西北佛罗里达、南佛罗里达、圣约翰斯河、苏万尼河和西南佛罗里达。

水管理区的四个核心任务是供水管理、水质管理、防洪和洪泛区管理、自然系统管理。水管理区执行这些任务的主要方式如下：

1）供水管理：如果确定现有水源不足以为所有现有和未来的合理用途供水，也不足以维持规划期（20 年）内的水资源和相关自然系统，一个地区将制定一项区域供水计划，规定 20 年内满足所有现有和未来合理受益用途和维持水资源和相关自然系统所需的项目、成本并进行相关预测。各区分担这些项目的主要实施费用。

2）水质管理：各区对水质进行大量监测和评估。对于区域内的水体，各地区建设或帮助资助水质项目的建设。此外，各区管理旨在保护州水质的监管计划。

3）防洪和洪泛区管理：各区在全区建设、经营和维护防洪结构，防止洪水事件增加。

4）自然系统管理：各区通过实施最小流量和水位计划以及水保护区来评估和保护自然系统。

2. 计量和费率结构

再生水是佛罗里达州供水的重要组成部分，因此佛罗里达州法规鼓励公用事业通过计量计划促进节水。法规建议根据实际使用量计量再生水的使用量。佛罗里达州将基于水量的费率视为一种有效的水管理工具，适用于住宅灌溉、农业灌溉、工业用途、景观灌溉、其他公共区域的灌溉、商业和机构用途（例如厕所冲洗）以及再生水的大量使用领域（例如社区开发区或其他再生水公用事业的使用）。佛罗里达州规定每个提供再生水回用服务的公用事业公司，必须每年提交再生水利用报告。

除了鼓励有效利用再生水外，佛罗里达州允许公用事业利用计量和费率结构来回收项目的投资成本。再生水的费率从零到全部服务成本不等。费率结构可以包括固定月费率、基于量的费率或组合费率结构。一些公用事业公司为大宗用户提供了折扣价，而另一些公用事业公司则采用了倾斜的集体收费率，对更高的用水量收取更高的价格。此外，一些公用事业公司对需求高、需要不间断服务的群体收取了额外的服务费。

3. 高效的再生水回用

2003 年，佛罗里达州发布了《佛罗里达州的再生水利用：有效利用再生水的策略》，也称为"策略报告"。该报告确定了提高佛罗里达州再生水有效利用的战略。报告中介绍的两个概念——饮用水质量补偿和补给分数，将在佛罗里达州形成高效的水资源再利用方面发挥越来越重要的作用。

饮用水质量补偿是指通过使用再生水节约的饮用水质量（F-Ⅰ，G-Ⅰ或 G-Ⅱ类地下水或符合饮用水标准的水），表示为占再生水总量的百分比。补给分数是指再利用系统中使用的再生水部分，以所用再生水总量的百分比表示。表 2-5 评估了佛罗里达州不同利用途径的再生水饮用水质量补偿和补给分数。

表 2-5　　　　佛罗里达州不同利用途径的再生水饮用水质量补偿和补给分数

| 回用类型 | 饮用水质量补偿（%） | 补给分数（%） |
| --- | --- | --- |
| 农业灌溉 | 60 | 35 |
| 高尔夫球场灌溉 | 75 | 10 |
| 住宅回用 | 40 | 45 |
| 工业回用、厕所冲洗和防火 | 100 | 0 |
| 地下水补给和间接饮用水回用 | 0 | 90 |
| 其他公共区利用 | 60 | 30 |

表 2-6 总结了佛罗里达州每个水管理区的再生水补偿和补给流量。据估计，佛罗里达州 2019 年使用的 349 万 $m^3/d$ 再生水可抵消 196 万 $m^3/d$ 的饮用水质量的使用，同时，还将增加 118 万 $m^3/d$ 的可利用水资源。

表 2-6　　　　　　佛罗里达州不同水管理区补偿和补给流量汇总

| 水管理区 | 总流量（万 $m^3/d$） | 补偿流量（万 $m^3/d$） | 补给流量[1]（万 $m^3/d$） |
| --- | --- | --- | --- |
| 西北佛罗里达 | 32.66 | 19.04 | 11.49 |
| 南佛罗里达 | 135.06 | 74.89 | 46.18 |
| 圣约翰斯河 | 533.71 | 43.34 | 26.73 |
| 苏万尼河 | 4.53 | 2.70 | 1.61 |
| 西南佛罗里达 | 97.82 | 56.36 | 31.65 |
| 2019 年总量 | 349.16 | 196.36 | 117.67 |

注 1）列总数的差异是与整理此汇总表的内部舍入有关的；表中的总数是在不对各个值进行四舍五入的情况下计算的。

4. 水资源警告区域

佛罗里达州水资源警告区域（water resource caution area，WRCA）是指存在

严重供水问题或预计在未来 20 年内将面临严重供水问题的区域。最初，佛罗里达州仅在这些水资源警告区域内进行再生水回用，除非这种水的再利用在经济、环境或技术上不可行（根据再利用可行性研究确定）。目前，佛罗里达州法规允许在全州范围内使用再生水。在获得生活污水许可证之前，指定水资源警戒区域内排放或为居民服务的生活污水设施必须准备再利用可行性研究报告。

表 2-7                         佛罗里达州水资源保护区的再利用活动

| 回用状况 | WRCA 内 | WRCA 外 | 总和 |
|---|---|---|---|
| 回用设施数 | 328 | 100 | 428 |
| 污水处理可回用的设施数 | 372 | 104 | 476 |
| 污水处理不可回用的工厂数 | 30 | 9 | 39 |
| 污水处理能力（即设计负荷）（万 $m^3$/d） | 1 072.06 | 119.56 | 1 190.17 |
| 污水处理量（万 $m^3$/d） | 703.28 | 70.46 | 773.75 |
| 污水回用系统处理能力（即设计负荷，万 $m^3$/d） | 646.45 | 152.29 | 798.75 |
| 污水回用量（万 $m^3$/d） | 316.41 | 65.46 | 372.78 |
| 公共使用回用量（万 $m^3$/d） | 189.12 | 23.64 | 212.30 |
| 食用作物回用量（万 $m^3$/d） | 3.18 | 0 | 3.18 |

5. 交叉连接控制

佛罗里达州严格禁止再生水管线和饮用水管线之间的交叉连接。1999 年，佛罗里达州在年度再生水再利用报告表中增加了交叉连接控制活动的报告要求。

在报告了交叉连接控制活动的 260 个再生水回用系统中，有 14 个再生水回用系统报告了标识和清除了一个或多个交叉连接的情况。在 1999—2020 年间，佛罗里达州共有 23 050 个新的公共通道接入了再生水回用系统连接。大约 99.7% 的新连接都被检查以确保没有交叉连接。美国环境保护署发布的《污水再生利用指南 2012》为建立交叉连接预防和控制计划提供了指导。佛罗里达州规定公用事业公司应参考美国环境保护署关于交叉连接控制程序实施的指南。

（三）再生水利用的变化趋势

图 2-2 显示了佛罗里达州的再生水利用设计负荷和回用量的增长趋势。佛罗里达州再生水利用设计负荷由 1998 年的 459 万 $m^3$/d 增长至 2019 年的 799 万 $m^3$/d，回用量由 1998 年的 223 万 $m^3$/d 增长至 2019 年的 373 万 $m^3$/d，回用率（设计）和回用率（实际）分别由 1998 年的 0.45 和 0.31 增长至 2019 年的 0.67 和 0.48，可见佛罗里达州的再生水在 1998—2019 年间得到了切实的推广应用。

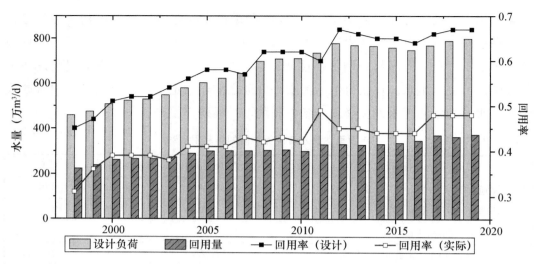

图 2-2　佛罗里达州 1998—2019 年再生水回用增长情况

# 第二节　加拿大

加拿大的再生水利用可追溯至 20 世纪。萨斯喀彻温省为应对南部干旱问题，自 1980 年以来就持续利用污水处理厂出水作为作物灌溉用水。

1999 年，加拿大爱德华王子岛省已有利用再生水对高尔夫球场草坪进行灌溉的相关案例。加拿大国民对再生水利用可接受度普遍较高，相关研究表明加拿大西部大学大多数的研究学者赞成在非饮用或非密切接触领域使用再生水。2013 年加拿大环境部各行业用水量公报显示，受益于再生水的回用以及工艺流程的优化，火力发电、制造业、家庭、商业、机构、农业、矿业和石油天然气部门的总用水量从 2005 年至 2013 年减少了 39 亿 m³。

2002 年，加拿大环境部长理事会（CCME）组织了全国性再生水回用专家研讨会，旨在汇集在再生水利用技术、政策、法规、研究等方面的建议。

2006 年，加拿大环境部和大西洋沿岸省份联合出版了《大西洋加拿大污水收集、处理和处置指南手册》，为再生水的利用规划和水质标准等提供了重要的指导信息。

2010 年，加拿大联邦政府发布了《加拿大厕所和小便池冲洗的回用水指南》。此外，加拿大 CAN/CSA B128.1-06/B128.2-06（R2016）标准还规定了冲洗厕所、灌溉草坪、洗车、淋浴等非饮用水系统的设计安装及维护要求等。各省依据实际水源情况，分别制定了符合地区实情的再生水利用指南，如不列颠哥伦比亚省在 2013

年颁布了《再生水指南》，阿尔伯塔省则在 2010 年和 2017 年分别制定了《住宅雨水收集系统指南》和《小系统水回用替代解决方案指南》。安大略省出版的《污水处理工程的水和能源节约指导手册》也在第 4 部分提及了有关再生水的利用的内容。除此之外，不列颠哥伦比亚省还在 2018 年颁布了加拿大唯一的有关再生水的省级法规《城市污水管理条例》，旨在从法律层面规范再生水的利用。

　　加拿大是世界上人均用水量最高的国家。随着城市的不断扩张，加拿大对水的需求量日益增加，2016 年加拿大产生的污水总量达 51.89 亿 m³，其中魁北克省污水排放量最高，为 18.45 亿 m³，安大略省次之，为 17.94 亿 m³，随后是不列颠哥伦比亚省（6.27 亿 m³）和阿尔伯塔省（3.48 亿 m³）。而水供应源匮乏的问题也使得在可持续水管理的背景下，加拿大对于再生水利用的兴趣日益增加。安大略省环境部出版的《污水处理工程的水和能源节约指导手册》中评估了多种再生水回用方式在加拿大经济、社会、环境因素影响下的应用价值，见表 2-8。当前，加拿大再生水回用主要应用在农业、城市、环境和工业领域。

表 2-8　　　　　　　加拿大再生水回用方案的用水需求和相关因素的比较

| 回用类型 | 所需处理水平 | 经济因素：资本成本 | 经济因素：运维成本 | 社会因素：潜在的健康风险 | 社会因素：公众接受度 | 环境因素：能源使用 | 环境因素：潜在的不利影响 |
|---|---|---|---|---|---|---|---|
| 农业回用 | 低 | 低 | 低 | 低 | 高 | 低 | 中 |
| 景观灌溉 | 低 | 低 | 低 | 低 | 高 | 低 | 低 |
| 环境与娱乐应用 | 低—中 | 低 | 低 | 中 | 高 | 低 | 低 |
| 住宅回用 | 低—中 | 低 | 低—中 | 中 | 中 | 中 | 低 |
| 商业回用 | 低—中 | 低 | 低—中 | 中 | 中等偏上 | 中 | 低 |
| 工业回用 | 低—高 | 低—高 | 低—高 | 低—中 | 高 | 低—高 | 低 |
| 间接饮用水回用 | 高 | 高 | 高 | 中等偏上 | 低—中 | 高 | 低 |
| 直接饮用水回用 | 高 | 高 | 高 | 高 | 低 | 高 | 低 |
| 其他城市用途 | 中等偏上 | 中等偏上 | 中等偏上 | 中 | 中 | 中 | 低 |

## 一、农业回用

　　农业回用是加拿大再生水回用最常见的应用之一。再生水灌溉的做法在加拿大西部已经相当成熟，并且在加拿大开展的实验性再生水灌溉项目已有 30 多年的历史。自 1977 年以来，加拿大不列颠哥伦比亚省弗农市已对污水进行了处理并再利用，作为农业、造林和休闲用地的储备水源。霍格等人在 1997 年的研究表明加拿大已建立大约 65 个实验性再生水灌溉项目，回用的再生水占加拿大污水排放总量的 5%，分别覆盖了阿尔伯塔省 3 050 公顷、萨斯喀彻温省 2 620 公顷、曼尼托巴省 53 公顷，共计 5 723 公顷的土地。此外，一些学者基于对阿尔伯塔省的饲料作物、萨斯喀彻温省的苜蓿作物和不列颠哥伦比亚省的甜樱桃树进行多年的追踪结果研究发现，由再生水灌溉的作物的产量接近或高于平均水平，该研究结果也进一步推动了再生水在加拿大农业领域的应用。

尽管加拿大各省对于再生水的农业回用处理建议大致相同，但其农业灌溉的水质安全标准仍因地区而存在一定差异，见表 2-9。

表 2-9　　　　　　　　　　加拿大部分省再生水农业灌溉的应用标准

| 省份 | 应用领域 | 最低处理要求 | 大肠菌群限值（每 100 毫升）[1] |
|---|---|---|---|
| 阿尔伯塔省 | 农业、景观灌溉 | 需达到所规定的质量要求 | ≤200 FC（几何均数），≤1 000 TC（几何均数） |
| 大西洋沿岸 4 省 | 农业、景观灌溉 | 二级处理，存储 6 个月 | ≤200 FC，≤1 000 TC |
| 萨斯喀彻温省 | 农业、景观灌溉 | 二级处理 | ≤200 FC（中位数），≤400 FC（2 个连续样本） |
| 不列颠哥伦比亚省 | 农业、景观、城市、工业、环境回用 | 二级处理并消毒 | ≤2.2 FC（中位数），≤14 FC（单一样本） |

注 1）FC 指粪大肠杆菌，TC 指总大肠菌群。

## 二、城市与环境回用

目前，加拿大许多地区已存在或提出了高尔夫球场和市政土地的再生水回用计划。不列颠哥伦比亚省弗农市的一个再生水厂每天回收约 1.3 万 m³ 的污水，于每年的 4 月至 10 月将处理过的污水回用于当地的高尔夫球场、林场等区域，灌溉面积覆盖约 970 公顷。阿尔伯塔省斯特拉斯莫尔镇从 2003 年就开始持续利用该镇处理的污水改善当地的湿地状况，以还原适宜水禽生存的生态环境。地表水渗入地下水位或人工补给再生水到地下水含水层可补充地下水供应，使用处理过的地表水人工补给地下水已被讨论为萨斯喀彻温省的农村用水者的可行选择。随着再生水利用在城市和环境应用的普及，加拿大地区再生水的城市与环境利用面也在逐年增加，从直接将再生水回用于高尔夫球场、公共土地的灌溉和冲洗厕所等到间接将再生水作为一个热源或水槽等。

加拿大水与污水协会（CWWA）在 2002 年的一项调查结果表明，加拿大很少进行雨水收集并且几乎不鼓励收集雨水，但此前国际已有报导雨水可用于高尔夫球场灌溉等的再利用。2005 年，加拿大举行的系列研讨会介绍了国际雨水收集的做法，并探讨了雨水再生利用在加拿大的应用潜力。目前，安大略省报道了当地的加拿大范莎学院已建造两个 5 000 升的储水池储存雨水，经过过滤和消毒后将雨水回用进行冲厕并对屋顶绿植进行灌溉。

在住宅应用方面，加拿大抵押和住房公司（CMHC）曾发起一个示范项目"多伦多健康之家"。该项目中，住宅中约有 80％的水是通过回收利用的：处理后的雨水和融雪用于房屋内的饮用水、清洗用水；生活污水收集回用于冲厕、洗澡和洗衣服；房屋的供给和再利用水系统由位于后院下方的蓄水池和过滤系统组成，一边收集雨水和再生水，一边进行屋内水体系的再利用循环。安大略省伦敦市的一个拥有 600 名员工的办公室使用地下室集水区流水砖系统中的水箱水冲洗厕所，使该建筑每年减少了 25％的用水消耗。不列颠哥伦比亚省温哥华市的会议中心西楼和哥伦比亚大学的可持续性互动研究中心大楼也使用了再生水回用系统，从而减少了对外部供水的需求。此外，安大略省圭尔夫市的一项"住宅再生水实地测试"的研究中开展了"再生水回扣计划"，通过给房主提供回扣而将再生水回用系统普及至普通家庭住宅中，推动了再生水回用的发展。

## 三、工业回用

工业污水经过一定处理后再利用在加拿大相当普遍。加拿大工业用水占总用水量的 80％以上，在工业总用水量中，通常约有 40％被循环利用。许多行业使用自己的工艺水进行处理后再循环，用于冷却塔补充水等领域。2011 年加拿大制造业、采矿业和火力发电业三个典型工业的总用水量、排放量、消耗率和再循环率（定义为再循环的水量占总用水量的百分比）统计数据显示，火力发电工业用水再循环率最低，采矿业的再循环率最高。加拿大制造业的工业用水再循环率也因行业而异，从木制品组的 22％到塑料制品的 292％。案例表明，加拿大萨斯喀彻温省的纸浆厂通过使用零液体排放污水处理系统，使工业用水充分在厂内循环使用，从而大大降低该厂对水的需求量至典型工厂需水量的 2％～10％。2007 年，魁北克省虏杰尔造纸厂也通过利用 OAF 污水处理装备，有效回收该厂污水中的纤维和化工原料，净化为生产用水而实现再回用，使得该厂的水消耗量降低了 80％。除了工业用水循环再生回用外，2006 年，埃德蒙顿市也开始向当地的工业合作者提供再生的市政污水，用于氢气和蒸汽生产。

## 第三节　新加坡

### 一、背景

作为一个人口稠密，高度城市化的城市国家，截至 2019 年，新加坡 733 km² 的土地上约有 570 万的人口，并且以年平均 1.9% 的速度增长，其 GDP 则以每年平均 7.7% 的速度增长，年用水量约为 6 亿 m³。土地稀缺和人口密集意味着尽管新加坡每年约有 2 345mm 的降雨，但其人均可利用水资源量仍位列世界倒数第二位。经济发展带来的压力也使得新加坡水资源的形式更为严峻。除此之外，新加坡缺乏天然的蓄水层，导致可存储的水资源较少。新加坡住房、工业和基础设施的竞争需求也意味着该国无力拨出大片土地用于集水和储存。如果没有其他供应来源，新加坡将高度依赖从马来西亚柔佛州进口的水，以满足其每天约 182 万 m³ 的用水需求。

不断增长的水需求促使新加坡探索替代其市政供水的淡水。近年来，新加坡不断开发海水淡化技术和再生水处理技术，拟通过增大淡化海水和再生水的产量来解决国内的水需求问题。新加坡的水环路见图 2-3。当前，再生水的开发在新加坡体现出越来越重要的战略地位。

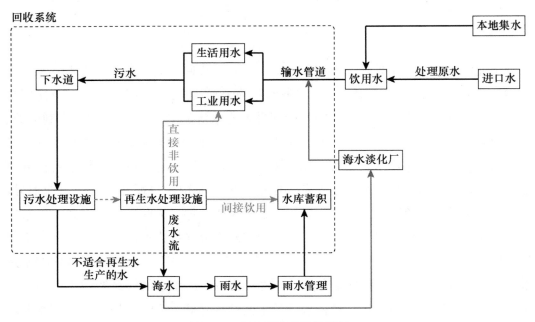

图 2-3　新加坡水环路示意图

## 二、利用现状

在新加坡，再生水的回用通过两种产品实现：一种是称为工业再生水（Industrial Water）的较低级别的再生水，另一种是 NEWater。工业再生水和 NEWater 构成了新加坡再生水供水中的重要组成部分，以提供缓解新加坡人均水资源短缺问题的解决方案。

工业再生水于 1966 年首次被引入新加坡，并作为非饮用水的替代水源用于新加坡居民生活用水方面。2003 年，新加坡推出了高级再生水，称为 NEWater。NEWater，就是充分利用高科技手段，回收所有的工业和家庭生活污水，然后经过各种过滤和消毒，使其达到可以饮用的水标准。这种再生水具有很高的纯度，其质量超过了世界卫生组织（WHO）《饮用水水质准则》（见表 2‑10）。

表 2‑10　　截至 2017 年 5 月的世界卫生组织饮用水标准和 NEWater 质量的比较

| 特征 | 单位 | 世卫组织标准（2017） | NEWater 标准 |
|---|---|---|---|
| 微生物参数 | | | |
| 大肠杆菌 | cfu/100mL | <1 | <1 |
| 异养细菌 | cfu/mL | — | <1 |
| 物理参数 | | | |
| 颜色 | Hazen | — | <5 |
| 电导率 | μS/cm | — | <250 |
| 余氯 | mg/L | 5 | <2 |
| pH 值 | — | — | 7.0～8.5 |
| 总溶解固体（TDS） | mg/L | — | <150 |
| 浊度 | NTU | 5 | <5 |
| 化学参数 | | | |
| 氨氮 | mg/L | — | <1 |
| 铝 | mg/L | — | <0.1 |
| 钡 | mg/L | 1.3 | <0.1 |
| 硼 | mg/L | 2.4 | <0.5 |
| 钙 | mg/L | — | 4～20 |
| 氯化物 | mg/L | — | <20 |
| 铜 | mg/L | 2 | <0.05 |
| 氟化物 | mg/L | 1.5 | <0.5 |
| 铁 | mg/L | — | <0.04 |
| 锰 | mg/L | — | <0.05 |
| 硝态氮 | mg/L | 11 | <11 |
| 钠 | mg/L | — | <20 |
| 硫酸盐 | mg/L | — | <5 |
| 二氧化硅（以 $SiO_2$ 的形式） | mg/L | — | <3 |

续表

| 特征 | 单位 | 世卫组织标准（2017） | NEWater 标准 |
|---|---|---|---|
| 锶 | mg/L | — | ＜0.1 |
| 三卤甲烷总量比 | — | ＜1 | ＜0.04 |
| 总有机碳（TOC） | mg/L | — | ＜0.5 |
| 总硬度（以 CaCO_3 计） | mg/L | — | ＜50 |

NEWater 比工业再生水的生产成本高，因为为了满足其高质量的水质要求，它需要额外的处理步骤，包括反渗透（RO）过滤和紫外线（UV）消毒。NEWater 的单价为 1.22 新元/m³，而工业再生水的单价为 0.65 新元/m³。但是，NEWater 广泛的应用范围和其水质的安全性使其在新加坡全国范围内成为优于工业再生水的首选方案。因此，新加坡国家水务局多年来都在不断增加国内 NEWater 的供给量。截至 2019 年，NEWater 的供应量占生活用水总量的 40%，非生活用水总量的 60%。预期到 2060 年，新加坡的用水需求将翻一番，其中非生活用水需求将占总水需求的 70%。而海水淡化和 NEWater 预期能够满足新加坡 2060 年总水需求的 85%。

NEWater 在新加坡的推广给新加坡带来了很多好处，例如改善了新加坡的水安全性，增强了新加坡对气候变化的适应力，减少了新加坡对水库蓄水的需求而能将土地用于其他目的。作为一种可持续的供水资源，在新加坡，NEWater 一直作为主要供水密集型行业的供给水，例如晶片制造厂、发电和石化行业，以及用于装备有空调冷却塔的商业或公共建筑。另有少量（2%左右）的 NEWater 被注入水库中并使其与雨水混合，然后进一步处理为饮用水，从而通过间接补给的方式来补充饮用水。在大多数情况下，用于间接补给的 NEWater 仅占新加坡水资源供应的很小部分，但其可在干旱期间作为水库的补给用水，从而缓解干旱期间的缺水问题。

当前，新加坡共有 5 座水回收厂，所生产的 NEWater 差不多能够满足全岛 30%的用水总需求。

三、发展历程

20 世纪 60 年代，新加坡严重依赖当地集水区的水和从马来西亚柔佛州进口的水。为了寻求一种更可持续、更强大的解决方案来满足其水需求，新加坡开始致力于再生水回用的相关研究。

新加坡再生水的利用始于 1966 年，裕廊工厂开始向污水处理厂供应从污水中回收的工业再生水。当时，工业再生水约占新加坡总水需求的 2%。

新加坡 NEWater 的起源可以追溯到 20 世纪 70 年代。1974 年，新加坡环境及水资源部开始通过中试工厂测试各种处理技术，包括反渗透、离子交换、电渗析和氨汽提来研究 NEWater 生产的可行性。当时新加坡国内的研究表明，NEWater 的生产在技术上是可行的，能够使得经处理后的再生水符合 WHO 的《饮用水水质准则》，但是由于高昂的成本，NEWater 并未在新加坡得到广泛推广。得益于 20 世纪 90 年代以来膜技术性能的改善和成本的下降，NEWater 在新加坡推行的可行性得到了提升。

新加坡 NEWater 研究计划于 1998 年概念化。2000 年，一座日处理能力为 10 000m³ 的大规模 NEWater 示范工厂在新加坡投入使用。该工厂利用微滤、反渗透和紫外线技术处理污水生产 NEWater，抽样评估和监测 NEWater 的水质，并启动健康影响测试计划。一系列评估结果表明该工厂生产出的 NEWater 是一种可持续且安全的水源，NEWater 的质量始终很高且安全，并且完全符合美国环境保护署（USEPA）和 WHO 对饮用水的要求。

NEWater 于 2003 年正式在新加坡投入使用。为使公众相信 NEWater 作为饮用水使用是安全的，新加坡总理等公职人员首先示范饮用 NEWater。由此，NEWater 在宣传方面取得了巨大的成功，获得了 98% 的接受率。新加坡 2012 年的一项调查显示，国内接受 NEWater 作为直接饮用水的受访者比例约为 82%，而只有 16% 的受访者表示只能接受 NEWater 作为间接饮用水使用。

当前，新加坡有 5 座再生水厂，为国内 500 万以上的人口提供了服务。2017 年，4 座 NEWater 厂按 USEPA 和 WHO 的标准处理了约 5.95 亿 m³ 的污水：樟宜占 59%，乌鲁班丹占 20%，裕廊占 11%，克兰芝占 10%（见图 2-4）。日前，新加坡的 NEWater 可用于间接饮用和直接非饮用水使用。对于直接非饮用水使用，NEWater 通过专用管网传输给消费者，例如半导体晶片厂、石化和发电行业以及公共或商业建筑的空调冷却塔。

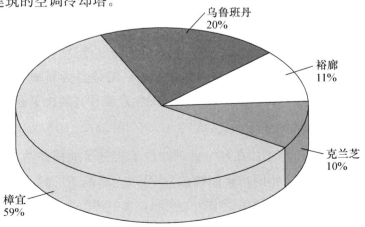

**图 2-4　2017 年新加坡 4 座 NEWater 厂处理水量比例**

预计到 2060 年，新加坡的水需求将几乎翻一番。新加坡计划增加 NEWater 的供应量，到 2030 年和 2060 年分别满足其总水需求的 50％和 55％。这些供应的大部分将流向工业，成为预计需求增长的主要组成部分。

## 四、NEWater 成功的关键因素

在技术使 NEWater 的生产可行的同时，政府的大力支持和公众的认可使 NEWater 的大规模利用取得了成功。在规划和开发阶段，以下六个因素对 NEWater 的推广至关重要。

### （一）政府的大力支持与技术示范

如何实现水资源的自给自足一直以来都是新加坡政府关注的重点。1971 年，新加坡在总理府下成立了水计划部。1972 年，新加坡水计划部出台了对国内水资源开发的总体规划要求，概述了包括再生水在内的水资源开发计划。尽管在 1974 年的试验后新加坡没有直接推广 NEWater 的利用，但新加坡国家水务局和环境及水资源部在这之后仍在持续关注在海外实施的试验、研究和项目。在开发技术足够成熟的背景下，政府为 NEWater 项目的推进提供了强有力的政策支持。

晶片厂是 NEWater 的早期采用者。鉴于其纯净度高、有机物和矿物质含量低的特点，NEWater 非常适合晶片厂的超纯水（UPW）生产工艺。为了证明其适用性，新加坡国家水务局与晶片厂协商建立了一个 UPW 试验工厂，以确保 NEWater 生产的 UPW 符合晶片厂要求的质量规格。在开始使用 NEWater 之后，水务局与晶片厂保持密切联系，日常提供水位和水质的最新信息。与使用饮用水相比，使用 NEWater 作为生产材料时只需要较少的处理步骤即可达到 UPW 的质量要求。根据相关研究，使用 NEWater 的晶片厂为 UPW 的生产节省了约 20％的化学成本。NEWater 在 UPW 生产中的成功实施也增强了公众对 NEWater 的认识。

建立示范工厂来解决不同地区气候、污水的水质、流量等方面的差异对于 NEWater 的生产是非常重要的。新加坡国内示范工厂的建立为新加坡 NEWater 的推广奠定了良好的基础，有效优化了 NEWater 的生产流程并解决了运营难题。

### （二）严格的水安全评估

新加坡 NEWater 示范工厂在各个处理阶段下实施了抽样评估、水质监测和健康影响测试。2000—2002 年间，新加坡在 NEWater 示范工厂的 7 个采样点中收集了大约 20 000 个测试结果，涵盖了 190 个物理、化学和微生物参数。结果表明 NEWater 能够符合 WHO 和 USEPA 的饮用水标准，并且其微生物学参数与新加坡饮

用水质量相当或更好。健康影响测试计划对 NEWater 对小鼠和鱼类的短期和长期毒性和致癌作用以及对鱼类的雌激素作用进行了测试，结果表明 NEWater 并未对小鼠和鱼类的健康产生负面影响。

新加坡组建了国内外专家小组（包括工程学、微生物学、毒理学、生物医学、化学和水技术领域的专家），就新加坡再生水研究向新加坡国家水务局和环境与水资源部提供建议并审查其研究结果和建议的客观性和可靠性。有关水质和健康影响评估的综合数据使公众对 NEWater 的安全性和可靠性充满信心，有助于 NEWater 在新加坡国内的推广利用。

（三）有效的公众参与

新加坡制定了广泛的 NEWater 公共宣传计划，在学校、社区和 NEWater 游客中心等地持续进行公众教育。宣传内容包括：饮用水的可再生利用不是一个新概念，在世界范围内已得到成功实践；多重处理过程是安全可靠的；间接饮用水的使用提供了进一步的环境缓冲；NEWater 是新加坡的可持续水源。新加坡通过以下措施进行有效的宣传：

● 与媒体互动：媒体在向公众推广 NEWater 方面发挥了作用。2002 年，媒体记者组织了一次考察旅行来访问国外的再生水应用项目。在专家小组的调查结果发布后，新加坡组织专家举行了新闻发布会，以帮助记者解决关于 NEWater 的困惑。记者还参观了示范工厂，以亲自观察处理过程。选择重大场合请国家领导人当众饮用，产生轰动效应，有效帮助民众确立对再生水安全性能的信心。

● 社区参与：新加坡曾向国会议员和基层领导人做了关于 NEWater 简报，在这之后，公职人员们借助展览、海报、小册子和广告向社区传播了 NEWater 的相关信息。NEWater 被装瓶以允许公众品尝，并经常在社区活动以及国庆游行中分发。

● 一系列卓越的品牌策划：摒弃污水、中水、回用水等传统词汇，确立 NEWater 和 USED water 名称。建设 NEWater 接待中心、游客中心，NEWater 游客中心于 2003 年开放，访客可以在游客中心从画廊观看 NEWater 工厂的处理过程，并通过互动展示、参观和研讨会来了解其背后的科学原理；通过深入宣传科普关于"水"的新理念，确立社会对水处理技术路线的信心。

（四）水环路的综合管理，确保 NEWater 的质量

NEWater 的成功引入消除了供水和污水处理之间的明显分隔，构建起了水环路（见图 2-3）。2001 年，新加坡国家水务局进行重组，以接管环境及水资源部的

污水和排水管理的职能。由单一机构以综合方式管理水环路的各个方面有助于 NE-Water 供水系统的顺利实施和扩展。

在 NEWater 生产的设计和操作中采用了多重屏障法，以确保生产的 NEWater 的质量是安全的。内部审计小组每年两次审核 NEWater 工厂的性能和水质数据，包括国内外专家在内的外部审计小组同样保持了每年两次的审核频率。

图 2-5 描述了 NEWater 生产中涉及的多个过程，以及每种屏障在确保 NEWater 质量方面所起的作用。除了去除污染物的处理过程外，源头控制对于确保 NEWater 生产用过的水原料的质量至关重要。新加坡制定了适当处理、控制和处置有害物质的法律，并通过现场监测来实施。行业参与旨在提高人们对立法的认识。此外，新加坡还对下水道管网中的挥发性有机碳进行现场监测，如果 NEWater 处理工艺无法有效去除这些有机碳，则将在排放时向工厂经营者提供预警。

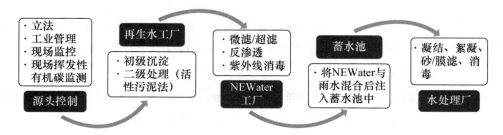

图 2-5 NEWater 生产的多重屏障法

（五）基于实时数据的操作控制

为了确保生产的所有 NEWater 的质量，实时监控水质。这可以通过指示参数来完成。这些参数可以指示水质和处理效果，并且可以持续在线监控。工厂操作员通过观察这些参数的变化来采取必要的措施以保证水质的稳定。

为了确保实时数据的准确，操作员需要每日收集三次水样并进行实验室分析。如果观察到实验室结果和实时数据之间存在明显差异，则要进行仪器维修。

（六）严格的水质管理

新加坡国家环境局根据其 2008 年的环境公共卫生法规来规范饮用水质量。此外，NEWater 的质量严格按照 WHO《饮用水水质准则》和 USEPA《美国饮用水水质标准》来管理。

采样和监测计划涵盖了整个 NEWater 供应链，跟踪了 330 多种微生物、物理、化学和放射学参数，包括消毒副产物、农药、激素、持久性有机化合物和污水特征化合物。

新加坡水质管理还基于实时数据观察一段时间内的趋势。如果存在偏差，则通过比较相关的参数趋势，对这些偏差进行调查，以确定产生偏差的根本原因。例如，产物水中二氧化硅（$SiO_2$）含量的增加通常指示了反渗透膜的老化，能够作为膜更换的早期预警。

通过与外部审计小组和其他专家的互动，新加坡国家水务局能够及时了解再生水回用方面的最新研究进展。采样和监测计划会定期进行审查和更新，并能够根据最新的研究结果改进实验室分析规程。

## 五、水资源开发利用的国家政策

新加坡国内的淡水资源容易受到气候变化引起的降雨模式变化的影响，密集的人口和经济的迅速发展也进一步加剧了新加坡水资源短缺的问题。除此之外，到 2060 年，新加坡的用水需求预计也将增长近一倍。当前，从马来西亚柔佛州进口的水可以满足新加坡约 50% 的水需求。但是新加坡与马来西亚柔佛州之间的水协议将在 2061 年到期，这就意味着新加坡需要开发新的水资源战略来稳定国内的水供应。为确保水源对国家社会经济发展计划的支撑，新加坡公用事业局提出了国家"四大水喉"（Four National Taps）战略，该战略中的水资源主要来自四个方面：本地集水、马来西亚柔佛州的进口水、NEWater 和淡化海水。

新加坡急需依赖"四大水喉"战略来增加国内的可利用水量。除此之外，新加坡还出台了收集每一滴水、不断重复使用水与淡化更多的海水三项关键战略以指导新加坡国内的水政策。在重复使用水方面，自 2003 年新加坡推出了 NEWater 以来，新加坡国家水务局被授权管理新加坡整个水环路的组成部分（雨水收集和雨水管理、水处理和分配、污水收集和处理以及水回用），以确保进行再生水利用的规划、基础架构开发和运营的无缝集成。在政府的大力支持下，公众已经接受了 NEWater 作为间接饮用水的使用。社会的支持对于成功实施大规模的再生水回用至关重要。从长远来看，再生水回用是增加新加坡供水量的最可持续和最具成本效益的方式。

新加坡境内集水区的增长潜力受到土地的限制，相较之下，NEWater 和淡化海水的优势则大大凸显了出来。NEWater 和海水淡化可更好地抵御天气和气候的不确定性，并具有更大的潜力来增加供应能力。由于与海水相比，NEWater 中的盐分含量较低，因此与海水淡化相比，NEWater 的生产更具能源效率和成本效益。从长远来看，海水淡化具有巨大的潜力来增加供水能力，而 NEWater 则通过减少满足需求所需的淡化水量，提供了一种更具成本效益的解决方案来满足长期的用水需求。

### 六、挑战

新加坡对于水资源利用的策略是充分利用当地的水，开发可循环利用 NEWater。但即便该水资源利用策略执行得当，也只能保证新加坡国内水的可用性。如何实现以最有效和最有生产力的方式生产 NEWater 成为新加坡政府当下不断探索的问题。据新加坡环境及水资源部 2019 年的统计数据显示，当前新加坡国内用水量为 141 升/人/日，每天总耗水量为 195 万 m³，其中工商业用水量占其每日总需求的一半以上。并且新加坡对水的需求只会随着人口和经济增长而增长。因此，必须通过生产规模的不断扩大来增加 NEWater 的产量。

# 第四节　澳大利亚

### 一、水资源概况

澳大利亚水资源丰富，但降雨时空分布很不均匀，主要集中在东北部地区的夏季。迅速增长的人口以及人口的地理分布和降雨的时空分布之间的矛盾引发了澳大利亚水资源短缺的问题，特别是给经济发达且人口集中的城市地区带来巨大的供水压力。2017—2018 年度，澳大利亚除电力、天然气、水和废弃物行业以外总用水量增加了 6%，其中工业用水总量增加了 7%，家庭用水总量增加了 4%，缺水问题日益凸显。

在可用水源无法满足日益增长的需求的情况下，再生水在澳大利亚的重要性凸显了出来。再生水的回用可摆脱时空的限制，一年四季均可利用，具有较强的稳定性。再生水的回用对澳大利亚解决水资源短缺问题而言具有巨大的吸引力，能够在很大程度上缓解澳大利亚的缺水问题。

### 二、发展历程

最初，澳大利亚出于对环境保护的考虑，要求污水处理厂不得向水域直接排放污水。而水的循环利用能减少污水的排放，从而达到保护环境的目的。因此，将污水处理成符合较低水质要求用途的水而实现重复利用，避免向环境的直接排放成为澳大利亚再生水回用的驱动因素。除此之外，再生水中的一些成分可作为植物养分供给植物生长，这就促进了再生水在澳大利亚农业领域的发展。

1998 年，南澳大利亚州建立了国内第一个再生水农业回用的管道系统，开创了再生水在澳大利亚农业领域的首次利用。同时，在澳大利亚，再生水也被应用于一些对于水质无过高要求的工业用途等。

2000—2008 年间澳大利亚经历了千年一遇的干旱，导致对水供应稳定性的需求不断增加。这就推动了再生水和淡化海水等多样化的水源在澳大利亚的发展。在此期间，悉尼劳斯山城市发展水回用方案等多项再生水回用计划得以实施。截至 2010 年底，澳大利亚再生水回用率已达到 16.8%，总回用再生水量约 2.79 亿 $m^3$。

2008 年底，澳大利亚降雨增加，部分地区的干旱情况得以缓解。降雨量的恢复使得澳大利亚东海岸的海水淡化厂和装备有再生水处理装置的污水处理厂停止使用。但是经过干旱之后澳大利亚的经济受到了巨大的代价，仅用水的经济成本就可能使该国每年承受超过 10 亿美元的支出。因此，在干旱之后，澳大利亚提高了对经济效益的重视，经济发展成为澳大利亚再生水回用的新的推动力。

2019 年底，由于一场史无前例的丛林大火，澳大利亚东部许多地区再次处于干旱的状态中。新南威尔士州和昆士兰州的许多地区都面临供水危机，许多再生水回用计划再度启动。

三、国家政策

历年来，澳大利亚政府始终重视再生水在国内的应用和发展。政策因素使得澳大利亚的再生水回用计划得以顺利开展。

1992 年，由于认识到需要更好地管理水资源作为自然资源管理的重要组成部分，澳大利亚和新西兰的农业和资源管理委员会（ARMCANZ）以及澳大利亚和新西兰的环境与保护委员会（ANZECC）批准了《国家水质管理战略》（NWQMS）的制定和实施。NWQMS 为包括污水和雨水再循环利用的发展提供了基础。澳大利亚各州也根据国家准则制定了自己的准则，针对特定目的使用不同质量的再生水，并根据需要将其纳入法规。1993 年，新南威尔士州通过其循环水协调委员会，制定了《新南威尔士州城市和住宅再生水使用指南》。尽管昆士兰州东南区在 2018—2019 年度未遇到任何饮用水短缺问题，但其已经制定了水资源安全计划，将再生水视为解决缺水问题的重要水源，为未来的干旱做准备。澳大利亚西部走廊的再生水计划已经投入使用，并且每年能够为澳大利亚提供 657 亿 $m^3$ 的再生水。根据《2017—2018 年度澳大利亚水务》的报道，珀斯的《地下水补充计划》第一阶段已全面投入运营。第二阶段的建设目前正在进行中。该计划将利用再生水为珀斯提供一种新的具有气候适应性的水源。预计到 2060 年，该计划补充的地下水将为珀斯提供 20% 的供水量。

## 四、利用现状

目前，澳大利亚再生水产出总量仅次于美国、中国、西班牙、墨西哥和印度。同时，作为全球再生水回用的主力军之一，澳大利亚近年来的再生水用量总体上仍处于逐步增长阶段。2018—2019 年度澳大利亚主要城市中心的总再生水使用量为 1 240 亿 m³，比 2010—2011 年度的 700 亿 m³ 高出约 77%。再生水占主要城市总用水量的 7%。预期随着澳大利亚部分新住宅区采用双管道系统来供应再生水，这个比例将逐渐增加。

由于地域差异，澳大利亚各个地区的再生水回用情况不尽相同。2018—2019 年度，除堪培拉和珀斯以外，澳大利亚所有主要城市中心的再生水用量均比上一年有所增加（见图 2-6），为主要城市提供的再生水总量增加了 11%。昆士兰州东南区和墨尔本的再生水用量分别增长了 19% 和 16%，阿德莱德和悉尼的再生水用量均增加了 15%，堪培拉和珀斯的再生水用量分别下降了 25% 和 28%。在所有主要的城市中，墨尔本的再生水用量最高，达到 510 亿 m³，比上一年增长了 15%。阿德莱德的再生水用量在 2018—2019 年度是澳大利亚的第二高，达 310 亿 m³。

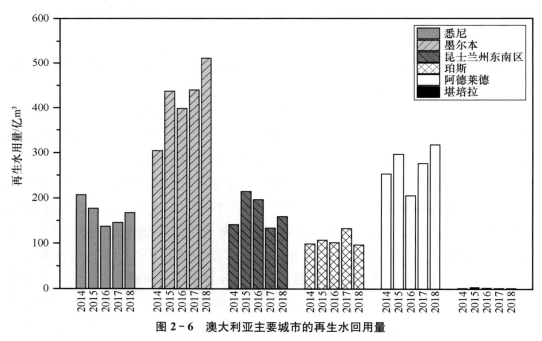

图 2-6　澳大利亚主要城市的再生水回用量

澳大利亚主要城市地区在 2012—2018 年的污水回用率情况见图 2-7。2012—2018 年间，阿德莱德的污水回用率最高。2018 年，阿德莱德处理的大约 28% 的污水被回收利用，用途主要是灌溉和城市杂用。未回用的污水处理后的去向主要是排放到海中。阿德莱德 2018 年收集污水总量与前一年相差不大，污水回用率的提高主要是由于灌溉用量比前一年增加了 72%。灌溉用水的增加归因于该地区当年内的干旱问题。同理，阿德莱德 2017 年污水回用率下降也主要是因为灌溉用水的减少，灌溉用水需求的下降可以归因于该地区冬季和春季降雨条件的改善。堪培拉在 2012 年和 2013 年污水回用率约 12%，在之后的几年内回用率均小于 1%，处理后的大部分水被排放到地表水中或是损失。墨尔本、珀斯和昆士兰东南区回用率在 5%～20% 之间，处理后的大部分水被排放到海洋中，或是补充到景观水体中。悉尼处理后的污水自 2014 年以后更多的是被排放到溪流和湿地以促进环境水质的健康发展。

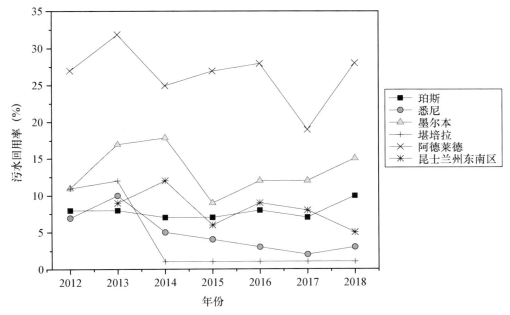

图 2-7　2012—2018 年澳大利亚主要城市污水回用率

注 1）数据来源：National Water Account 2012—2018.
注 2）昆士兰州东南区 2012 年数据缺失。

同时，澳大利亚内陆地区与沿海地区再生水回用发展情况也有较显著的差别。澳大利亚内陆城市比沿海城市更早地采用了再生水。新南威尔士州大分水岭以西的内陆城镇回收了 50% 的污水，大分水岭以东的内陆城镇回收了 20% 的污水，而沿海污水处理厂仅回收了 2.5% 的污水。

# 第五节　日本

## 一、背景

日本气候湿润温和，降雨量充沛，水资源相对丰富，年平均降水量为 1 718mm，约为世界平均降水量（810mm）的两倍。但是，由于狭小的国土面积和密集的人口数量之间的矛盾，日本人均降水量约为 5 100m³/年，仅为世界平均降水量（约 16 800m³/年）的1/3；人均水资源量大约为 3 300m³/年，不到世界平均水平的一半（约 9 200m³/年）。特别是在关东地区，人均拥有的水资源量仅为 905m³/年（相当于世界 156 个国家中的第 136 位），与埃及相当，水资源极为匮乏。

除此之外，频发的干旱也加剧了日本的水资源挑战。例如，1994 年日本经历了严重干旱，这影响了约 1 600 万人，同时给农业造成了约 1 400 亿日元的损失。自 1965 年以来，干旱问题已在日本许多地区频繁发生。即便是在近年来已建设了多个水资源开发设施的背景下，日本国内由干旱导致的缺水问题仍未能得到充分解决。为了解决人均水资源短缺的问题，日本主要城市地区已启动多项再生水的回用计划。例如，1978 年，遭受严重干旱的福冈市开始将再生水用于冲厕等城市回用领域。20 世纪 80 年代，日本通商产业省专门设立了一个从事污水再生利用技术开发和推广的机构——财团法人造水促进中心。随后，东京也开始在城市发展中实施再生水回用计划，将再生水用于冲厕和景观灌溉等领域。

除了人均水资源短缺外，环境保护也是日本再生水回用的主要驱动力之一。20 世纪 70 年代起，日本社会的高速发展导致了国内生活用水和工业用水需求量的大量增加，日本政府大力推进了节水和水循环利用计划的实施。同时，由于快速的城市化，日本城市河流的水流量急剧下降，如何实现市区河流补给的问题开始在日本境内受到关注。东京都政府是日本第一个使用再生水补充干流以恢复溪流和水生生态环境的政府。在此之后，利用再生水增加河流流量的方式扩散到了日本的许多地区。当前，增加河流流量是日本再生水的最普遍应用方式。

在日本，再生水回用的另一个驱动力是防止自然灾害引起的水源短缺问题。随着诸如地震等自然灾害的频率增加，供水限制在日本更加频繁地出现。2011 年东日本大地震发生时，许多自来水厂和污水处理厂受到严重破坏，水源供应受到限制。建造再生水回用系统，特别是现场系统，可能是对于此类紧急情况最有效的解决方案。

1981 年 3 月，日本出台了"污水处理后的水的循环利用技术准则（草案）"，明确了再生水处理的技术准则。由于有必要持续审查水质标准和目标水质等，2003 年 5 月，日本国土交通省旅游局下水道处、国家土地技术政策研究所下水道研究所成立了处理后污水回用相关水质标准委员会。委员会从确保卫生安全、确保美观和舒适性以及防止设施故障的角度，研究了处理后污水回用的技术标准。2009 年日本公布的《下水道白皮书》明确了污水再生利用对于日本的重要性。为了强调再生水回用的重要性并促进其实施，日本政府于 2014 年和 2015 年制定了有关再生水回用重要法律。2014 年颁布的《水循环基本法》是日本第一部提及了再生水资源管理的法律。日本政府还于 2014 年提出了"新污水处理远景",预期将人口超过 10 万的城市的再生水转换设施的数量翻倍。2015 年,日本政府颁布了《水资源政策》,同样促进了再生水的回用。

## 二、利用现状

日本的再生水回用历史始于 1951 年,在这一年开创了日本境内最早的再生水回用工程。20 世纪 60 年代,日本建立了第一条再生水回用管网。20 世纪 70 年代后,日本再生水回用逐渐形成一定的规模。在这一时期,为应对严重干旱和快速城市化和经济增长导致的对水的需求增加的问题,污水再生利用,特别是城市地区的污水再生利用,开始在日本地区推广使用。以福冈市为例,1989 年以来,随着对再生水需求的增加,福冈市再生水回用容量逐渐扩大,从 1980 年的 1 万 m³/日增加到了 2013 年的 3.4 万 m³/日。东京也于 20 世纪 80 年代在新宿区西部的城市再开发项目中启动了一个再生水回用项目,为了促进水的再利用并节省对大型污水设施的投资,许多新建筑被要求安装水循环设施,例如用于供水的双管路分质供水系统。随后,该项目的再生水利用范围扩展到了东京的新宿、品川和东京湾地区。

当前,日本再生水最常见的应用是河流补给(35.04%),其次是景观灌溉(21.62%)和融雪(20.22%)(见图 2-8),少量用于农业灌溉(5.81%)、冲厕(4.1%)、娱乐应用(2.1%)和工业用水系统(1.2%)。

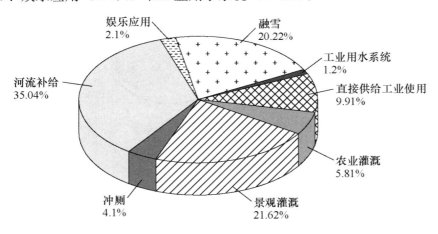

**图 2-8　日本再生水应用领域**

(一)冲厕和景观灌溉

1978 年,为解决干旱问题,日本福冈市实施了日本境内首个区域性再生水回用计划。干旱期间，福冈市供水被限制了287天。为了解决这个问题，福冈市政府开始计划建立"节水型城市"，拟通过安装水循环利用设施，将再生水用以冲厕和景观灌溉。1980年，福冈市中心附近的污水处理厂安装了第一组再生水处理设施。当时，该再生水处理设施通过砂滤、臭氧处理和氯化处理途径处理二级污水，总处理容量为400m³/日。该设施采用双管路分质供水系统，将再生水系统与自来水系统分隔开来，并以黄色管道区分。双管路分质供水也是日本供水系统的一大特色，该系统促进了日本水供应的"优质优用、低质低用"。通过双管路分质系统，再生水被供应到12个公共设施用于冲厕，例如市政厅和中央警察局等。

为了促进污水的再利用，福冈市政府和东京都政府要求在建筑面积超过5 000m²（福冈）或10 000m²（东京）的建筑物中使用再生水或雨水冲厕或作为绿化带灌溉用水。但是，东京区域性的再生水回用计划仅限于新宿、品川和东京湾地区，除此之外的其他地区的业主需要安装单独的污水收集系统（见图2-9）。小型设施的资本支出和运营支出给业主带来了一定的财务负担。

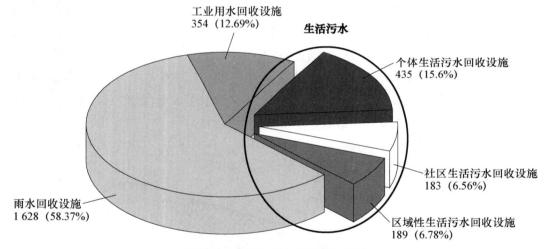

**图 2-9　东京的污水回收设施数量**

（二）河流补给

20世纪80年代中期，过快的城市化进程和市民对水资源需求量的迅速增加导致了东京河流水流量急剧下降，并大幅度降低了东京的城市生态景观。出于对河流流量恢复的需求，东京都政府开始使用再生水作为干流河流的替代水源，补给城市景观水体。1984年至1989年间，Tamagawa-Jouryu污水处理厂将通过砂滤和臭氧化处理产生的再生水排放至东京郊区的Nbidome河，实现了Nbidome河水流的增加，修复了Nobidome河。1995年，Ochiai污水处理厂将通过沙滤处理过的再生水也开始排入三条城市河流。20 世纪 80 年代，日本便通过再生水河流补给恢复了 150 多条城市河流的景观功能。日本成功利用再生水实现城市地区的河流补给，保护了城市地区的河流生态系统，同时让市民持续享受到了各式的水体娱乐活动。

（三）热源和环境应急应用

再生水中的热量因其对低碳社会的潜在贡献而备受关注。因为污水温度比大气温度更稳定，所以将再生水用于热源/散热器时，热泵系统的效率得到提高。近年来，日本设有再生水供水立管的污水处理厂的数目在不断增加。在干旱情况下，日本将再生水用于道路清洁和绿化带灌溉。同时，将再生水作为洒水水源也被日本视为抵御热岛效应的一项可行战略。

三、挑战

尽管早在 20 世纪日本就已经开始实施再生水回用计划，但再生水在日本的利用仍然受到限制。2016 年，日本的年度污水处理量为 153.4 亿 $m^3$，其中再生水利用率仅为 1.4%，即 2.1 亿 $m^3$。此外，日本当前只有 176 个设有再生水处理设施的污水处理厂，仅占日本污水处理厂总数的 8%。从各地区的再生水利用设施的数量来看，水资源紧缺的关东临海地区（东京、横滨等）最为集中，共计 1 280 处；其次为频繁出现干旱和缺水现象的北九州地区（福冈）和东海地区，分别有再生水利用设施 646 处和 273 处。当前，日本各地均实施有污水再生利用的项目，但在全国呈现不均衡趋势。

# 第六节　欧洲

## 一、总体情况

AQUAREC 研究项目的一项调查显示，欧洲大约有一半国家都面临缺水问题，而且这些缺水国家的人口数占据了欧洲人口总数的 70%。绝大多数的欧洲国家的人均淡水资源量低于国际平均值（9 200 $m^3$/年）（见表 2-11）。欧洲 15 个国家的水压力指数的统计结果也表明比利时、西班牙、意大利等 9 个国家的水压力指数均超过了 10%。水压力指数代表了一个国家当前的供水压力情况：

- 如果水压力指数低于或等于 10%，则表明该国无用水压力或存在较低的用水压力；
- 如果水压力指数值在 10%～20% 范围内，则表明水的可用性正在成为制约该国发展的重要因素，需要通过一定的手段来增加水源供应；

● 如果水压力指数超过 20％，则需要进行全面的水资源管理，平衡水源供需，并采取行动解决国家间竞争性用水的冲突。

该研究结果表明当前绝大多数的欧洲国家都存在较大的供水压力，水资源短缺问题在欧洲地区日益严重。

表 2-11　　　　　　　欧洲部分国家的水压力指数和不同领域用水占比

| 国家 | 人均淡水资源量（m³/年） | 水压力指数（％） | 城市用水占比（％） | 农业用水占比（％） | 工业用水占比（％） | 冷却和其他用水占比（％） |
|---|---|---|---|---|---|---|
| 荷兰 | 652 | <10 | 9 | 3 | 5 | 83 |
| 卢森堡 | 1 798 | <10 | 94 | 3 | 2 | 1 |
| 比利时 | 1 071 | >40 | 10 | 3 | 2 | 85 |
| 英国 | 2 244 | 10～20 | 55 | 13 | 2 | 30 |
| 爱尔兰 | 10 520 | 10～20 | 34 | 19 | 22 | 25 |
| 法国 | 3 016 | 10～20 | 14 | 11 | 11 | 64 |
| 葡萄牙 | 3 653 | 10～20 | 10 | 54 | 4 | 32 |
| 西班牙 | 2 392 | 20～40 | 15 | 64 | 3 | 18 |
| 芬兰 | 19 592 | 10 | 32 | 6 | 60 | 2 |
| 瑞士 | 4 934 | 10 | 12 | 2 | 31 | 55 |
| 丹麦 | 1 063 | 10～20 | 45 | 46 | 8 | 1 |
| 德国 | 1 321 | 20～40 | 15 | 4 | 26 | 55 |
| 奥地利 | 6 435 | <10 | 31 | 10 | 21 | 38 |
| 希腊 | 5 325 | <10 | 82 | 15 | 2 | 1 |
| 意大利 | 3 002 | 20～40 | 55 | 14 | 15 | 16 |

欧洲日益增加的用水压力促使欧洲不断寻求更有效地利用水资源的方式。由此，污水的回收再利用在欧洲得到了关注。米兰和欧洲北部的英国、德国、法国和波兰保留了记录在册的 14 和 15 世纪的污水回用案例。受益于悠久的污水回用史，欧洲地区人民对再生水的接受度普遍较高。

水的循环利用对欧洲国家来说具有重要意义，因为它不仅能够增加欧洲国家可利用的水资源，还能减少水体富营养化，并降低对水供应成本和能源的需求。当前，再生水正在成为补充欧洲供水的一个重要而可靠的选择，欧洲已有 200 多个城市受益于这种替代水源。在过去的十年里，欧洲几乎所有水资源严重短缺的地区都建设了不同数量的再生水基础设施，其中气候干燥或气候变化较大的地区建设的最多。而在欧洲气候较湿润的地区，再生水也同样参与了当地的生态系统管理和水污染控制活动中。

目前，欧盟每年约有 10 亿 m³ 乡村污水得到再利用，约占乡村污水处置量的 2.4%。再生水比率最高的塞浦路斯和马耳他，分别为 90% 和 60% 以上，其次希腊、意大利和西班牙为 5%～12%。当前，欧洲的再生水主要应用于以下四个领域：（1）农业灌溉；（2）地下水补给和城市、娱乐和环境用途；（3）工业加工用水，包括冷却塔等；（4）上述各种用途的组合（多用途计划）。其中，欧盟 2018 年的一份再生水回用调研报告显示，欧洲再生水主要运用于农业领域，农业再生水用量占其总再生水用量的 51%。

欧洲再生水的应用情况也随着地域的不同而有差异。欧盟再生水多用于半干旱的南部、高度干旱的海岸和岛屿、相对湿润的北部的高度乡村化地区。有研究统计了欧洲再生水回用项目服务的项目总数及用途类型情况，结果表明在欧洲地中海地区，经过处理的污水主要用于农业灌溉（占再生水项目总数的 44%）和娱乐或生态管理应用（占再生水项目总数的 37%）；而在北欧和中欧的温带气候地区，再生水主要用于生态管理应用（占再生水项目总数的 51%）或工业用途（占再生水项目总数的 33%）。绝大多数欧洲再生水应用领域的分布基本与各国用水分布情况（见图 2-10）相符。然而，虽然法国冷却和其他用水的需求量最大（达 64%），但其再生水却主要运用于农业领域。造成这种偏差主要是因为迄今为止法国关于再生水的立法只将灌溉用水视为有益用途。

发展至今，欧洲地区虽然仍在持续扩大其再生水用量，但是，目前欧洲污水处理厂的污水中只有 2% 得以回用，远低于污水实际的回用能力。除此之外，欧洲地区预计潜在再生水需求量约为 60 亿 m³。因此，欧洲仍需加速再生水利用的实践。欧盟地区目前每年的再生水回用量为 11 亿 m³，它们的目标是到 2025 年将再生水回用量提高至每年 66 亿 m³。

## 二、欧洲再生水回用的法规

2020 年以前，为应对再生水管理问题，欧盟出台了 2 个与再生水相关的重要立法，分别是《欧盟水框架指令》和《保护欧洲水资源蓝图》。《欧盟水框架指令》于 2000 年在欧盟的区域一级开始实施，是与欧盟促进可持续水管理的最相关的水立法。《保护欧洲水资源蓝图》是另一项重要立法，其目标是到 2015 年在欧盟地区实现水再利用的扩大化。2020 年以前，欧盟层级的再生水水质标准，仅农业灌溉规范通过欧洲议会确认，乡村杂用水等类别仍停留在建议阶段，不作为主要参考指标。截至 2018 年，仅有 6 个成员国有再生水水质标准，其中塞浦路斯、希腊、法国、意大利和西班牙五国是通过立法强制执行，葡萄牙通过许可制度强制执行。因此，为保障再生水回

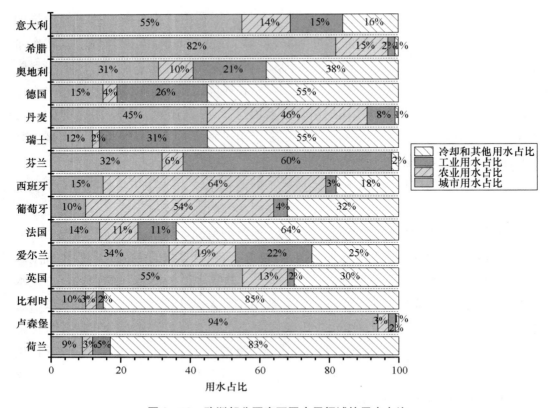

图 2-10　欧洲部分国家不同应用领域的用水占比

用的安全实践，欧洲地区急需对再生水水质标准进行系统规划和执行。由此，欧盟委员会于 2020 年 6 月 5 日发布了关于水回用最低要求的欧洲水回用法规。

　　欧盟委员会于 2020 年 6 月 5 日颁布的欧洲水回用法规规定了将再生水安全用于农业灌溉的最低要求，适用于通过收集系统输送和在城市水资源回收设施得到处理的再生水。根据欧盟理事会 3 月 17 日的立场声明，新法规有望促进更广泛的再生水回用，通过城市污水的多种利用来促进节水，同时能够减少处理后的污水向地表水中的排放，保护水环境。

　　现有的欧盟立法，例如《欧盟水框架指令》，允许并鼓励欧盟地区再生水的利用，而新法规则包括与水质、水供应和污水管理相关的特定要求，这些要求有望在整个欧盟范围内提高公众对在农业生产、食品供应中使用再生水的信心。这项新法规为污水农用清除了法律上的障碍，并且确保了净化污水的安全回用，避免地下水的过度开采。

　　该法规将不同用途的再生水分为四个质量等级，并定出了四个等级的水质标准，以及指示处理技术。表 2-12 是这四个等级的概括：其中 A 类水质最佳，可用于所有粮食作物，允许再生水与可食用部分直接接触。B 类和 C 类水可用于果树种植和动物饲料作物的生产。最低标准的 D 类水只能用于非食品用途。

表 2-12　　　　　　　　　　再生水农用灌溉的等级分类

| 最低回用水质等级 | 作物类型[1] | 灌溉方法 |
|---|---|---|
| A | 可直接食用的粮食作物，可食用部分与再生水直接接触，包括根用作物 | 所有灌溉方法 |
| B | 可直接食用的粮食作物，但可使用部分在地面进行加工，不再与再生水直接接触；<br>需经加工的粮食作物和非粮食作物，包括用于饲养奶类或肉类动物的作物 | 所有灌溉方法 |
| C | 可直接食用的粮食作物，但可使用部分在地面进行加工，不再与再生水直接接触；<br>需经加工的粮食作物和非粮食作物，包括用于饲养奶类或肉类动物的作物 | 滴灌或其他避免直接接触作物可食部分的灌溉方法 |
| D | 工业，能源和种子作物 | 所有灌溉方法 |

注 1）如果某种灌溉作物涵盖多个类别，应采用最严格的类别的要求。

该法规还对四类标准的达标手段和检测参数有明确的要求（见表 2-13）。

表 2-13　　　　　　　　　　再生水农用的最低水质要求

| 水质等级 | 技术指标 | 参数 | | | | 其他 |
|---|---|---|---|---|---|---|
| | | E·coli（数量/100 mL） | $BOD_5$（mg/L） | TSS（mg/L） | 浊度（NTU） | |
| A | 二级处理、过滤和消毒 | ≤10 | ≤10 | ≤10 | ≤5 | 军团菌属：＜1 000 cfu/1（若有雾化风险）肠道线虫（蠕虫卵）：≤1 个卵/升，用于牧场或饲料的灌溉 |
| B | 二级处理和消毒 | ≤100 | 依照指令91/271/EEC | 依照指令91/271/EEC | — | |
| C | 二级处理和消毒 | ≤1000 | | | — | |
| D | 二级处理和消毒 | ≤10000 | | | — | |

该法规还指出污水厂运行人员需要进行的常规检测的频率（见表 2-14）。此外，污水厂需取得欧盟成员国当局根据水质条件签发的许可证，检测程序也要符合标准（例如 EN ISO 19458）。再生水供应商和最终用户必须协商制定风险管理计划，以解决潜在的其他危害。为了促进公众对中水回用的接受，该法律要求将再生水用于农业灌溉的成员国应共享有关再生水回用的信息，并组织有关再生水灌溉利用价值的公众宣传活动。

表 2 - 14　　　　　　　　　　　常规监测的最低频率

| 水质等级 | E·coli | BOD₅ | TSS | 浊度 | 军团菌 | 肠道线虫 |
|---|---|---|---|---|---|---|
| A | 每周 1 次 | 每周 1 次 | 每周 1 次 | 连续 | 每月 2 次 | 每月 2 次或由采用污水厂进水的虫卵数确定检测频率 |
| B | 每周 1 次 | 依照指令91/271/EEC | 依照指令91/271/EEC | — | | |
| C | 每周 2 次 | | | — | | |
| D | 每周 2 次 | | | — | | |

$BOD_5$

尽管仅仅实施这一新法规仍无法完全解决与欧洲水资源短缺相关的问题，但它的面世将为世界其他国家和地区树立榜样，促进再生水农用的普及，为缓解气候变化对水资源的影响做出贡献。

## 三、部分国家的再生水利用现状

欧洲部分国家的水压力指数和再生水实践程度见图 2 - 11。通常情况下，水压

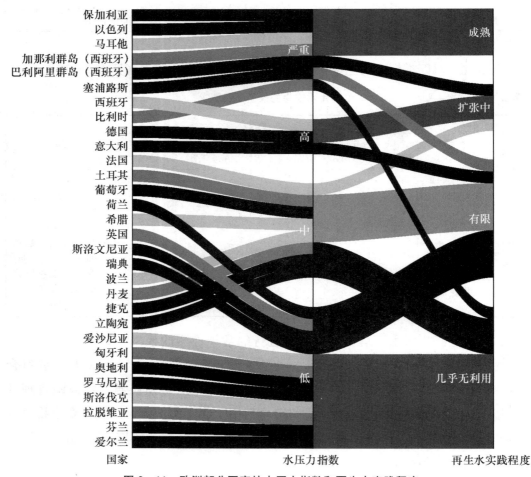

图 2 - 11　欧洲部分国家的水压力指数和再生水实践程度

力指数越高的国家的再生水实践程度越高，因为严重缺水的国家急需开发新的代替水源来解决国内的缺水问题，而基于环保和性价比等方面的考虑，再生水成为这些国家的最佳选择之一。

本节选择了欧洲 7 个具有代表性的国家进行欧洲地区再生水实践的讨论，见表 2-15。

表 2-15                            欧洲 7 个国家的气候及水资源现状

| 国家 | 气候 | 水资源现状 |
|------|------|-----------|
| 西班牙 | 地中海国家，中部为大陆性气候，北部、西部为温带气候，南部、东南部为亚热带气候 | 水资源短缺，用水压力很大，水的再利用正在全面扩展 |
| 比利时 | 温带海洋性气候，有显著四季 | 严重缺水，一半以上水资源来自境外 |
| 德国 | 内陆型气候，气候稳定，温暖湿润 | 水压力指数高，大多水资源来自境外 |
| 法国 | 夏季炎热干燥，冬季温和多雨 | 水资源日益缺少，缺水 |
| 荷兰 | 温带海洋性气候，冬温夏凉 | 严重缺水 |
| 英国 | 气候温和湿润，全年有雨 | 降水充足，不缺水 |
| 葡萄牙 | 气候宜人，冬季温暖湿润，夏季相对干燥 | 降雨量丰富，水资源充足 |

### (一) 西班牙

西班牙全国的年均降水量约为 685mm，但各流域内降水分布不均：西班牙西北部和比利牛斯山的西坡的降水量能够高达 1 500mm/年，而拉曼卡地区和阿拉贡地区的降水量却均不足 250mm/年，位于东南部地中海沿岸的阿尔梅里亚省降水量仅为 150mm/年。总体而言，西班牙有一半土地的降水量小于 500mm/年，仅有约 20% 地区的降水量高于 1 000mm/年。西班牙各地区的用水需求也存在分布不均的情况，其旅游和人口中心主要集中在沿海地区，因此沿海地区的用水需求（而且在不断增加）比其他地区更高。除了降水和用水分布不均的状况外，城市和工业污水的排放也对西班牙的水质产生了较大的负面影响，例如当前西班牙地中海沿岸大部分地区的硝酸盐和磷的浓度存在偏高的问题。

为解决国内日益增长的水需求问题，西班牙大力发展了调水工程和再生水回用等非传统获取水的方法。调水工程的成本比再生水生产成本低得多，但仅有调水工程依旧无法解决西班牙缺水流域内的缺水问题。因此，筹划再生水的回用对于西班牙解决部分地区的缺水问题来说是至关重要的。

西班牙再生水应用的开拓性工作可以追溯到 20 世纪 70 年代的特内里费岛和 20

世纪 80 年代初的布拉瓦海岸和巴利阿里群岛，但其对再生水的系统管理于 1985 年才开始实施。在这一年，西班牙政府出台了《西班牙水法》，该法的第 101 条中对污水的回用进行了说明：西班牙政府将根据皇家法令 1620/2007 对再生水的生产过程、水质和预期用途进行规定；允许将污水视为替代资源。

西班牙再生水生产规模在《国家卫生与处理计划（1995—2005 年）》出台之后逐渐扩大。该计划要求处理的再生水质量符合 91/271/EEC 指令的标准，并鼓励扩大再生水的生产利用。在这一期间，西班牙处理的污水总量从 1996 年的 0.13m³/人增长到了 2006 年的 0.31m³/人。2007 年，西班牙《国家水质计划：卫生和处理（2007—2015 年）》获得批准，其目标是使再生水质量完全遵守 91/271/EEC 指令和《欧盟水框架指令》（60/2000/CE）的要求。在相关政策的指导下，当前西班牙 84％领土上的再生水处理都符合了 91/271/EEC 指令所要求的水质标准。

近 20 年来，西班牙再生水处理设施数量与产量均得到大幅度增长。西班牙政府已将水的回收和再利用视为国家水资源管理的一个重要组成部分，有超过 150 个再生水回用项目已在西班牙得到成功实施。当前，西班牙是欧盟再生水用量最大的国家，其 2014—2015 年间的再生水用量约为 5 亿 m³，大幅度领先于用水量排名第二的意大利，约占欧盟再生水总用量的 50％。西班牙再生水主要应用于农业灌溉、乡村用水、高尔夫球场和娱乐用水、生态用水和工业用水五个领域，占比分别为 79.2％、8.1％、6.0％、6.0％和 0.7％（见图 2-12）。农业灌溉是西班牙再生水应用的主要领域。

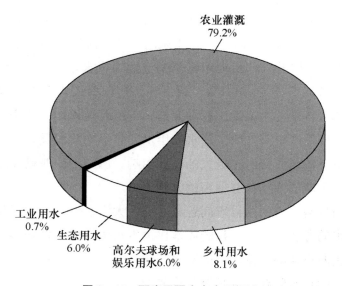

图 2-12　西班牙再生水应用领域

（二）比利时

由于人口稠密，比利时是欧洲最缺水的国家之一。因此，合理的水资源管理对于比利时来说非常重要。比利时的水资源管理组织分为不同的区域，具有明显的联邦国家的组织特色。在比利时，再生水也被考虑为比利时水资源管理中的重要部分。但是当前，比利时仍缺乏系统的再生水项目数据，再生水项目的数据只在比利时北部的佛兰德斯地区有较为充分的记录。

2017年，佛兰德斯当地的一些公司设计了水循环闭路以实现水资源的重复利用，并已向公众展示了一些可以规模化造福当地社区的项目。为了工程化与水相关的创新项目，佛兰德斯地区还创建了佛兰德斯水务中心来综合管理当地的水资源。目前，佛兰德斯地区仍在不断探索新的可以实现水循环利用的技术，并在现实生活中进行试验推广。例如，为减少纺织行业用水量，当地正在探索纺织行业中水过滤再利用方案的可行性。为了实现地区内的可持续经济发展，佛兰德斯地区还确定了"2050年愿景"战略目标。佛兰德斯"2050年愿景"是紧随欧盟循环经济一揽子计划和新循环经济行动计划确立的路线，该战略目标中强调了水再生利用对循环经济的贡献。

当前共有11个再生水回用项目在比利时佛兰德斯和布鲁塞尔地区实施，还有几个项目正处于后期规划阶段。这些项目的大部分涉及的是为工业提供冷却或清洗用水，但也有一些其他的再生水回用途径。例如，比利时Wulpen污水处理厂每年通过微滤和反渗透技术处理约250万 $m^3$ 的城市污水，并将处理后的污水在含水层中储存一到两个月，然后用于城市供水增容。该项目已出台具体的渗透许可要求。

截至目前，比利时佛兰德斯地区的污水再生回用量仍然有限（约17兆 $m^3$/年，仅占处理后污水总量的2%），但经过处理的城市污水的回用正在成为佛兰德斯地区可被接受的可靠选择，特别是在那些需要大量"低质"水的行业和地下水位下降或夏季用水需求量大的地区，例如旅游季节的沿海地区。总体而言，再生水在比利时仍具有较大的发展空间。

（三）德国

自2018年以来，干旱与高温天气在德国频繁出现，德国个别联邦州的地下水水位出现了下降趋势。截至2020年12月底，德国黑森州73%的地下水水位低于平均值。由于德国70%以上的饮用水来自地下水，2018年以来的干旱和高温问题警示着德国政府必须及时采取相应措施来维持良好的水环境。考虑水源的可靠性，德国也将再生水作为应对国内干旱和高温问题的重要水源之一。

德国是欧洲较早使用再生水的国家之一。20世纪70年代，柏林和埃尔朗根就已将再生水通过土壤渗滤用于地下水回灌，以此来解决地下水水位下降问题。

德国的再生水水源主要是生活污水，例如浴室和洗手池的用水等。目前，德国的可再生的污水量估计每年高达 1 880 亿 m³。因为对污水回收利用的激励措施不多，只有20%的污水实现了重复利用，其中65.02%被发电站利用，20.2%被工业利用，14.29%被公共供水利用，0.49%被农业利用（见图2-13）。因此，德国的污水回用市场仍有较大的发展潜力。

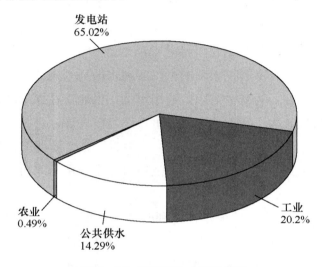

图 2-13　德国再生水应用领域

除了污水的处理回用外，德国还要求对雨水进行收集处理并实现利用，在雨水利用的研究与应用方面投入了大量的人力和资金。当前，德国是国际上雨水管理最为先进的国家之一，已形成了比较成熟和完整的雨水收集、处理、控制和渗透技术以及配套的法规体系。

（四）法国

法国的年平均降雨量为600mm，拥有着充足的水资源，水资源短缺问题仅为地方性和季节性事件。因此，法国的污水的再利用仅限于特定区域。当前，法国再生水主要用于灌溉领域。近一个世纪以来，法国一直有在利用再生水进行灌溉的案例，特别是在巴黎地区附近。直到1940年，利用再生水进行灌溉仍是法国巴黎地区处置污水的唯一方法。但在20世纪90年代以前，再生水并未在法国地区得到较大规模的利用。

20世纪90年代以来，法国开始扩大再生水的回用量，旨在实现以下目标：（1）克服法国部分地区因降雨不足而造成的水资源紧张问题，并维持当地的农业产业；（2）克服因旅游业造成的人口增加而造成的用水紧张；（3）保护高质量的地表水；（4）减少过度开采导致盐分入侵地下水；（5）通过对城市景观的灌溉，提高该地区的吸引力；（6）通过灌溉高尔夫球场（一个高尔夫球场的用水需求量相当于36 000人的用水需求量），增加饮用水生产的淡水供应；（7）减少地表水富营养化，保护浴场水质和贝类；（8）帮助社区认识到地方政府正在采取负责任的、可持续的水管理方法。

迄今为止，法国的再生水灌溉项目服务的总面积已超3 000公顷，包括园艺作物、果园水果、谷物、人工林和森林、草原、花园和高尔夫球场等多种领域的灌溉。法国当前最重要的再生水农业项目位于克莱蒙费朗（法国中部）和努瓦尔穆捷岛（法国大西洋沿岸）。

除了农业灌溉外，法国的再生水还灌溉了将近20个高尔夫球场。法国的许多高尔夫球场灌溉项目位于大西洋沿岸，这些项目的主要驱动力通常是限制污水向海洋和河流环境的排放，例如位于法国布列塔尼的Rhuys-Kerver高尔夫球场。

当前，再生水在法国也开始逐步应用于工业用水领域。工业污水经过传统技术净化后的再利用已经在法国得到发展，其能够用于提供冷却水、清洗水，甚至是经过复杂的补充处理后的工艺用水。这些再生水涉及了法国的汽车、纺织、造纸和食品工业等行业，大型汽车厂还设有雨水收集和再利用系统。

为管理国内再生水的生产及应用，20世纪以来，法国政府也出台了多项与再生水相关的管理办法。法国卫生当局于1991年颁布了《农作物和绿地灌溉污水处理后再利用的卫生准则》，该准则基本上沿用了世界卫生组织（WHO）的准则，但同时增加了灌溉技术的限制，限制了灌溉地点与居民区和道路之间的距离。此外，该准则还要求每一个新的污水回用项目都必须得到卫生部代表的批准，并进行持续监测。2010年，法国对用于农业、草皮生产和花园灌溉的用途的再生水进行了管制，引入了基于四个质量等级（从A类到D类）的再生水质量标准。2014年，法国对相关法规进行了更新，以更好地考虑喷头灌溉技术的情况，并对需停止灌溉的风速限制进行了明确规定。

当前，法国仍在计划持续扩大其国内再生水的回用量，预计在未来几年中将有更多的再生水回用项目在法国开展。在法规方面，法国也在考虑在新的法规中对再生水不同用途情况进行更详细的规定，例如城市用水、消防和湿地应用等再生水应用途径。

（五）荷兰

荷兰在过去的十年中对综合水管理进行了大量的研究，其中包括对再生利用污水的研究。如今，荷兰的再生水主要应用领域包含生态系统的改善、工业的再利用与地下水补给等。

荷兰非常注重对再生水利用的宣传教育。荷兰阿姆斯特丹因其将水再利用技术与教育计划相结合的措施而受到赞誉。以学生和市民为目标，阿姆斯特丹提高了人们对水再生利用好处的认识。通过对公众的宣传教育，阿姆斯特丹已实现了在建筑物中建立封闭水循环系统来减少饮用水的消耗。

荷兰通过一系列措施不断促进其国内及欧盟地区对污水回用的实践。荷兰一项到 2050 年实现全国性循环经济的战略正呼吁修订欧盟化肥法规，以促使从污水中产生肥料。此外，荷兰还鼓励建设雨水收集系统，在新建筑中设计绿色屋顶等。

为持续推动国内污水的利用，荷兰部分地区还出台了与污水回用相关的发展战略。例如，2020—2025 年阿姆斯特丹循环计划战略要求在当地的污水处理中推动营养物回收，包括从污水中回收磷等，以此减少城市及其周边合成化肥的使用量。可以预见，该战略将在阿姆斯特丹郊区和城市种植中将污水污泥用作肥料，以闭路循环营养物，减少运输成本，并通过扩大城市绿地来提高城市的吸水能力。鹿特丹2019—2023 年的循环计划则侧重于发展卫生部门的污水利用。其中，污水已被确认列入该计划，成为该计划的重要组成部分。通过该计划，鹿特丹正与当地医院合作，通过滤出污水的药物残渣，再进行厌氧消化产沼气的方式产生能量，从而使卫生健康部门更具可持续性。该市两家医院——方济各加斯休斯总医院和伊拉斯谟大学医疗中心，均已积极参与这一计划。

（六）葡萄牙

在葡萄牙，诸如公共供水、农业、工业、娱乐用途等应用领域的水资源需求日益增加，这导致了其国内的水资源短缺和水质恶化问题。而气候变化导致的干旱等恶劣天气和城市发展也对葡萄牙的水供应造成了巨大压力。为了应对水资源短缺，使用再生水已被葡萄牙确定为一种合适的方法来解决葡萄牙国内的缺水问题。但是由于缺乏适当的立法、处理和分配水的基础设施，葡萄牙的再生水项目仍然受到限制，当前只有相对较少的案例。

近年来，葡萄牙的一些污水处理厂进行了再生水回用。在葡萄牙南部（阿尔加维），人们用经过处理的城市污水对高尔夫球场进行灌溉，同时对一些农业，例如柑橘和蔬菜，进行灌溉。其中一个案例是葡萄牙某日均 14 500m³ 产量的再生水厂出水用于高尔夫球场的灌溉和生态系统的维护，剩余的水量用于补充一个受景观保护指令的鸟类筑巢区池塘。其他已实施的项目还包括园艺和农业的小规模水再利用共生项目，即将红果生产中的排水用于灌溉其他作物，例如柑橘、石榴。在旱季，这种工艺可以减少约 15% 的总灌溉需求。

2018 年，葡萄牙批准了一项法规以解决再生水立法的缺失。该法规在欧洲层面得到支持，其主要依据是有关灌溉、城市用途和健康风险评估的国际准则。由于在污水回用中涉及的病原微生物会对健康构成风险，因此该政策规定所有污水再利用项目都应进行风险评估，此外还应该进行定量风险评估。

（七）英国

英国是污水处理和循环利用的先驱。在英格兰和威尔士有 7 078 个污水处理厂，苏格兰和北爱尔兰有 10 814 个污水处理厂和社区化粪池。98% 的城市和农村家庭连接到英国的下水道。英国以其将污水转化为资源的能力而闻名，它努力从污水中获取最大的价值和利益，对污水进行回收再利用，并利用污水污泥生产能源和其他产品。

长期以来，英国一直是下水道和污水处理领域的开拓者。1875 年完成的巴扎尔格特设计的伦敦下水道系统和 1914 年曼彻斯特开发的处理污水的活性污泥工艺开创了英国有效的污水处理时代。这一传统延续至今，特别是在升级改造系统以达到欧洲标准和监测系统以提高工艺效率方面。因此，英国水工业成功地提供了有史以来最高的饮用水质量，河水质量得到了极大的改善，沿海浴场的水质也在逐年提高。

以雨水、灰水或黑水形式的城市水回收也正在成为英国水需求管理实践的一个重要组成部分，这些给水通常被视为离散的废物流，因此适用不同的处理技术。此外，水源的污染程度及其回收利用的应用决定了所需使用的处理技术水平。

雨水收集在世界各地的城市水回收中都是一个既定的选择。在英格兰和威尔士的已经确定的 100 多个雨水回用计划中，大多数小规模系统都存在于农村地区。位于贝德福德郡桑迪的皇家鸟类保护协会（RSPB）总部对雨水收集和再利用设施的水质和运行性能进行了深入的研究。在 18 个月的时间里，该项目对不同工艺阶段的水质都进行了监测。尽管在外部储罐中检测到了较高的大肠杆菌，但在位于建筑物内的集箱中没有检测到这些浓度，这表明紫外线消毒系统的运作令人满意。

灰水来自所有家庭的洗涤操作，包括来自手盆、厨房水槽和洗衣机的污水，但不包括恶臭或黑色水源（例如厕所、浴盆和小便池）。英国产生的灰水和冲厕水需求之间的累积流量平衡显示出自然的亲和力。千年穹顶水循环计划是英国灰水回收利用中最大的一项计划。该计划要求在所有公共厕所设施中，从洗手盆收集灰水，从屋顶收集雨水，并在流量高峰期，利用地下水补充这些水源。三种不同的源水都有相应的处理系统。该计划中的水被再生处理成饮用水的标准，并返回到公共厕所和小便池。

黑水循环被定义为回收所有从房屋中产生的污水，或是重新使用生活污水。在英格兰东南部汉宁菲尔德水库的埃塞克斯和萨福克计划是唯一的将污水间接用于饮用水供应的方案（见表 2-16）。该计划包括：（1）将经紫外线处理的污水泵入饮用水库；（2）通过河流间接再利用污水。因为该计划可能对健康和环境产生巨大影响，所以对该计划进行了包括微生物、化学和生态毒性试验在内的广泛监测。在该计划的两个阶段内并没有观察到水储层质量的显著变化。然而，在第一阶段，英国国家和地方媒体的报道对该计划产生了一些负面影响。尽管有关人员将该计划与地方议会、环境卫生官员、饮用水监察局、RSPB 和英国自然局进行了广泛协商，并在项目之前就已经向公众通报了该提案，但是由于公众对饮用水质量的担忧，负面的媒体报道还是获得了最大的可信度。造成这种情况的主要原因是：在英国的一些地方，污水流出物正从水处理工程中直接泵入饮用水水库，而不是流经自然水道然后被抽取出来。

表 2-16                               英格兰和威尔士的黑水回收计划

| 计划 | 地点 | 处理方案 |
|------|------|----------|
| 生活污水 | 布莱克本 | 黑箱技术处理住宅开发中的整个污水流 |
| 高利高尔夫俱乐部 | 柴郡 | 经三级处理的污水用于高尔夫球场灌溉 |
| 汉宁菲尔德水库 | 埃塞克斯 | 将经紫外线处理的三级污水直接泵入饮用水水库 |
| 地球中心 | 唐卡斯特 | 用于污水处理的"活体机器" |

# 第三章　再生水利用研究态势

## 第一节　SCI 收录的全球再生水论文分析

本节数据来源于汤森路透（Thomson Reuters）知识产权与科技信息集团出品的 Web of Science™ 核心集合中引文索引子库 Science Citation Index Expanded（SCI-EXPANDED）。对 2011—2020 年的关于再生水的文献进行计量，分析全球再生水的研究进展和趋势，研究内容包括全球再生水论文发表量的年度变化、全球再生水研究热点分布、论文隶属的学科领域分析、各国研究的实力比较、研究机构的实力比较、来源出版物分析和单一论文被引情况分析。

### 一、论文发表量的年度变化

利用 Web of Science™ 核心集合数据库子库 SCI-EXPANDED 检索与再生水（或称为中水、回用水、循环水）相关的主题：reclaimed water、middle water、reused water、reuse water、recycled water 和 recovered water，以及与水循环、水回用相关的主题：water reus *、water recycl *、water regenerat *、water recover *、water reutiliz *、wastewater reus *、wastewater recycl *、wastewater regenerat *、wastewater recover *、wastewater reutiliz *、sewage reus *、sewage recycl *、sewage regenerat *、sewage recover * 和 sewage reutiliz *。其中水循环、水回用活动中涉及的水源包含经处理后形成的再生水。经检索，2011—2020 年 SCI-EXPANDED 收录主题为再生水的论文共有 7 054 篇。

2011—2020 年间 SCI-EXPANDED 收录主题为再生水的论文的年发表量均在 400 篇以上，且发表量呈现稳步上升的态势，已由 2011 年的 425 篇增长到 2020 年的 1 136 篇（见图 3-1）。累计论文发表量的快速增长表明全球再生水领域的研究处在高速发展的阶段。

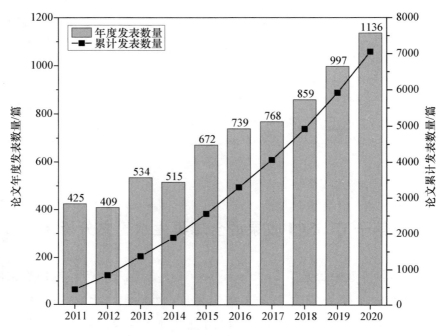

图 3-1　SCI 收录的再生水论文数量的年度变化（2011—2020 年）

## 二、全球再生水研究热点

一个学科的研究热点信息能够反映该学科当前的发展状况。热点信息可以从一段时间内发表的论文中体现。本节使用 CiteSpace 5.8.R3 软件，分析 2011—2020 年间 SCI-EXPANDED 收录的再生水论文的关键词，进而分析近 10 年来该研究领域热点问题的分布。

CiteSpace 参数设置中时间切片为 1，节点类型为关键词网络，剪切方法为 Pathfinder＋Pruning sliced networks＋Pruning the merged network，并整合同义关键词。

2011—2020 年间发表的全球再生水 SCI 论文中，出现频次超过 200 次的有效关键词共有 10 个（见图 3-2）。其中移除（removal）出现的频次最高，为 1 039 次。性能（performance）以 604 的频次紧随其后。除此之外，反渗透（reverse osmosis）、饮用水（drinking water）、管理（management）、脱盐（desalination）、质量

（quality）、纳滤（nanofiltration）、降解（degradation）和灌溉（irrigation）出现的频次也相对较高，分别为 345、343、335、300、294、252、212 和 205 次。这表明近 10 年来 SCI 再生水领域论文的研究对再生水水中污染物的去除问题最为关注。同时，研究注重对于处理设施性能改良方面。另外，反渗透、饮用水、管理、脱盐、质量、纳滤、降解和灌溉也是近 10 年研究关注的热点词。

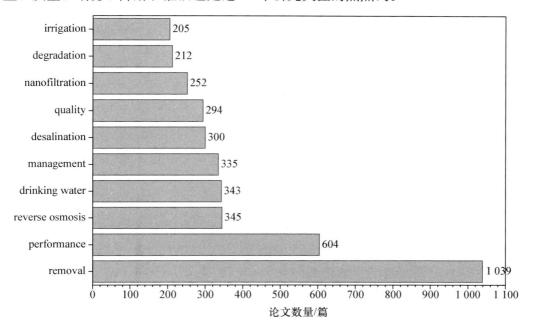

**图 3-2　SCI 收录的再生水论文主要关键词分布（2011—2020 年）**

图 3-3 展示了 2011—2020 年间发表的再生水 SCI 论文中，出现频次超过 100 次的与再生水处理技术及应用相关的关键词。其中结点及字体的大小表示出现频次的差异，结点、字体越大则出现频次越高。在处理技术方面，近 10 年来 SCI 论文在再生水领域的研究热点有：反渗透（reverse osmosis）、脱盐（desalination）、纳滤（nanofiltration）、降解（degradation）、膜处理（membrane）、吸附（adsorption）、超滤（ultrafiltration）、氧化（oxidation）、过滤（filtration）、消毒（disinfection）和臭氧（ozone）处理；在应用方面，近 10 年来 SCI 的研究热点有：饮用水（drinking water）回用、灌溉（irrigation）、地表水（surface water）扩容和地下水（groundwater）补给。总体而言，在处理技术方面关注的热点内容更多。

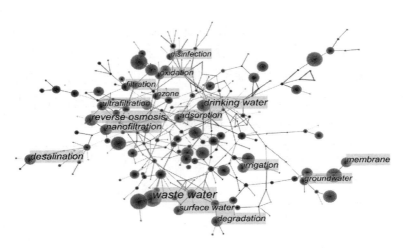

**图 3-3　SCI 收录的再生水相关的关键词频度图（2011—2020 年）**

利用 CiteSpace 对 2011—2020 年间发表的再生水 SCI 论文进行聚类分析，共识别出 16 个聚类模块（见图 3-4），代表了 2011—2020 年间全球再生水研究的热点领域。聚类编号越小代表该聚类所包含的数量越多，即该聚类研究内容的关注度越高。其中，聚类 1、2、3、5、6、8、10、11 的名称均能很好地描述聚类模块内文献的研究内容，分别关注了臭氧（ozone）、正渗透（forward osmosis）、药品（pharmaceuticals）、消毒（disinfection）、反渗透（reverse osmosis）、重金属（heavy metals）、脱盐（desalination）和饮用水（drinking water）方面的研究；而 ♯0 膜式冷凝器（membrane condenser）聚类文献主要关注废水预处理、絮凝、生物反应器、微滤等方面的研究；♯4 缺水（water scarcity）聚类文献主要关注水资源管理、细菌、抗性基因等方面的研究；♯7 回收（recovery）聚类文献主要关注处理性能、膜、水质影响、活性污泥等方面的研究；♯9 盐分（salinity）聚类文献主要关注水处理质量、灌溉应用、生物生长等方面的研究；♯12 移除（removal）聚类文献主要关注药品、微污染等方面的研究；♯13 优化（optimization）聚类文献主要关注对再生水处理工艺及应用决策优化的研究；♯14 最小化（minimization）聚类文献主要关注对处理系统、工艺设计、市政污水等方面的研究；♯15 再生水（reclaimed water）聚类文献主要关注过滤、纳滤及处理效率等方面的研究。

16 个聚类模块在不同时间段上的研究热度见图 3-5。图中不同聚类模块中线段的跨度代表了该聚类模块新研究词出现的跨度时间。由图分析可知在 16 个聚类模块中 ♯0 膜式冷凝器、♯2 正渗透、♯6 重金属、♯10 脱盐和 ♯13 优化在 2019—2020 年间仍有新的研究词出现，属于研究创新度较强的热点模块。

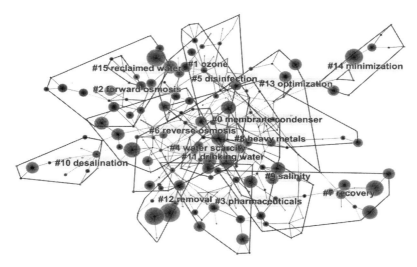

图 3 - 4 全球再生水研究热点聚类模块（2011—2020 年）

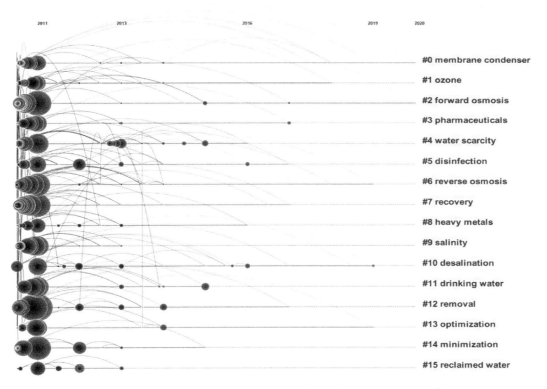

图 3 - 5 16 个聚类模块在不同时间段上的研究热度（2011—2020 年）

## 三、论文隶属的学科领域

这 7 054 篇论文分别隶属于 137 个所属期刊的学科类别，前 10 位的学科类别分别为环境科学（Environmental Sciences）、水资源学（Water Resources）、工程环境（Engineering Environmental）、工程化学（Engineering Chemical）、绿色可持续科学技术（Green Sustainable Science Technology）、能源燃料（Energy Fuels）、化学多学科交叉（Chemistry Multidisciplinary）、土木工程（Engineering Civil）、生物技术应用微生物学（Biotechnology Applied Microbiology）和高分子科学（Polymer Science）。

前 10 位学科类别发表的论文数量及占比情况见图 3-6 和图 3-7。2011—2020 年间，SCI 收录的再生水论文数量排名前 10 学科的再生水论文发表量均在 150 篇以上。这 10 年间，再生水研究领域大多涉及了环境、化学、土木、生物等大类学科，体现出再生水研究的多学科交叉特点。其中环境科学领域发表的再生水论文数量最多，为 3 102 篇，占再生水论文发表量前 10 学科的 28.74%。

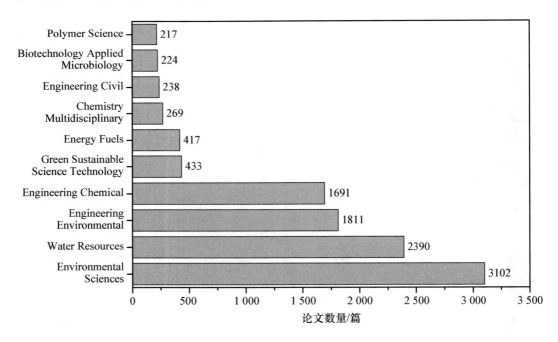

图 3-6　SCI 收录的再生水论文学科类型分布（2011—2020 年）

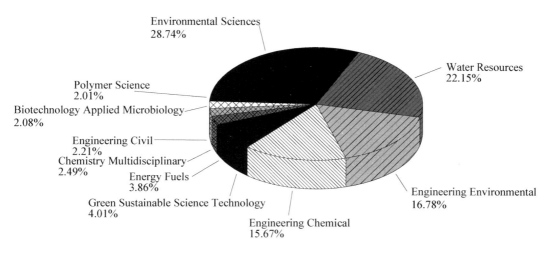

**图 3-7  SCI 收录的再生水主要学科类型的论文发表比例（2011—2020 年）**

## 四、国家/地区研究实力比较

对不同国家/地区在再生水研究领域的科研实力进行比较，能够分析不同国家在该领域研究实力上的差距。2011—2020 年间，SCI-EXPANDED 收录的主题为再生水的 7 054 篇论文共来自 118 个国家或地区。其中论文数量最多的前 10 个国家发表的论文数共有 6 198（由多个国家/地区机构联合研究的论文仅算 1 次）篇，占再生水论文总数的 87.87%。

2011—2020 年间，美国和中国在再生水领域发表的论文数明显高于其他国家，均超过 1 000 篇（见图 3-8），两国发表量之和接近全球总量的一半。美国发表的论文数为 1 705 篇，占论文总数的 24.17%；中国论文数为 1 561 篇，占论文总数的 22.13%。

发表的论文数量在 200 篇及以上的国家还有澳大利亚、西班牙、巴西、德国、意大利、韩国、英国和加拿大 8 个国家。由国家/地区的研究热度分析可见，近十年来在该领域的研究多集中分布于经济较发达或人均水资源较少的国家，这些国家亟需通过对再生水的研究来贯彻绿色发展观念或解决水资源短缺问题。

2011—2020 年间，从不同国家发表论文数量的年度变化趋势来看，除澳大利亚外，排名前 8 的其余国家在再生水领域的研究都处于稳步增长阶段（见图 3-9）。期间，澳大利亚发表的再生水论文总体处于较稳定水平，2019 年的论文发表量有所下降。虽然其国内仍在不断扩大再生水的应用，但在再生水研究方面仍缺乏增长的刺激点。2011—2018 年间，美国在再生水领域发表的论文数量始终领先于其他各国；而在 2018 年之后，中国在再生水领域所发论文数开始超过美国。同时，在

2011—2020 年间，中国的论文发表增速第一。

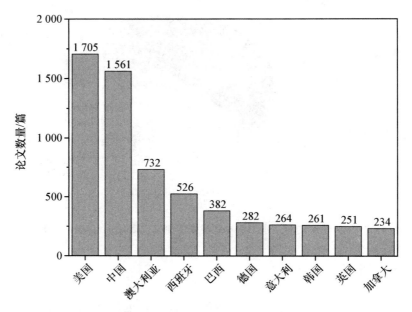

图 3-8　SCI 收录的再生水论文主要国家分布（2011—2020 年）

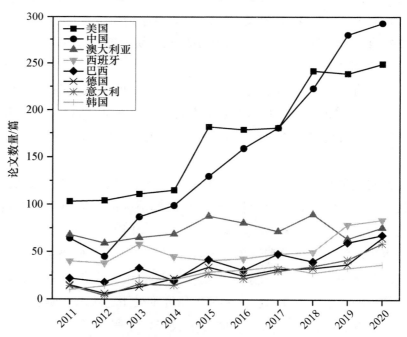

图 3-9　SCI 收录的主要国家再生水论文的年度变化（2011—2020 年）

表 3-1 给出了 2011—2020 年间，论文数量排名前 6 位国家的再生水论文被引情况。尽管中国和美国在再生水论文发表总量均高于 1 000 篇，且与后面的国家远

远拉开距离，但中国发表的再生水论文的被引频次、篇均引用频次、H 指数仍低于美国，并存在不小差距。篇均被引频次最高的国家为澳大利亚，达 28.71，其次为西班牙，达 28.45。这可能与澳大利亚和西班牙在其国内水资源极度短缺的环境背景下，政府将再生水列为重要国家发展战略，再生水领域的研究受到更多关注有关。

表 3-1　　　　SCI 收录的不同国家再生水论文发表情况（2011—2020 年）

| 国家/地区 | 论文数/篇 | 被引频次 | 篇均被引频次 | H-index |
|---|---|---|---|---|
| 美国 | 1 705 | 43 887 | 25.74 | 88 |
| 中国 | 1 561 | 31 055 | 20.06 | 70 |
| 澳大利亚 | 732 | 21 016 | 28.71 | 72 |
| 西班牙 | 526 | 14 963 | 28.45 | 54 |
| 巴西 | 382 | 4 654 | 12.18 | 31 |
| 德国 | 282 | 6 097 | 21.62 | 41 |
| 意大利 | 264 | 5 938 | 22.49 | 39 |
| 韩国 | 261 | 5 482 | 21.00 | 38 |

利用 CiteSpace 绘制中美两国在 2001—2020 年间每年再生水 SCI 论文被引频次排名前 50 的关键词频度图，见图 3-10 和图 3-11。

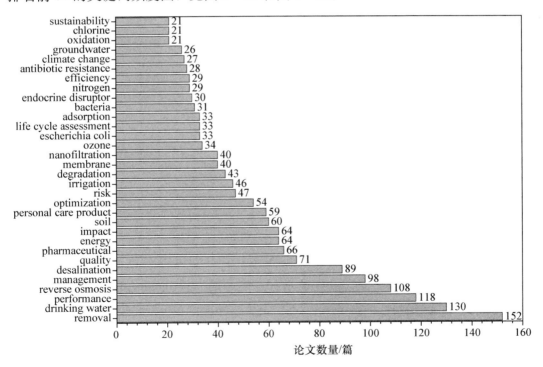

图 3-10　SCI 收录的美国再生水论文主要关键词分布（2011—2020 年）

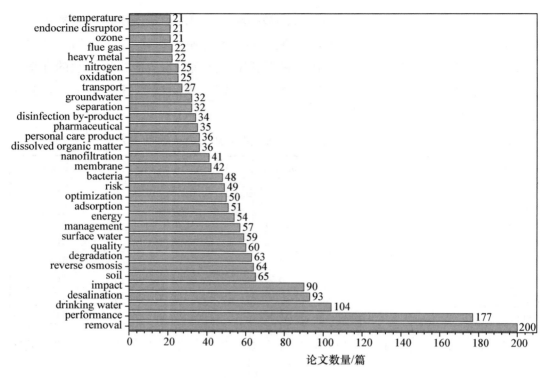

图 3-11　SCI 收录的中国再生水论文主要关键词分布（2011—2020 年）

比较 2011—2020 年间中美两国再生水领域 SCI 论文中出现频次在 20 次以上的中高频有效关键词可知，中美两国对于关键词移除（removal）、饮用水（drinking water）和性能（performance）的关注度都较高，出现频次均超过 100 次；相对而言，美国偏向于关注灌溉（irrigation）、大肠杆菌（Escherichia coli）、效率（efficiency）、抗生素抗性（antibiotic resistance）、气候变化（climate change）和可持续性（sustainability），而中国偏向于关注吸附（adsorption）、溶解性有机物（dissolved organic matter）、消毒副产物（disinfecion by-product）、分离（separation）、运输（transport）、重金属（heavy metal）、废气（flue gas）和温度（temperature）。

通过聚类分析可以比较中美两国再生水 SCI 论文话题中心的差异。

2011—2020 年间，美国每年被引频次排名前 50 的再生水 SCI 论文涉及的关键词可被划分为 16 个聚类模块，分别是：＃0 药品（pharmaceuticals）、＃1 能量（energy）、＃2 管理（management）、＃3 N-亚硝胺（N-nitrosamines）、＃4 优化（optimization）、＃5 性能（performance）、＃6 大肠杆菌（Escherichia coli）、＃7 抗生素抗性（antibiotic resistance）、＃8 沉淀软化（precipitation softening）、＃9 臭氧（ozone）、＃10 盐碱土（saline-sodic soil）、＃11 缺水（water scarcity）、＃12

正渗透（forward osmosis）、♯13 回收（recovery）、♯14 饮用水（drinking water）和♯15 高水回收率（high water recovery），见图 3-12。其中，♯11 缺水（water scarcity）聚类文献主要关注透析、毒性、绿色气体排放等方面的研究；♯13 回收（recovery）聚类文献主要关注地下水、碳、微生物等方面的研究；♯15 高水回收率（high water recovery）聚类文献主要关注脱盐、效率、地表水等方面的研究。

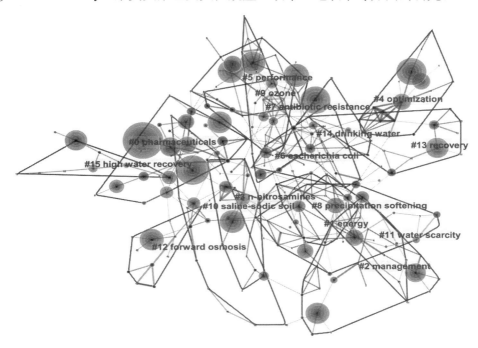

**图 3-12　SCI 收录的美国再生水研究热点聚类模块（2011—2020 年）**

2011—2020 年间，中国每年被引频次排名前 50 的再生水 SCI 论文涉及的关键词可被划分为 16 个聚类模块，分别是：♯0 脱盐（desalination）、♯1 土壤（soil）、♯2 正渗透（forward osmosis）、♯3 影响（impact）、♯4 氯化（chlorination）、♯5 预处理（pretreatment）、♯6 用水最小化（water minimization）、♯7 沉水植物（submerged plants）、♯8 反溶质通量（reverse solute flux）、♯9 生长（growth）、♯10 太阳光照射（solar light irradiation）、♯11 表面扩张（surface spreading）、♯12 化学需氧量（chemical oxygen demand）、♯13 自然栓塞（native embolism）、♯14 药品（pharmaceuticals）和♯15 本地存储（local storages），见图 3-13。

结果表明，中美两国再生水 SCI 论文中的中高频关键词虽然有一定的相似度，但其中心话题具有明显的差异度。

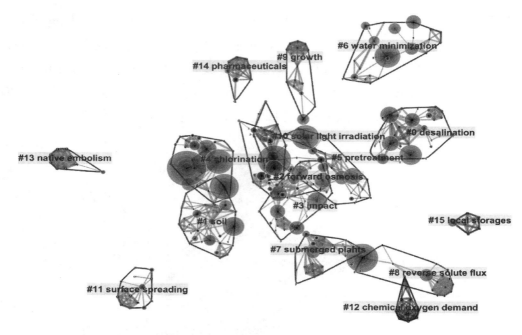

图 3-13　SCI 收录的中国再生水研究热点聚类模块（2011—2020 年）

## 五、研究机构实力比较

在再生水研究的机构中，排名前三的机构发文量明显高于其他机构（见图 3-14）。其中，中国科学院（CHINESE ACADEMY OF SCIENCES）的发文量最多，达 225 篇。美国加利福尼亚大学系统（UNIVERSITY OF CALIFORNIA SYSTEM）和清华大学（TSINGHUA UNIVERSITY）发文量次之，分别为 223 篇和 187 篇。其余再生水论文发文量较多的科研机构依次为：澳大利亚英联邦科学工业研究组织（COMMONWEALTH SCIENTIFIC INDUSTRIAL RESEARCH ORGANISATION，CSIRO）、美国佛罗里达州立大学系统（STATE UNIVERSITY SYSTEM OF FLORIDA）、西班牙 CSIC 科学调查委员会（CONSEJO SUPERIOR DE INVESTIGACIONES CIENTIFICAS，CSIC）、澳大利亚昆士兰大学（UNIVERSITY OF QUEENSLAND）、美国得克萨斯 A&M 大学系统（TEXAS A&M UNIVERSITY SYSTEM）、澳大利亚悉尼新南威尔士大学（UNIVERSITY OF NEW SOUTH WALES SYDNEY）等。

其中，排名前三的机构中，中国科学院研究内容主要包括再生水灌溉对土壤环境的影响、混凝-絮凝、超滤、纳滤、正渗透、膜等再生水处理技术、水资源优化配置方案等；美国加利福尼亚大学系统研究内容主要包括再生水中微污染物的测定、紫外、吸附、生物法等再生水处理技术、再生水灌溉对土壤及植物的影响等；清华大学研究内容主要包括再生水资源利用与管理、水中抗生素、抗性基因、消毒副产物、药品及个人护理品的迁移转化、氯化、生物法、紫外等再生水处理技术、再生水综合毒性等。

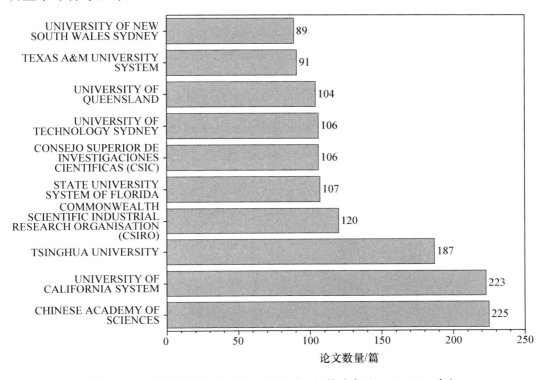

图 3-14　SCI 收录的再生水论文主要科研机构分布（2011—2020 年）

## 六、来源出版物

这 7 054 篇论文来源于 963 个出版物，其中论文数最多的前 10 种出版物发表论文量占总数的 31.40%。前 10 个出版物发表的论文数从 *Separation and Purification Technology* 的 137 篇（占前 10 种出版物论文发表总数的 6.19%）到 *Desalination and Water Treatment* 的 355 篇（占前 10 种出版物论文发表总数的 16.03%），差异较大（见图 3-15 和图 3-16）。

各刊物论文影响因子、JCR 分区、学科分类信息见表 3-2。前 10 个出版物发表的论文影响因子在 1.915～11.236 之间，JCR 分区以 Q1 区为主，大类学科以环境科学与生态学和工程技术为主。

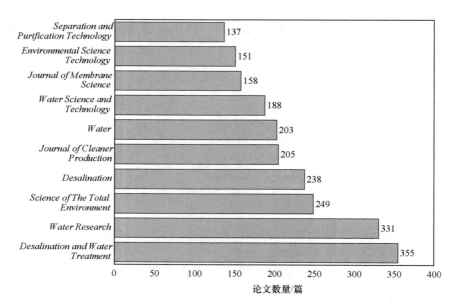

图 3 – 15　SCI 收录的再生水论文主要出版物分布（2011—2020 年）

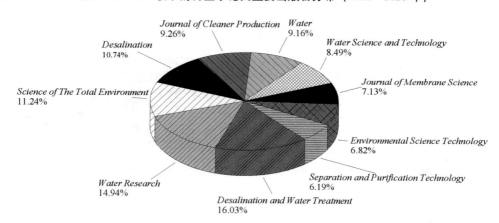

图 3 – 16　SCI 收录的再生水主要出版物的论文发表比例（2011—2020 年）

表 3 – 2　　　　　SCI 收录的再生水主要出版物信息（2011—2020 年）

| 序号 | 刊名 | IF（2021 年） | JCR 分区 | 大类学科 |
| --- | --- | --- | --- | --- |
| 1 | Desalination and Water Treatment | 1.254 | Q3 | 工程技术 |
| 2 | Water Research | 11.236 | Q1 | 环境科学与生态学 |
| 3 | Science of The Total Environment | 7.963 | Q1 | 环境科学与生态学 |
| 4 | Desalination | 9.501 | Q1 | 工程技术 |
| 5 | Journal of Cleaner Production | 9.297 | Q1 | 环境科学与生态学 |
| 6 | Water | 3.103 | Q2 | 环境科学与生态学 |
| 7 | Water Science and Technology | 1.915 | Q3 | 环境科学与生态学 |
| 8 | Journal of Membrane Science | 7.183 | Q1 | 工程技术 |
| 9 | Environmental Science Technology | 9.028 | Q1 | 环境科学与生态学 |
| 10 | Separation and Purification Technology | 7.312 | Q1 | 工程技术 |

## 七、单一论文被引情况

在 7 054 篇论文中，被引频次超过 100 次的共有 199 篇。被引频次前 10 的论文见表 3-3。可以看出，引用率较高的文章多以污水处理技术的研究为主，涉及的技术关键词有：高级氧化、生物处理、纳米技术、化学处理、吸附、反渗透和脱盐技术，说明再生水领域研究的关键在于污水处理技术。

# 第二节　SCI 收录的中国再生水论文分析

本节对 SCI-EXPANDED 数据库收录的关于再生水技术的论文中，国家/地区字段为中国的 1561 篇论文进行计量分析。

## 一、论文发表量的年度变化

近年来，中国该领域论文数量由 2011 年的 64 篇增长至 2020 年的 293 篇（见图 3-17）。2011—2020 年间中国在再生水领域的累计论文发表数量高速增长，表明近十年来，中国在再生水领域的研究热度持续增加。

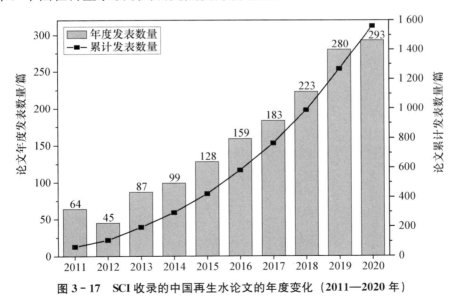

图 3-17　SCI 收录的中国再生水论文的年度变化（2011—2020 年）

## 二、研究机构的实力比较

中国在本领域的主要科研机构见图 3-18，清华大学和中国科学院系统中生态环境研究中心、中国科学院大学、地理科学与资源研究所等发表量居于领先地位。

**表 3-3　SCI 收录的再生水领域引用率最高的 10 篇论文（2011—2020 年）**

| 序号 | 论文名称 | 发表年度 | 杂志 | 第一作者 | 研究单位 | 国别 | 被引次数 |
|---|---|---|---|---|---|---|---|
| 1 | Combination of advanced oxidation processes and biological treatments for wastewater decontamination-A review | 2011 | Science of The Total Environment | Oller, Isabel | Plataforma Solar Almeria CIEMAT | 西班牙 | 1 527 |
| 2 | Applications of nanotechnology in water and wastewater treatment | 2013 | Water Research | Qu, Xiaolei | Rice University | 美国 | 1 241 |
| 3 | Chemical treatment technologies for waste-water recycling-an overview | 2012 | RSC Advances | Gupta, Vinod Kumar | Indian institute of technology | 印度 | 1 052 |
| 4 | Heavy metal removal from aqueous solution by advanced carbon nanotubes: critical review of adsorption applications | 2016 | Separation and Purification Technology | Ihsanullah | King Fahd University of Petroleum & Minerals | 沙特阿拉伯 | 634 |
| 5 | Mediterranean water resources in a global change scenario | 2011 | Earth Science Reviews | Garcia-Ruiz, Jose M. | Consejo Superior de Investigaciones Cientificas | 西班牙 | 537 |
| 6 | Advanced oxidation processes (AOPs) in wastewater treatment | 2015 | Current Pollution Reports | Deng, Yang | Montclair State University | 美国 | 510 |
| 7 | State of the art and review on the treatment technologies of water reverse osmosis concentrates | 2012 | Water Research | Perez-Gonzalez, A. | Universidad de Cantabria | 西班牙 | 486 |
| 8 | Desalination and reuse of high-salinity shale gas produced water: drivers, technologies, and future directions | 2013 | Environmental Science & Technology | Shaffer, Devin L. | Yale University | 美国 | 478 |
| 9 | Emerging desalination technologies for water treatment: a critical review | 2015 | Water Research | Subramani, Arun | Johns Hopkins University | 美国 | 458 |
| 10 | Organic matter fluorescence in municipal water recycling schemes: toward a unified PARAFAC model | 2011 | Environmental Science & Technology | Murphy, Kathleen R. | University of New South Wales Sydney | 澳大利亚 | 405 |

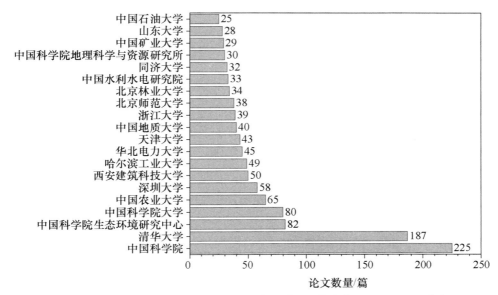

图 3－18　SCI 收录的中国再生水论文主要科研机构分布（2011—2020 年）

## 三、资助来源

国家自然科学基金是中国再生水领域研究的主要经费资助来源，该基金资助项目发文达 814 篇。其次为中央高校基本科研业务费专项资金资助（129 篇）、国家重点研发计划（118 篇）等，详见图 3－19。

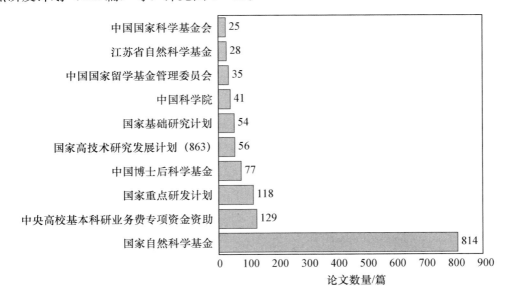

图 3－19　SCI 收录的中国再生水论文主要资助来源（2011—2020 年）

# 第三节　CNKI 收录再生水期刊论文分析

## 一、总体情况

从中国知网《中国学术期刊网络出版总库》（正式出版的 7 872 种学术期刊，来源覆盖率 99.9%，文献收全率 99.9%）获得 2001—2020 年再生水的学术期刊共 9 213 篇（主题为：再生水、中水、回用水、回收水、循环水、水回用、水资源再生能力、废水回收和污水再生利用，检索来源类别为北大核心、CSSCI 和 CSCD）。

### （一）论文发表量的年度变化

2001—2020 年，CNKI《中国学术期刊网络出版总库》共收录再生水相关学术论文 9 213 篇。从 2001 年至 2010 年，再生水年度论文发表数量由 196 篇上升至 691 篇；从 2010 年至 2018 年，再生水年度论文发表数量由 691 篇下降至 290 篇；2018 年之后又有回升。出现这种趋势的原因可能是，自 1990 年后为再生水的推广阶段，此时在全国范围内的研究单位增加明显，同时论文发表数量也在逐渐增加；2010 年后，国内再生水研究更加注重在国际期刊发表，在国内期刊的论文发表量有所下降；"十三五"中后期，国家加大对再生水行业的扶持力度，论文发表数量再次上升（见图 3-20）。

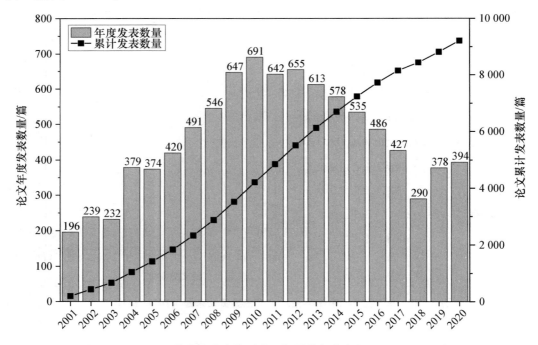

图 3-20　CNKI 收录再生水期刊论文数量的年度变化（2001—2020 年）

（二）关键词分析

采用 CiteSpace 5.7.R5 软件，对 CNKI 收录的 9 213 篇再生水相关学术期刊论文研究热点进行分析。CiteSpace 参数设置中时间切片为 1，节点类型为关键词混合网络，选择标准为 TOP 50，剪切方法为 Pathfinder＋Pruning sliced network＋Pruning the merged network。

整合同义关键词后分析发现，在 2001—2020 年间，每年被引频次排名前 50 的再生水期刊论文中，出现频次超过 100 次的有效关键词共有 12 个（见图 3 - 21），分别为冷却（385）、循环水养殖（342）、灌溉（199）、反渗透（181）、节水（148）、电厂（146）、膜生物反应器（143）、阻垢（142）、超滤（125）、节能（119）、凝汽器（119）和余热利用（117）。可见近十年 CNKI 收录的与再生水相关的期刊论文的研究热点涉及再生水处理技术、再生水应用及再生水管理等多个方面。

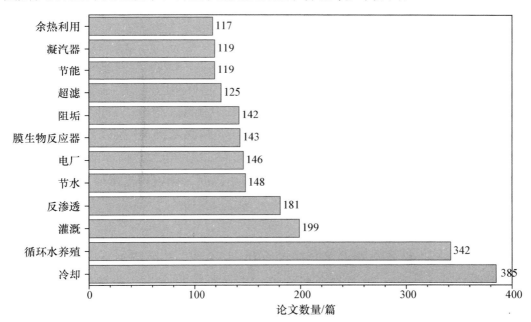

**图 3 - 21 CNKI 收录的中国再生水期刊论文主要关键词分布（2001—2020 年）**

每年被引频次排名前 50 的再生水期刊论文中，与再生水处理技术及再生水应用相关的关键词图见图 3 - 22。可见近 10 年来，CNKI 收录的中国再生水期刊论文在再生水处理技术方面，对反渗透技术、膜生物反应器、超滤技术、凝汽器技术、腐蚀处理技术、臭氧氧化技术、重金属处理技术、氨氮处理技术、曝气生物滤池技术、絮凝剂技术、纳滤技术等研究的关注度较高；在再生水应用方面，对冷却水、养殖、灌溉、电厂发热、余热利用、人工湿地、景观水体、地下水回灌等多个回用途径有较高关注。

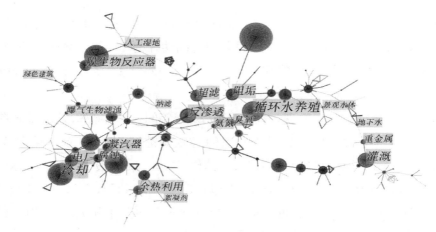

**图 3 - 22 CNKI 收录的中国再生水研究相关的关键词图（2001—2020 年）**

（三）论文隶属的学科领域

2001—2020 年 CNKI 收录再生水相关学术论文前 20 位学科分布见图 3 - 23。前 10 位学科的论文发布占比情况见图 3 - 24。在 CNKI 收录的 2001—2020 年再生水相关学术论文中，学科类别分布主要集中于环境科学与资源利用（3 299）领域，远高于其他学科，且占排名前 10 位学科的 38.41%。除此之外，CNKI 收录的 2001—2020 年再生水相关学术论文在建筑科学与工程（982），电力工业（797），有机化工（621）等领域也有较多分布。从学科类别分布中推断，国内再生水研究主要集中于资源与环境、化工、工业生产等方面。

（四）研究机构

论文发表数量排名前 20 位的科研机构中，排名第一位的清华大学发表论文 259 篇（见图 3 - 25），占前 20 位科研机构论文发表总数的 12%。论文发表数量超过 100 篇的机构还有 8 个，分别为天津大学（169），西安建筑科技大学（139），上海海洋大学（114），哈尔滨工业大学（113），同济大学（112），华北电力大学（111），西安热工研究院有限公司（106），中国科学院生态环境研究中心（105）。领先科研机构主要分布在北京、天津、上海等东部地区，中西部的实力科研机构主要有西安建筑科技大学（139）、西安热工研究院有限公司（106）和西安工业大学（80）。在科研机构的性质方面，大部分领先机构依托于高校、研究院等科研单位，公司方面西安热工院研究有限公司（106）、中国水产科学研究院渔业机械仪器研究所（89）实力较为领先。

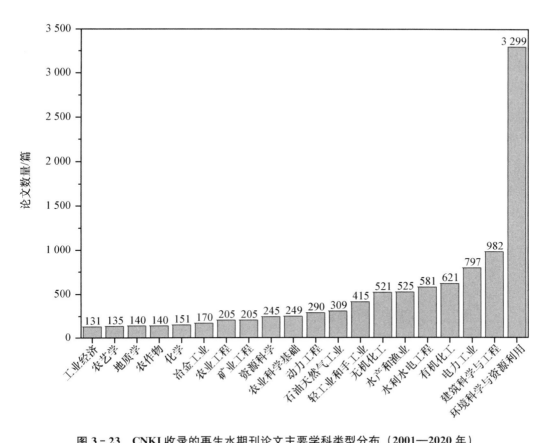

**图 3－23　CNKI 收录的再生水期刊论文主要学科类型分布（2001—2020 年）**

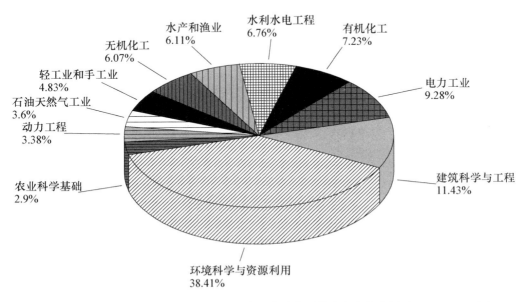

**图 3－24　CNKI 收录的再生水期刊论文主要学科类型的论文发表比例（2001—2020 年）**

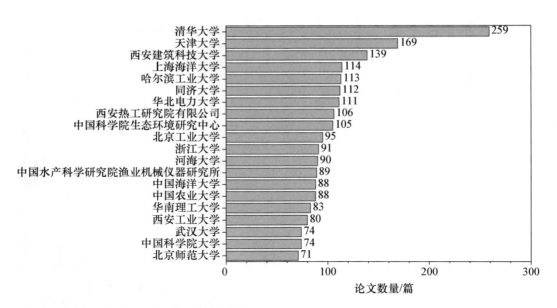

图 3-25  CNKI 收录的再生水期刊论文主要科研机构分布（2001—2020 年）

（五）来源出版物

2001—2020 年 CNKI 收录的再生水相关论文发表数量排名前 10 位出版物及占比见图 3-26，其中论文发表数量超过 500 篇的出版物有《给水排水》（732），《中国给水排水》（573）和《工业水处理》（562），在前 10 位出版物论文发表数量中的占比分别为 26.24%、20.54% 和 20.14%，相对高于其他出版物的论文发表量，且三者之和已达到总量的三分之二。

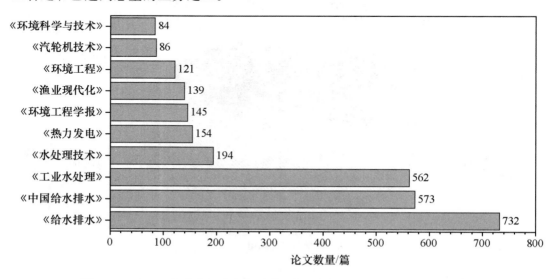

图 3-26  CNKI 收录的再生水期刊论文主要出版物分布（2001—2020 年）

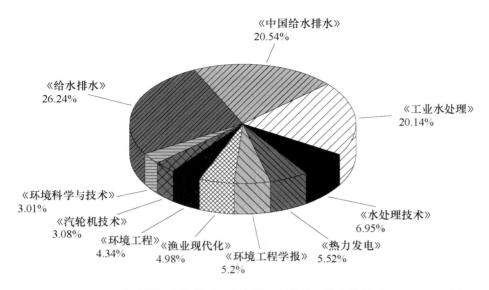

**图 3 - 27 CNKI 收录的再生水期刊论文主要期刊的论文发表比例（2001—2020 年）**

（六）资助来源

在基金资助方面，国家自然科学基金所支持的论文数目最多，达 1 407 篇，占资助基金前 20 位的 48%。对再生水资助较多的基金还有国家科技支撑计划（393）、国家高级技术研究发展计划（308）、国家重点基础研究发展规划（188）等（见图 3 - 28）。其中值得注意的是，排名前 20 位基金中有 5 个地方单位，分别为北京市（98）、陕西省（45）、江苏省（30）、山东省（27）、河南省（23），一定程度上说明以上 5 个地区再生水相关研究处于较领先水平。可能的原因有：这些地区对发展再生水需求较为迫切、存在实力较强的科研单位、经济水平较高等。

## 二、再生水处理、管理与应用

（一）污水处理技术

1. 总体情况

在 CNKI 的学术期刊子库中检索主题为水处理的基础上，分别检索与 7 个普遍使用的污水回用处理技术：吸附、膜生物反应器、离子交换、膜分离、高级氧化、蒸馏、化学氧化相关的主题，检索日期为 2001—2020 年，检索来源类别为北大核心、CSSCI 和 CSCD。

2001—2020 年，CNKI《中国学术期刊网络出版总库》收录的吸附、MBR、离子交换、膜分离、高级氧化、蒸馏、化学氧化处理技术的论文篇数分别为 2 953、

804、461、354、313、75 和 27 篇。有部分学术期刊论文进行了多种技术复合的研究。

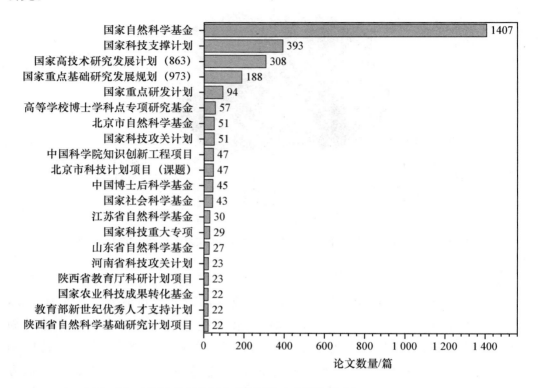

图 3 - 28　CNKI 收录的再生水期刊论文主要资助来源（2001—2020 年）

2001—2020 年间常见污水处理技术论文发表数量的年度变化见图 3 - 29。从论文发表数目来看，研究最多的污水处理技术是吸附技术。2001—2012 年间，在该技术领域发表的论文数目也基本处于稳步上升水平，科研热度持续增加。出现这种趋势的可能的原因是吸附技术成本低、效率高、实际操作简单，且能够满足多种需求的水处理，导致市场对该技术的期待值更高，从而驱动科研的进行。在 2013—2020 年间，在吸附技术领域发表的论文数目虽经历了一次短暂的下降（由 2016 年的 178 篇下降到 2018 年的 88 篇），但又迅速恢复，总体研究处于较稳定阶段。MBR 技术领域发表的论文数目次之。该领域的研究论文数量在 2004—2011 年间有较明显的增长趋势，之后数量维持在稳定水平。膜分离、高级氧化、离子交换技术在 2001—2020 年间并无明显的增长趋势。化学氧化和蒸馏技术论文数目一直处于较低水平。

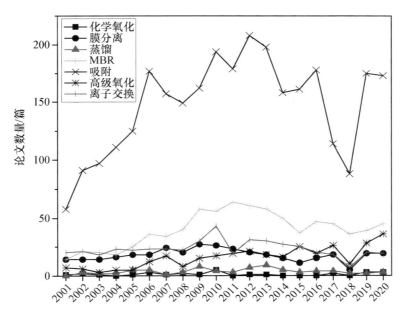

**图 3-29 CNKI 收录的不同污水处理技术期刊论文数量的年度变化（2001—2020 年）**

纵向对比 2001—2003 年间和 2018—2020 年间 CNKI 收录的 7 个普遍使用的污水处理技术期刊论文的研究比重变化发现，研究比例随年份上升的技术有吸附技术（由 57.61％增加到 59.56％）、膜生物反应器技术（由 12.88％增加到 16.39％）和高级氧化技术（由 3.75％增加到 10.11％），表明近 3 年来学术界对以上三项技术的研究兴趣不断增加（见图 3-30）。

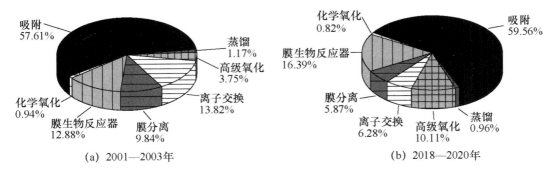

(a) 2001—2003年 　　　　　　　　　(b) 2018—2020年

**图 3-30 CNKI 收录的不同污水处理技术期刊论文的研究比重变化**

2. 膜分离技术情况

在膜分离技术检索结果的基础上，继续分别检索主题：反渗透、纳滤、超滤、微滤和电渗析。

2001—2020 年间，CNKI 收录的有关水处理中反渗透、纳滤、超滤、微滤和电渗析技术的期刊论文篇数分别为 701、130、364、79 和 47 篇。反渗透和超滤分别是膜分离技术中的第一和第二研究热点，二者期刊论文发表量的变化趋势总体相仿，都在 2014 年达到最高峰，分别为 60 和 36 篇（见图 3 - 31）。纳滤、微滤和电渗析技术的期刊论文研究仍处于较低水平。

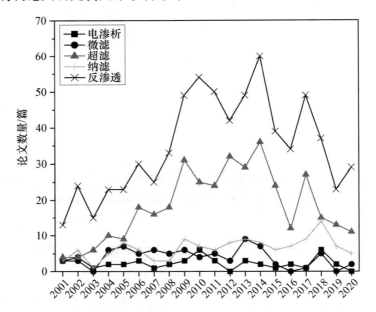

**图 3 - 31　CNKI 收录的不同膜分离技术期刊论文数量的年度变化（2001—2020 年）**

在 2001—2003 年和 2018—2020 年两个不同时间段内，反渗透和超滤相关期刊论文发表量的占比都位列第一和第二（见图 3 - 32），表明在这两个不同时间段内，反渗透和超滤技术在膜技术研究中的研究比重都较大。

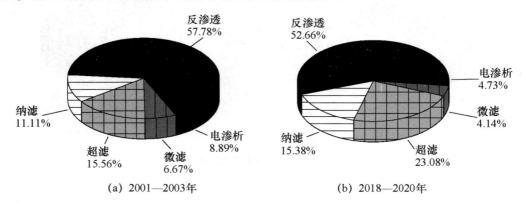

**图 3 - 32　CNKI 收录的不同膜分离技术期刊论文的研究比重变化（2001—2003 年与 2018—2020 年）**

## （二）污水消毒技术

以与污水处理技术相同的检索方法，检索 4 个普遍使用的污水消毒技术：臭氧消毒技术、氯消毒技术、紫外线消毒技术和过氧化氢消毒技术。

2001—2020 年，CNKI《中国学术期刊网络出版总库》共收录臭氧消毒技术 72 篇，氯消毒技术 25 篇，紫外线消毒技术 482 篇，过氧化氢消毒技术 213 篇，各技术的年论文发表量见图 3-33。

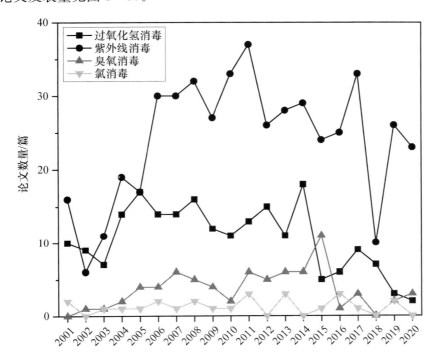

**图 3-33　CNKI 收录的不同污水消毒技术期刊论文数量的年度变化（2001—2020 年）**

紫外线消毒作为传统的消毒技术，在 2002—2011 年间处于高速发展阶段，每年的论文发表量持续增加；2012—2020 年间的论文发表量虽在 2018 年出现一次短暂的下降，但又迅速恢复，总体表现稳定，属于稳定发展期。2001—2020 年学术期刊论文中，紫外线消毒技术相关论文占此次检索论文总量的 61%。其次是过氧化氢消毒，占 27%。其在研究的起步时间上处于领先水平，论文发表数量在 2004—2014 年间无明显变化；但在 2014 年之后迅速缩减，表明该领域研究热度有所降低。臭氧消毒和氯消毒论文数量则较少，年均发表量都在 10 篇以下，且无明显上升趋势。

对比 2001—2003 年与 2018—2020 年两个不同时期的污水消毒技术期刊论文的研究比重（见图 3-34），可知，近 3 年来，紫外线消毒技术相关的学术期刊论文比例明显上升，而过氧化氢消毒技术相关的学术期刊论文比例明显下降。结合论文数量的年度变化可知，近 3 年来，涉及过氧化氢消毒技术的期刊论文数量明显下降，因此这种研究比重的变化很可能是由对过氧化氢消毒技术的研究热度降低所导致的。

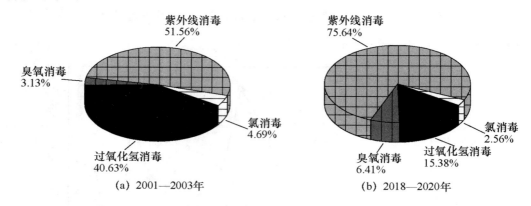

(a) 2001—2003年    (b) 2018—2020年

图 3-34　CNKI 收录的不同污水消毒技术期刊论文的研究比重变化

（三）再生水安全控制与风险管理

在 CNKI 的学术期刊子库中检索主题再生水、中水、回用水、回收水、循环水、水回用、水资源再生能力、废水回收和污水再生利用的基础上，检索主题：安全、风险、健康影响、健康评估、环境影响和环境评估，检索日期为 2001—2020 年，检索来源类别为北大核心、CSSCI 和 CSCD。

2001—2020 年，CNKI《中国学术期刊网络出版总库》收录再生水安全控制与风险管理相关学术期刊论文共 370 篇，论文发表数量年变化见图 3-35。在 2001—2012 年间，再生水安全控制与风险管理相关学术期刊论文的年度发表量属于上升趋势，研究热度不断增加。2013 年，再生水安全控制与风险管理方面的研究热度有所衰减，由 2012 年的 42 篇下降至 25 篇。2013—2020 年间，再生水安全控制与风险管理相关学术期刊论文发表量维持在 13～25 篇，进入一个研究的相对稳定期。总体上，2001—2020 年间，再生水安全控制与风险管理方面的累计论文发表量持续上升，该领域的期刊论文研究仍属于稳步上升阶段。

再生水安全控制与风险管理相关的学术期刊论文发表量在 10 篇以上的主要研究学科有：环境科学与资源利用（161）、水利水电工程（54）、建筑科学与工程（40）、电力工业（34）、水产和渔业（20）、农业工程（19）、资源科学（19）、核科学技术（19）、有机化工（14）和工业经济（12）。以上学科的污水回用安全控制与风险管理论文发表数量见图 3-36。各学科的论文发表数量比例见图 3-37。其中环境科学与资源利用的论文数目最多，占 10 个主要学科总数的 41.07%，远高于其他学科，说明该学科对再生水安全控制与风险管理的关注更多。

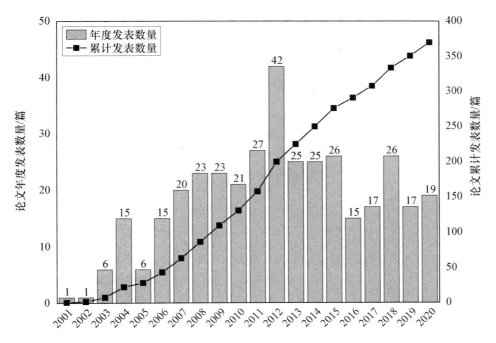

图 3 - 35　CNKI 收录的再生水安全控制与风险管理期刊论文数量的年度变化（2001—2020 年）

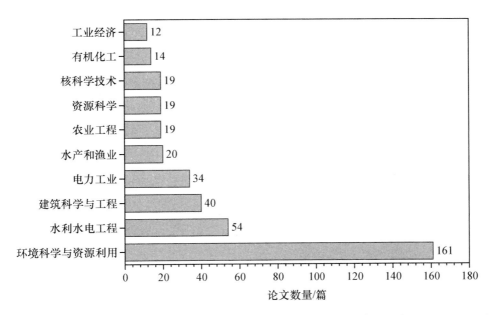

图 3 - 36　CNKI 收录的再生水安全控制与风险管理期刊论文主要学科类型分布（2001—2020 年）

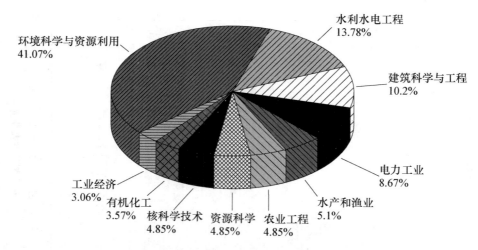

**图3-37　CNKI收录的再生水安全控制与风险管理的主要学科的论文发表比例（2001—2020年）**

（四）再生水管理

在CNKI的学术期刊子库中检索主题再生水、中水、回用水、回收水、循环水、水回用、水资源再生能力、废水回收和污水再生利用的基础上，检索检索主题词：政策、规划、标准、法规、技术指南、条例、部门规章、法律、规范、导则和水价管理，检索日期为2001—2020年，检索来源类别为北大核心、CSSCI和CSCD。

2001—2020年CNKI收录中国再生水管理学术论文数量年度变化见图3-38。2001—2020年，CNKI《中国学术期刊网络出版总库》共收录再生水管理相关学术期刊论文817篇。2000年之后，再生水管理相关论文的年度发表量增长明显，进入增长期，累计论文数量的增长率处于较高水平；2013—2019年间的年度发表数量减少，研究热度降低，累计论文数量的增长率有所减缓；2020年的论文数量有所增加，研究热度再次增长。

（五）再生水应用

在CNKI的学术期刊子库中检索主题再生水、中水、回用水、回收水、循环水、水回用、水资源再生能力、废水回收和污水再生利用的基础上，分别检索与常见再生水应用领域：饮用水回用、回灌地下水、环境或娱乐用水、城市非灌溉回用、工业利用、景观灌溉、农业相关的主题词，检索日期为2001—2020年，检索来源类别为北大核心、CSSCI和CSCD。

2001—2020年，CNKI收录中国再生水用途学术论文数量年变化见图3-39，占比见图3-40。在被检索的7种常见再生水应用领域的相关论文中，再生水在工业领域的应用所占比例最大，论文总量达440篇，占比达46.07%；再生水在农业领域的应用所占比例次之，论文总量达 326 篇，占比达 34.18%。说明近 20 年，工业和农业上的节水已受到广泛重视。环境或娱乐用水、地下水回灌和饮用水回用的论文总量分别为 96、64 和 26 篇，分别占 10.08%、6.37% 和 2.65%；景观灌溉和城市非灌溉回用论文总量均仅有 3 篇，所占比例相对较少。

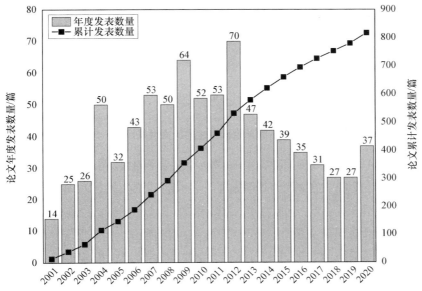

**图 3-38 CNKI 收录的再生水管理论文数量的年度变化（2001—2020 年）**

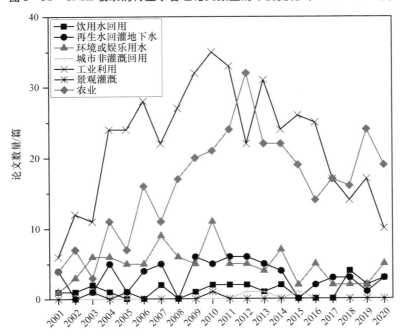

**图 3-39 CNKI 收录的不同再生水用途期刊论文数量年度变化（2001—2020 年）**

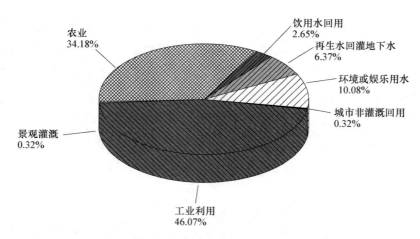

图 3-40　CNKI 收录的不同再生水用途的论文发表比例（2001—2020 年）

纵向对比 2001—2003 年和 2018—2020 年主要再生水用途相关的学术期刊论文数（见图 3-41）发现，在两个时间段内，学术期刊论文发表数所占比例最高的研究领域均为工业利用，其占比分别为 46.03% 和 32.80%。但与 2001—2003 年相比，工业利用相关的学术期刊论文量在 2018—2020 年间的所占比例下降了约 6%。除了工业利用外，环境或娱乐回用和地下水回灌相关的期刊论文量也出现下降趋势。而农业回用所占比例由 2001—2003 年间的 22.22% 增加至 2018—2020 年间的 47.20%。

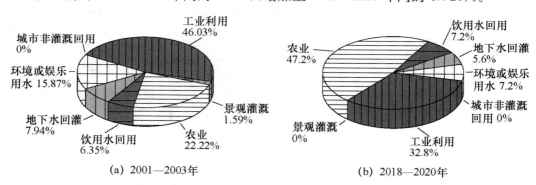

　　　　(a) 2001—2003 年　　　　　　　　(b) 2018—2020 年

图 3-41　CNKI 收录的再生水主要用途期刊论文的研究比重变化

# 第四节　CNKI 收录再生水专利分析

## 一、总体情况

### （一）专利公开量的年度变化

从中国知网国家知识产权局出版社出版的《中国专利全文数据库》（来源覆盖

率 100%）中，获得 2001—2020 年污水再生及回用技术的专利，共有 57 195 项（搜索主题词：再生水、中水、回用水、回收水、循环水、水回用、水资源再生能力、废水回收和污水再生利用，公开日为 2001-01-01 到 2020-12-31）。

2001—2020 年间，CNKI 收录的再生水相关专利累计公开数量呈高速增长趋势，研究热度持续增加（见图 3-42）。相关专利年度公开变化可以分为三个阶段：第一阶段（2001—2009 年）年再生水相关专利公开数逐渐增多，但增长速度较慢；第二阶段（2010—2016 年）为中速增长阶段，再生水相关专利产出速度增加；第三阶段（2017—2020 年）再生水相关专利公开数迅速增加，专利年度公开数量的年均差异值超过 1 000 个。

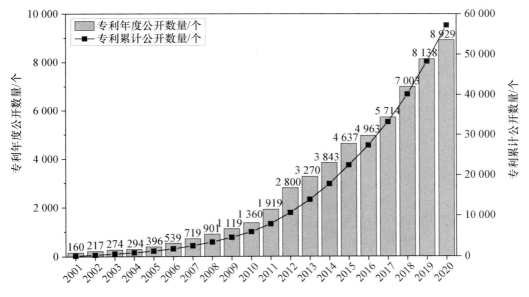

图 3-42　CNKI 收录的污水回用专利公开数量的年度变化（2001—2020 年）

## （二）专利隶属的学科领域

2001—2020 年间，再生水专利隶属的主要学科是环境科学与资源利用，专利公开量达 1.35 万个，占公开专利数排名前 10 学科的 25.22%，远高于其他学科的专利公开量（见图 3-4 和图 3-44）。专利公开量超过 5 000 个的学科还有：有机化工（6 801）、无机化工（6 617）、动力工程（6 611）和建筑科学与工程（6 096），分别占公开专利数排名前 10 学科的 12.71%、12.37%、12.36% 和 11.40%。其余专利公开量排名靠前的学科还有化学（3 846）、轻工业手工业（3 075）、电力工业（2 643）、工业通用技术及设备（2 549）和金属学及金属工艺（1 766）。

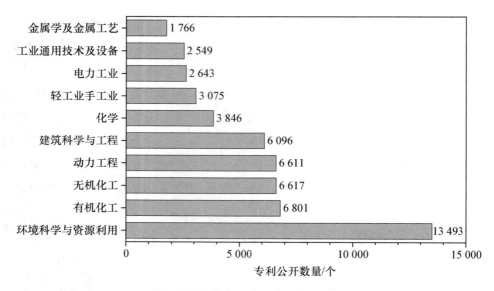

**图 3 - 43　CNKI 收录的再生水专利主要学科类型分布（2001—2020 年）**

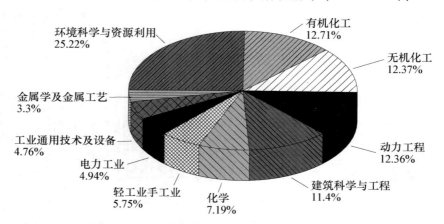

**图 3 - 44　CNKI 收录的再生水专利主要学科类型的专利公开比例（2011—2020 年）**

## 二、再生水处理

### （一）污水处理技术

#### 1. 总体情况

在 CNKI 的专利子库中检索水处理主题的基础上，分别检索与 7 个普遍使用的污水处理技术：吸附、膜生物反应器、离子交换、膜分离、高级氧化、蒸馏、化学氧化相关的内容为主题，检索公开日为 2001-01-01 到 2020-12-31。

2001—2020 年，CNKI 收录的污水处理技术专利中，膜分离技术专利有 4 392 个，吸附法专利有 2 908 个，离子交换技术专利有 1 176 个，数量上远胜于其他污水处理技术的专利公开量。膜生物反应器专利有 398 个，蒸馏技术专利有 285 项，高级氧化技术专利有 119 个，化学氧化技术专利仅有 30 个。部分专利研究不止包含一种污水回用技术。

2004 年以前，各项污水处理技术的专利数一直处于较低水平，几乎没有增长；2004 年以后，相关专利数开始逐年增多，特别是 2009 年之后增速加快（见图 3-45）。膜分离技术和吸附法技术的专利所占比重很大，属于该领域的热点问题。离子交换技术的专利数也随年份的增加表现出明显增长趋势，但其增长速率不及前者。膜生物反应器、蒸馏技术、高级氧化和化学氧化技术的专利数平缓地增长，总数处于较低水平。

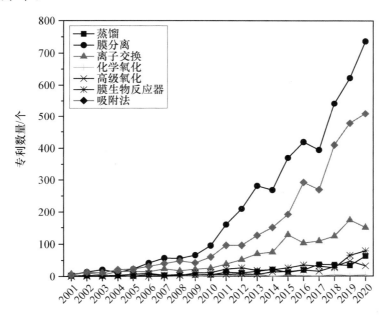

图 3-45　CNKI 收录的不同污水处理技术专利公开数量的年度变化（2001—2020 年）

纵向对比 2001—2003 年和 2018—2020 年各项常见污水处理技术专利所占比重（见图 3-46），研究发现，所占比重明显上升的有膜分离技术（由 39.22％上升至 45.64％）和吸附法（由 27.45％上升至 33.51％），表现为对于热点技术的研究热度持续攀高。离子交换技术所占比重下降明显（由 22.55％下降至 10.74％），总体研究比例有所降低。

2. 膜分离技术

在膜分离技术检索的结果上，继续分别检索主题：反渗透、纳滤、超滤、微滤和电渗析。

反渗透专利数增速很快，并且数目也处于最高水平。超滤技术的专利数增长始终保持平稳。纳滤、微滤和电渗析技术的专利数相对较少，且增长缓慢（见图 3－47）。

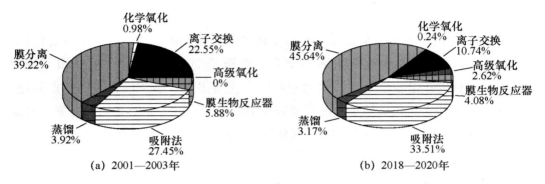

图 3－46　CNKI 收录的不同污水处理技术专利的研究比重变化（2001—2003 年与 2018—2020 年）

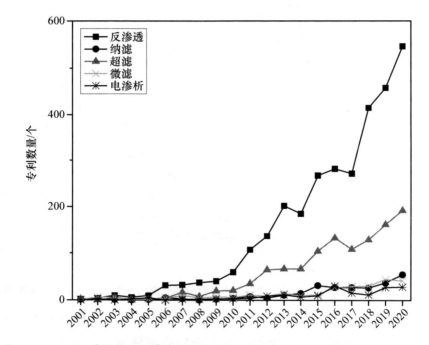

图 3－47　CNKI 收录的不同膜分离技术专利公开数量的年度变化（2001—2020 年）

（二）污水消毒技术

以与污水处理技术相同的检索方法，检索 4 个普遍使用的污水消毒技术：臭氧消毒技术、氯消毒技术、紫外线消毒技术和过氧化氢消毒技术。

2001—2020 年污水消毒技术的所有专利中，紫外线消毒专利有 543 个，臭氧消毒专利有 430 个，氯消毒专利有 70 个，过氧化氢消毒专利仅有 9 个，这些污水回用消毒技术也常被交叉运用于专利中。

在 2001—2009 年间，各项常见污水消毒技术的专利增长缓慢，年专利公开数量均未超过 20 个。2010 年之后紫外线消毒技术和臭氧消毒技术相关的专利公开数量迅速增加，相关专利研究进入高速发展期；氯消毒技术的专利公开数量在 2010 年之后也有增长，但总体增长趋势并不明显；过氧化氢消毒技术的专利数一直处于很低水平，多年来没有大的进展（见图 3-48）。

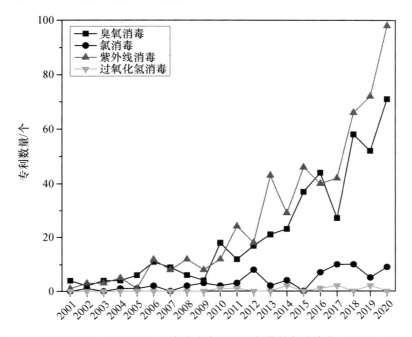

图 3-48　CNKI 收录的不同污水消毒技术专利公开数量的年度变化（2001—2020 年）

区域与城市篇

# 第四章 七大城市群再生水利用状况

## 第一节 中国再生水发展历程

2011年是中国第十二个五年计划开局之年，2012年党的十八届代表大会胜利召开。党的十八大以来，中国经济社会发展取得了巨大成就，经济结构逐步优化升级，从主要靠劳动力数量和资本存量增长来驱动经济增长，转变为主要依靠科学技术和人力资本增长来驱动经济。[①] 第三产业发展迅速，由2011年的43.4%提升到2020年的54.5%，服务业对经济增长的促进作用显著提升。城镇人口由2011年的6.9亿人增长到2020年的9.02亿人。一般而言，人口集聚与产业发展共同形成对水资源需求的变化。已有研究证明，中国城镇化拉动经济增长增加用水总量，但通过优化产业结构和提高用水经济效率又能够减少用水总量，1997—2011年间二者相减最终用水量减少了2 177亿 $m^3$，即中国人口—经济城镇化过程对用水总量和万元 GDP 用水量都具有明显的减量效应。

表4-1是中国2005年、2011年、2015年和2020年四个年份的用水数据。2005年到2020年间，城市户籍人口、用水人口和工业生产总值大幅提高，但城市供水总量仅增长了25.39%。同期，万元工业增加值用水量降低了80.4%，人均日生活用水量则降低了12.1%，生产用供水总量下降了25.46%，生活用供水总量增长了42.97%。城市用水总量中，生活用水占比从2005年的48.55%增长到2020年55.35%，生产用水占比从2005年的41.79%降低到2020年的24.84%。上述数据

---

① http://www.gov.cn/zhengce/2015-09/30/content_2940897.htm.

显示，当城市人口数量大幅增长后，居民生活用水、第三产业、公共服务和市政公用是导致城市用水总量增加的主要原因，但由于用水效率的提升，特别是工业用水效率提升后，工业产值和城市人口总量增长并没有造成城市用水量的大幅增长。

表 4-1　　　　　　中国城市用水人口和用水量变化情况（2005—2020 年）

| 项目 | 2005 年 | 2011 年 | 2015 年 | 2020 年 |
|---|---|---|---|---|
| 城市户籍人口（亿） | 5.62 | 6.91 | 7.71 | 9.02 |
| 用水人口（亿） | 3.27 | 3.97 | 4.51 | 5.32 |
| 工业生产总值（亿元） | 77 958.3 | 188 470.2 | 240 736.1 | 313 071.1 |
| 城市供水总量（亿吨） | 502.1 | 513.4 | 560.5 | 629.5 |
| 生活用供水总量（亿吨） | 243.7 | 247.7 | 287.3 | 348.5 |
| 生产用供水总量（亿吨） | 209.8 | 159.7 | 162.4 | 156.4 |
| 万元工业增加值用水量（$m^3$） | 167.7 | 82 | 55 | 32.9 |
| 人均日生活用水量（升） | 204.1 | 170.9 | 174.5 | 179.4 |

数据来源：中国统计年鉴.

城镇化一般会导致城镇建成区或城市群地区用水较快增长，甚至会引起局部用水危机，而节约用水和利用再生水是实现城市用水总量低增长的有效途径。本章期望通过研究城市群节约用水和再生水利用状况，为建立城市群节约用水计划和制定水务政策提供一些依据。基于研究能力、数据可得性和城市群发育程度，本章从 29 个城市群和经济区中遴选了京津冀、长三角、珠三角、长株潭、成渝、哈长、武汉城市圈 7 个城市群（见表 4-2）。本章所指再生水是指生活污水和雨水进入污水处理厂后处理形成的中水，对其再次以净化工艺加工后形成的再生水。新水取用量、重复用水量、节约用水、工业节约用水、污水处理总量和再生水利用量数据均来自《中国城市建设统计年鉴》（2011—2020 年）。

表 4-2　　　　　　　　京津冀等七个城市群概况①

| 城市群 | 区位 | 城市数量（个） | 列入文章的城市数量（个）和城市名称 |
|---|---|---|---|
| 京津冀 | 华北 | 10 | 10 | 北京、天津、石家庄、唐山、保定、张家口、承德、秦皇岛、沧州、廊坊 |

---

① 长三角、成渝和武汉城市群，因部分县级市数据缺失严重，不具有可研究性，故没有将县级市纳入研究范围。例如：成渝城市群一共有 33 个城市，其中 14 个城市供水数据缺失严重，只将其中 19 个地级以上城市纳入研究序列。

续表

| 城市群 | 区位 | 城市数量（个） | 列入文章的城市数量（个）和城市名称 | |
|---|---|---|---|---|
| 长三角 | 华东 | 22 | 16 | 上海、南京、杭州、苏州、无锡、宁波、湖州、嘉兴、绍兴、常州、泰州、镇江、南通、台州、舟山、扬州 |
| 珠三角 | 华南 | 9 | 9 | 广州、深圳、东莞、江门、肇庆、珠海、惠州、中山、佛山 |
| 长株潭 | 华南 | 8 | 8 | 长沙、株洲、岳阳、常德、湘潭、益阳、衡阳、娄底 |
| 成渝 | 西南 | 33 | 19 | 成都、重庆、绵阳、德阳、乐山、眉山、遂宁、内江、南充、资阳、自贡、广安、达州、巴中、广元、泸州、攀枝花、雅安、宜宾 |
| 哈长 | 东北 | 12 | 12 | 哈尔滨、大庆、佳木斯、牡丹江、齐齐哈尔、绥化、伊春、吉林、长春、辽源、松原、四平 |
| 武汉城市圈 | 武汉为核心的城市圈 | 19 | 12 | 武汉、咸宁、随州、鄂州、黄冈、黄石、荆门、宜昌、荆州、十堰、襄阳、孝感 |
| 合计 | | 113 | 86 | |

## 第二节　京津冀等七个城市群再生水利用状况

### 一、城市群再生水利用状况

#### （一）京津冀城市群再生水利用状况

京津冀城市群水资源匮乏，污水作为重要的非常规水源，其利用量连年增长。2011—2015 年的"十二五"期间，污水处理总量和再生水利用总量分别达到 148.3 亿 m³ 和 51.9 亿 m³，再生水利用总量占污水处理总量的 35%（见图 4-1）。2015 年的污水处理总量和再生水利用总量分别是 2011 年的 1.29 倍和 1.29 倍。2016—2020 年的"十三五"期间，污水处理总量和再生水利用总量提升到 194.7 亿 m³ 和 83.8 亿 m³，再生水利用总量占污水处理总量的占比也提升到 43%。2020 年污水处理总量和再生水利用总量分别是 2016 年的 1.14 倍和 1.52 倍，再生水利用程度显著提升。2020 年的污水处理总量和再生水利用总量分别是 2011 年的 1.53 倍和 2.07 倍。这显示"十二五"和"十三五"期间京津冀城市群的污水处理和再生水利用持续增长，再生水利用量更是翻了一番。

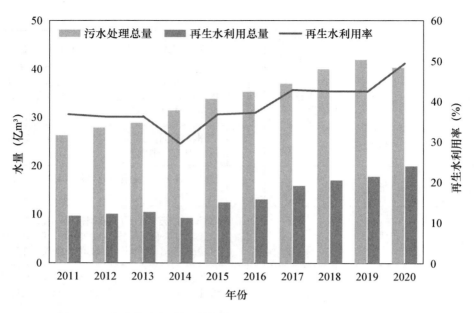

**图 4-1　京津冀城市群污水处理和再生水利用状况（2011—2020 年）**

分城市来看，2011 年至 2020 年，京津冀城市群污水处理总量和再生水利用总量排名前三的城市依次是北京、天津和石家庄（见图 4-2）。北京市的污水处理总量和再生水利用总量分别达到 156.1 亿 m³ 和 93.8 亿 m³，占全部整个城市群总量的 33.52% 和 69.12%。比较各城市污水处理和再生水利用情况，"十三五"期间京津冀城市群各个城市的污水处理量均比"十二五"期间显著增长，其中，廊坊、天津、北京和秦皇岛的污水处理量增长了 30%～44%；除唐山市外，其他城市"十三五"期间的再生水利用量均大于"十二五"期间，特别是天津和保定两个城市，其再生水利用率[①]增长了 10.6 倍和 3.2 倍。"十三五"期间再生水利用率超过 30% 的城市有北京、唐山、保定、张家口、廊坊和秦皇岛。总体上来看，除北京的再生水利用率超过 60% 以外，其他城市的再生水利用量均有提高的空间。

**（二）长三角城市群再生水利用状况**

长三角城市群"十二五"和"十三五"期间污水处理总量和再生水利用总量持续增长，污水处理总量分别为 290.1 亿 m³ 和 347 亿 m³，再生水利用总量分别为 22.4 亿 m³ 和 40.7 亿 m³（见图 4-3）。2015 年的污水处理总量和再生水利用总量分别是 2011 年的 1.21 倍和 1.84 倍，2020 年的污水处理总量和再生水利用总量分

---

　　①　本章中的再生水利用率指污水处理后实现再生水生产和再利用的比率，即再生水利用总量与污水处理总量之比。

别是 2016 年的 1.1 倍和 1.96 倍。再生水利用量自 2011 年起持续增长,"十二五"期间再生水利用总量占污水处理总量的 7.7%,"十三五"期间该占比提高到 11.72%。从总体上来看,长三角城市群的再生水利用率相对不高。

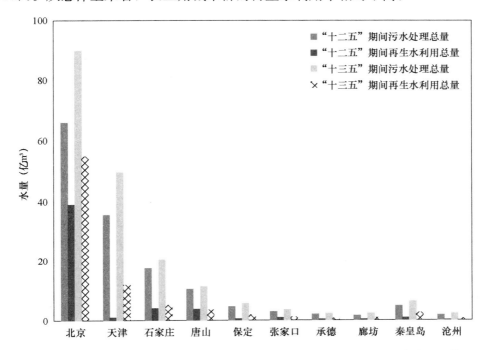

**图 4-2　"十二五"和"十三五"期间京津冀城市群分城市污水处理和再生水利用状况**

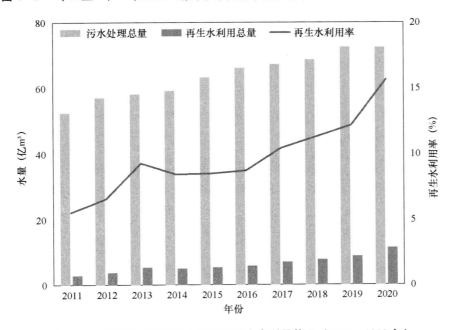

**图 4-3　长三角城市群污水处理和再生水利用状况(2011—2020 年)**

分城市来看，2011年至2020年间，污水处理总量排位在前三位的城市分别是上海、南京和杭州，总和占到全部总量的57.11％（见图4-4）。上海市污水处理总量为212.5亿 m³，占到全部总量的33.81％。分城市来看，相较于"十二五"期间，"十三五"期间长三角城市群所有城市的污水处理量都一定程度的提升，其中增长率超过30％的城市有杭州、宁波、湖州、嘉兴、绍兴、泰州、舟山和台州。从再生水利用情况来看，2011年至2020年间，苏州、无锡和常州的再生水利用量排序前三，这三个城市占全部再生水利用总量的64.2％，其中苏州的再生水利用总量为23.1亿 m³。南京、杭州、湖州、嘉兴、绍兴和泰州这六个城市的再生水利用率较低，不到10％。"十二五"期间，上海、杭州、嘉兴、绍兴、泰州和台州再生水利用为零，"十三五"期间除上海外的这些城市均实现了再生水利用的零突破。"十三五"期间再生水利用率超过20％的城市有苏州、无锡、常州、南通、舟山和台州。

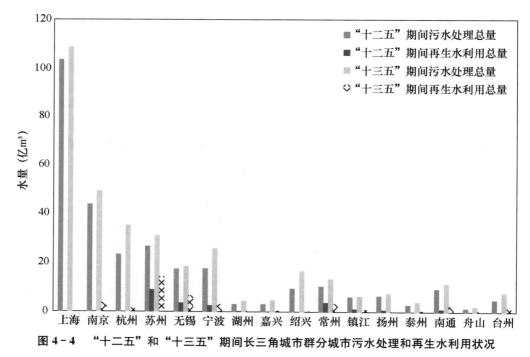

图4-4　"十二五"和"十三五"期间长三角城市群分城市污水处理和再生水利用状况

（三）珠三角城市群再生水利用状况

在"十二五"和"十三五"期间，珠三角城市群污水处理总量持续增加，"十三五"期间污水处理总量达到300亿 m³，是"十二五"期间污水处理总量236.1亿 m³ 的1.27倍（见图4-5）。分年度来看，2015年是2011年的1.3倍，2020年是2016年的1.24倍，2020年是2011年的1.66倍。"十二五"期间珠三角城市群再生水利用量较低，再生水利用总量为 6 577 万 m³，但在"十三五"期间得到大幅度提升，利用总量达到 81.89 亿 m³，是"十二五"期间的 124 倍。其中，2017 年至 2020 年的再生水利用量占整个"十二五"和"十三五"期间全部再生水利用总量的 98.85％。这表明该城市群在"十三五"期间开始重视再生水的利用。

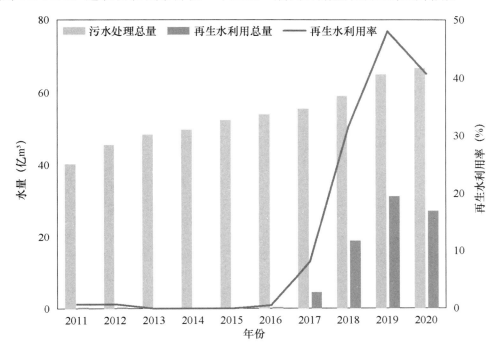

图 4-5　珠三角城市群污水处理和再生水利用状况（2011—2020 年）

　　污水处理和再生水利用主要来自广州和深圳两个城市。2011—2020 年间，广州市的污水处理总量和再生水利用总量分别为 154.3 亿 m³ 和 22.9 亿 m³；深圳市的污水处理总量和再生水利用总量分别为 158.7 亿 m³ 和 39.7 亿 m³。这两个城市的污水处理总量和再生水利用总量占全部城市群的 58.4％ 和 75.9％。深圳市尽管地处珠江流域，但却是一个缺水性城市，水资源短缺一直是制约深圳市经济社会可持续发展的关键性因素。2014 年 1 月 22 日，深圳市人民政府发布了《深圳市再生水利用管理办法》。该办法第四条鼓励污水深度处理再生利用，提出工业生产、城市绿化、道路清扫、车辆冲洗、建筑施工以及生态景观应当优先使用再生水。2018 年深圳市的再生水利用率达到 69％，主要用于河道补水，是景观和绿化用水的来源。①

---

分城市来看，"十二五"和"十三五"期间珠三角城市群污水处理量排前三位的城市均为深圳、广州和东莞（见图4-6）；"十三五"期间，各个城市的污水处理量均有所增长，其中广州、深圳、珠海、惠州和江门的增幅在30%左右，肇庆增幅为53%。"十二五"期间珠三角城市群只有佛山一个城市有再生水生产和利用行为，而"十三五"期间除中山市外全部实现了再生水利用，利用量排前三位的城市为深圳、广州和东莞。"十三五"期间珠三角城市群的再生水利用率为27.3%，而"十二五"期间该比率仅为0.28%。这表明"十三五"以来，珠三角城市群中的绝大部分城市坚决贯彻执行了将污水资源纳入水资源利用的政策，从而有效提高了再生水利用程度。

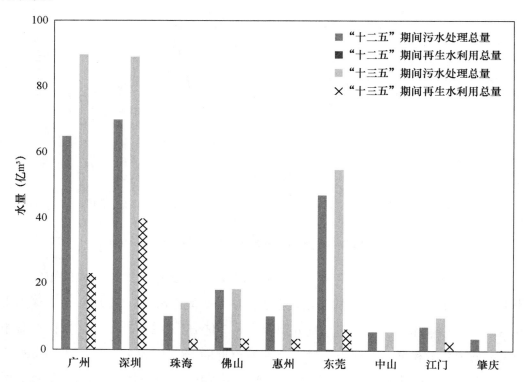

图4-6 "十二五"和"十三五"期间珠三角城市群分城市污水处理和再生水利用状况

（四）长株潭城市群再生水利用状况

"十二五"到"十三五"期间，长株潭城市群污水处理总量持续增加，从"十二五"期间的49.86亿m³跃升到"十三五"期间的71亿m³（见图4-7）。2011年的污水处理总量为9.3亿m³，2020年则增长到16.87亿m³。分年份来看，2015年的污水处理总量是2011年的1.1倍，2020年是2016年的1.3倍，2020年是2011年的1.8倍。这表明该城市群的污水处理能力持续增长。在"十二五"和"十三五"期间，长株潭城市群的再生水利用总量显著增长。"十二五"期间，该城市群的再生水利用总量仅为 3 487 万 $m^3$；"十三五"期间则增长到 5.26 亿 $m^3$，其中 2019 年和 2020 年两个年份的再生水利用总量就占该城市群 10 年全部再生水利用量的 57.8%。尽管"十三五"期间再生水利用有所提高，但整个城市群再生水利用量占污水处理总量的比重依然很低，仅为 4.64%。

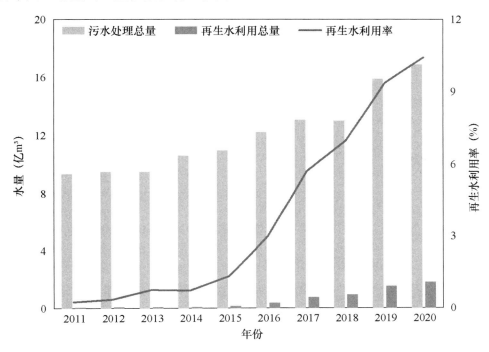

图 4-7 长株潭城市群污水处理和再生水利用状况（2011—2020 年）

分城市来看，"十二五"期间长株潭城市群污水处理量排前三位的城市是长沙、株洲和湘潭，再生水利用量排前三位的城市是长沙、株洲和岳阳，其他城市则无再生水利用行为；"十三五"期间污水处理量排前三位的城市是长沙、湘潭和岳阳，再生水利用量排前四位的城市是长沙、株洲、岳阳和衡阳，其他城市则依然没有再生水利用行为（见图 4-8）。2011—2020 年间，长沙的污水处理量和再生水利用量占全部城市群污水处理总量和再生水利用总量的 46.3% 和 91.58%，同时长沙市的污水处理总量和再生水利用总量在"十三五"期间比"十二五"期间分别增长了 1.65 倍和 23.8 倍，显示长沙在该城市群占据核心地位，并具有强大的污水处理生产能力和再生水生产能力。总体上，长株潭城市群的长沙、株洲的再生水利用量较大，岳阳和衡阳仅有少量的再生水利用。为了提高水资源循环利用效率，长株潭亟需加大再生水生产和利用程度。

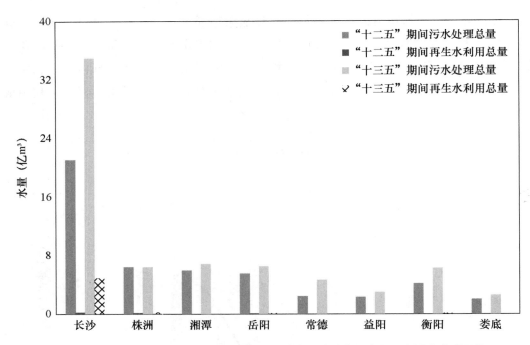

图 4-8 "十二五"和"十三五"期间长株潭城市群分城市污水处理和再生水利用状况

（五）成渝城市群再生水利用状况

在"十二五"和"十三五"期间，成渝城市群污水处理总量持续增加，从"十二五"期间的 99.86 亿 m³ 提高到"十三五"期间的 152 亿 m³（见图 4-9）。2015 年的污水处理量是 2011 年的 1.44 倍，2020 年的污水处理量更是创历史新高，达到 35.5 亿 m³，分别是 2016 年和 2011 年的 1.37 倍和 2.15 倍。"十三五"期间该城市群的再生水利用量比"十二五"期间显著增加，从 1.3 亿 m³ 提高到了 8.89 亿 m³。但"十三五"期间的再生水利用量依然很低，仅占污水处理总量的 5.84%，且主要来自 2019 年和 2020 年两年的利用量，占比高达 65%。

分城市来看，"十二五"和"十三五"期间，成都和重庆两个城市污水处理量远超其他城市（见图 4-10）。成都市从"十二五"期间的 30.1 亿 m³ 增长至"十三五"期间的 49.4 亿 m³；同期，重庆市则从 39.1 亿 m³ 增长到 59.8 亿 m³。"十三五"期间，成都和重庆两个城市的污水处理量占整个城市群污水处理量的 71.8%，充分显示出成渝在成渝城市群中的人口和产业发展的核心地位。绵阳、攀枝花、泸州、南充、德阳、南充这 5 个城市在"十三五"期间的污水处理总量均超过 3 亿 m³，绵阳最高，达到 5.1 亿 m³。再生水利用方面，"十二五"期间，按照再生水利用量由多到少进行排序，依次是自贡、重庆、南充、遂宁、巴中、内江和成都，其余 12 个

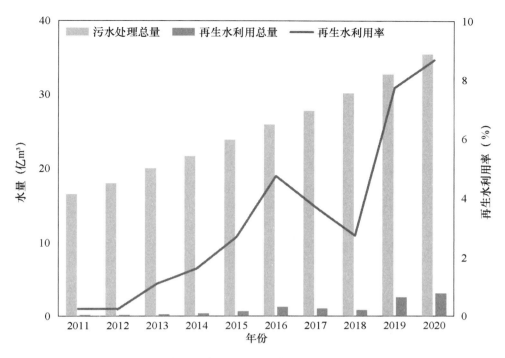

**图 4 - 9　成渝城市群污水处理和再生水利用状况（2011—2020 年）**

城市没有再生水利用行为。"十三五"期间，多个城市实现了再生水利用的零突破或者利用量的大幅增长，再生水利用量排序前三位的城市是成都、绵阳和重庆，其中成都市再生水利用量达到 5.37 亿 $m^3$，成为整个城市群再生水利用量最大的城市。2019 年才有再生水生产和利用的城市包括绵阳、德阳、眉山、遂宁、内江、南充、巴中、泸州、攀枝花、雅安和宜宾，广元和雅安的再生水利用量仅为 1 万 $m^3$。而该城市群中的乐山、资阳、广安和达州 4 个城市一直没有再生水利用行为，比"十二五"期间减少了 8 个城市。总体上，成渝城市群各城市的再生水利用率都偏低，还有很大的提升空间。

（六）哈长城市群再生水利用状况

"十二五"和"十三五"期间，哈长城市群污水处理总量持续增加，从 58.9 亿 $m^3$ 增长到 79.6 亿 $m^3$（见图 4 - 11）。分年份来看，2015 年是 2011 年的 1.36 倍，2019 年是 2016 年的 1.19 倍，2020 年是 2011 年的 1.27 倍，2020 年污水处理量也是创历史新高，达到 18.2 亿 $m^3$。"十二五"和"十三五"期间，哈长城市群的再生水利用总量显著增加，从 2.38 亿 $m^3$ 增长到 9.93 亿 $m^3$，2020 年更是达到 4.36 亿 $m^3$。"十三五"期间再生水利用总量是"十二五"期间再生水利用总量的 4.17 倍。尽管该城市群的再生水利用总量持续增长，但"十三五"期间再生水利用总量也仅为污水处理总量的 12.48%。

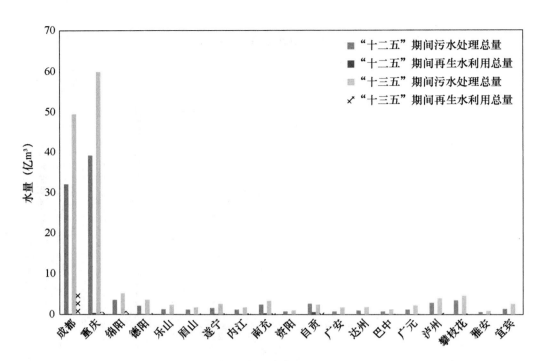

图 4-10　"十二五"和"十三五"期间成渝城市群分城市污水处理和再生水利用状况

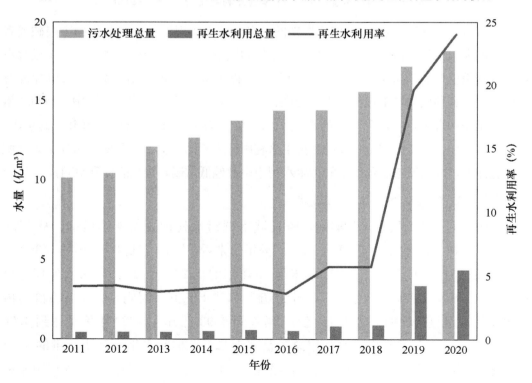

图 4-11　哈长城市群污水处理和再生水利用状况（2011—2020 年）

分城市来看，"十二五"和"十三五"期间，哈长城市群污水处理量排位前四的城市分别是哈尔滨（16.1 亿 $m^3$ 和 21.76 亿 $m^3$）、长春（11.61 亿 $m^3$ 和 22.56 亿 $m^3$）、吉林（8.3 亿 $m^3$ 和 9.38 亿 $m^3$）和大庆（8.2 亿 $m^3$ 和 6.44 亿 $m^3$），其他城市的污水处理量规模相对较小（见图 4-12）。针对再生水利用来看，"十二五"期间只有两个城市有再生水利用行为，即大庆和长春，利用总量分别为 2.05 亿 $m^3$ 和 3 271 万 $m^3$。"十三五"期间，有再生水利用的城市包括哈尔滨、大庆、绥化、吉林、长春、辽源、松原和四平，没有再生水利用的城市包括佳木斯、牡丹江、齐齐哈尔和伊春。2011—2020 年间，大庆市再生水利用一枝独秀，再生水利用率达到 32.5％。2020 年，哈尔滨和大庆两个城市的再生水利用率达到 39.4％和 46.7％，吉林、四平和松原三个城市的再生水利用率均达到 25％，绥化和吉林两个城市的再生水利用率分别为 11％和 0.05％，而佳木斯、牡丹江、齐齐哈尔、伊春和辽源均无再生水利用。

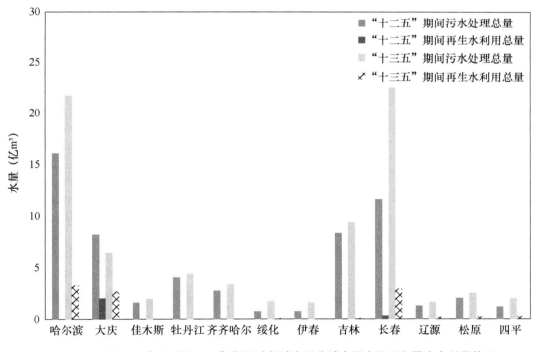

**图 4-12 "十二五"和"十三五"期间哈长城市群分城市污水处理和再生水利用状况**

（七）武汉城市圈再生水利用状况

"十二五"和"十三五"期间，武汉城市圈的污水处理总量持续增加，"十三五"期间污水处理量达到 94.56 亿 $m^3$，是"十二五"期间污水处理总量 65.47 亿 $m^3$ 的 1.1 倍（见图 4-13）。分年份来看，2015 年是 2011 年的 1.3 倍，2020

年是 2016 年的 1.4 倍，2020 年是 2011 年的 1.88 倍。再生水利用方面，"十二五"期间再生水利用总量为 7.5 亿 m³，"十三五"期间则达到 15.1 亿 m³，是"十二五"期间的 2 倍。武汉城市圈的再生水利用率从"十二五"期间的 11.4％提高到"十三五"期间的 15.9％，2020 年更是提高到 20.9％。再生水生产和利用程度大大提升。

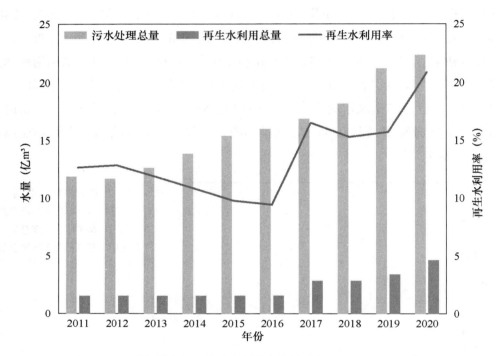

图 4－13　武汉城市圈污水处理和再生水利用状况（2011—2020 年）

　　分城市来看，"十二五"期间，武汉市的污水处理量和再生水利用量占整个城市群的 52.7％和 100％；"十三五"期间，武汉市的污水处理量和再生水利用量占整个城市群的 58.2％和 80.4％。"十三五"期间，在武汉城市圈的 12 个城市中，除武汉市之外，襄阳、十堰和宜昌三个城市的污水处理量处于领先位置，黄冈、咸宁、随州和黄冈的污水处理量都在 2 亿 m³ 以下。"十二五"期间，武汉城市圈只有武汉市存在再生水利用行为；"十三五"期间，整个城市群除荆门、十堰和孝感外的其他城市均开展了再生水利用，但多数城市是从 2019 年和 2020 年开始再生水生产与利用（见图 4－14）。

## 二、京津冀等七个城市群再生水利用特征

　　对京津冀等七个城市群再生水利用情况进行比较分析后，发现以下五个特征。

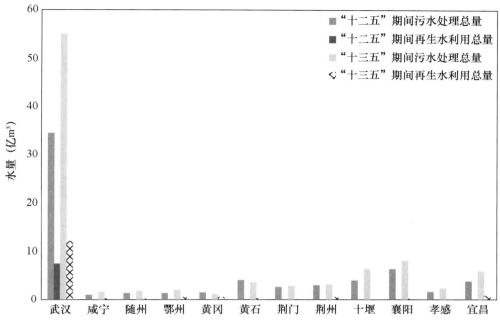

图4-14 "十二五"和"十三五"期间武汉城市圈分城市污水处理和再生水利用状况

第一，七大城市群的污水处理量和再生水利用量持续攀升。"十三五"期间，七大城市群均加大了污水处理和再生水利用力度，"十三五"期间的污水处理量和再生水利用量比"十二五"期间分别增加了约224亿 m³ 和159亿 m³。可以认为，七大城市群在"十三五"期间都更加重视污水处理和再生水利用。

第二，长三角、珠三角和京津冀三个城市群的污水处理总量和再生水利用总量排序前三位。"十二五"期间，污水处理量排序前三位的依次是长三角、珠三角和京津冀城市群，再生水利用总量排前三位的依次是京津冀、长三角和武汉城市圈，再生水利用率排序前三位的依次是京津冀、武汉城市圈和长三角城市圈，该比值分别是35％、11.5％和7.7％（见图4-15）。"十三五"期间，污水处理量排序前三位的城市群依次是长三角、珠三角和京津冀城市群，再生水利用总量排前三位的依次是京津冀、珠三角和长三角城市群，再生水利用率排序前三位的依次为京津冀、珠三角和武汉城市圈，利用率分别为43.1％、35.3％和15.9％（见图4-15）。"十三五"期间各大城市群都高度重视再生水的生产和利用，将污水处理后的放流水作为一种可利用的水资源，再生水利用率均有不同程度的提高。其中，珠三角城市群的再生水利用率提高最多，从"十二五"期间的0.3％跃升至35.3％。京津冀、珠三角和武汉城市圈，分别位于中国的北部海河流域、中部的长江流域和南部的珠江流域，三大流域的气候条件和降雨量差异很大，但三大城市群都非常重视再生水利用，这说明降雨量和气候条件不是影响再生水利用的主要因素，加强水资源利用的水务政策是促进水资源循环利用的关键因素。也就是说，水资源可持续利用是全社会节约用水的根本目标。

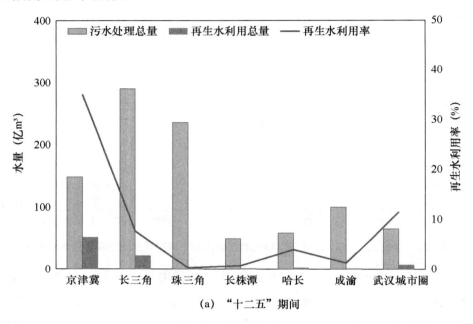

(a) "十二五"期间

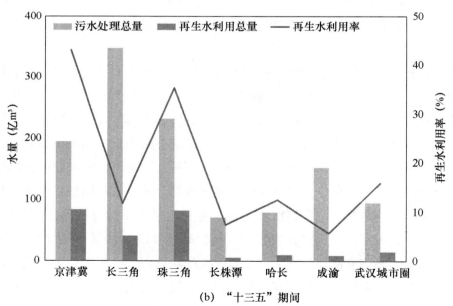

(b) "十三五"期间

**图 4-15　各城市群污水处理、再生水利用和再生水利用率情况**

第三，"十三五"期间七大城市群各城市的再生水利用量稳步发展。2015 年是"十二五"最后一年，七大城市群 86 个城市中，有 30 个城市实施了再生水生产和利用，占比为 34.88％。其中，再生水利用率超过 25％的城市有 9 个，占比为 10.47％，利用率达到 20％～25％的城市有 6 个，占比为 6.98％，利用率在 10％～20％和 0.2％～10％的城市分别为 4 个和 11 个，占比分别为 4.65％和 12.79％。而完全没有再生水利用的城市有 56 个，占比为 65.12％。到了"十三五"最后一年——2020 年，86 个城市中有 66 个城市实施了再生水生产和利用，占比为 76.74％。其中，再生水利用率超过 25％的城市有 30 个，占比为 34.88％；利用率达到 20％～25％的城市有 10 个，占比为 11.63％；利用率在 10％～20％和 0.1％～10％的城市均为 13 个，占比均为 15.12％。而完全没有再生水利用的城市有 20 个，占比为 23.26％（见表 4-3）。

表 4-3　　　　　　　　　2015 年和 2020 年再生水利用城市数量与占比一览表

| 再生水利用率 | 2015 年 | | 2020 年 | |
|---|---|---|---|---|
| | 城市数量（个） | 占比（％） | 城市数量（个） | 占比（％） |
| 超过 25％ | 9 | 10.47 | 30 | 34.88 |
| 20％～25％ | 6 | 6.98 | 10 | 11.63 |
| 10％～20％ | 4 | 4.65 | 13 | 15.12 |
| 0.2％～10％ | 11 | 12.79 | 13 | 15.12 |
| 无再生水利用 | 56 | 65.12 | 20 | 23.26 |

应该说，"十三五"是中国再生水生产和利用快速发展的一个时期，很多城市建设了再生水厂，扩大了生产能力，完全没有再生水利用的城市大幅减少。即使在水资源比较丰沛的地区，例如珠三角城市群和武汉城市圈，也都加强了再生水生产和利用。污水处理后的放流水已经成为很多城市的水资源供给渠道之一，这对改善水环境、保护水资源起到了积极作用。

第四，北京等七个城市的再生水利用总量遥遥领先于其他城市。"十二五"至"十三五"期间，86 个城市中再生水利用总量超过 10 亿 $m^3$ 的城市有北京、苏州、广州、深圳、武汉、天津和无锡。这七个城市的再生水利用总量分别为 93.8 亿 $m^3$、23.1 亿 $m^3$、22.9 亿 $m^3$、39.7 亿 $m^3$、19.6 亿 $m^3$、13 亿 $m^3$ 和 10.2 亿 $m^3$。以北京为例，自 2005 年起北京市再生水利用一直呈增长趋势，第一个飞越时期是 2006 年至 2008 年，2008 年的再生水利用量是 2005 年的 2.3 倍

（见图4-16）。2012年北京市实际用水量为25.8亿 m³，其中新水取用量为18.27亿 m³，占比为70.81%；再生水利用量为7.5亿 m³，再生水利用量占全部实际用水量的29%。到了"十二五"末期的2015年，北京市实际用水量猛增到31.2亿 m³，其中新水取用量为25.14亿 m³，占比为80.6%，再生水利用量为9.48亿 m³，再生水利用量占全部实际用水量的30.38%。到"十三五"期间，2017年之后北京市实际用水量稳定在34亿 m³ 左右。2019年北京市实际用水量为34.05亿 m³，其中新水取用量为22.53亿 m³，占比为66.17%；再生水利用量11.52亿 m³，占比为33.83%。2020年北京市实际用水量为20.91亿 m³，再生水利用总量为12.01亿 m³。

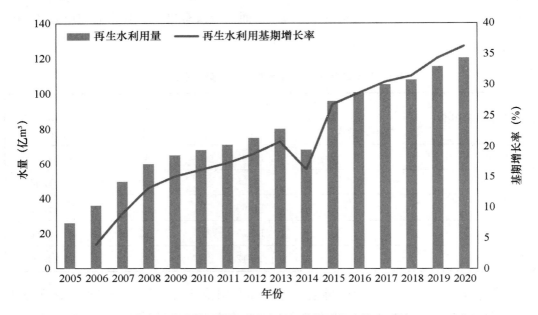

**图4-16 北京市再生水利用量与再生水利用基期增长率情况（2005—2020年）**

图4-17显示，2018年深圳市的再生水利用异军突起，当年的利用量就超过了北京，2020年再生水利用量更是位居七大城市群86个城市之首。苏州和武汉年再生水利用量超过2亿 m³，广州再生水利用量在"十三五"期间持续增长，2019年利用量8亿 m³。这些人口规模大和经济发达的城市，加大提高再生水利用量，一方面可以降低新水开采量，有效缓解水资源供给压力，另一方面则有效提高了污水资源的利用程度。

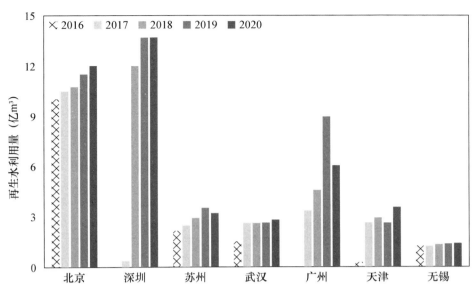

图 4-17　北京等七城市"十三五"期间再生水利用情况（2016—2020 年）

## 第三节　京津冀等七个城市群节约用水和再生水立法评价

### 一、节约用水立法情况分析

立法是行动的指南，只有制定了明确的、可执行的城市节约用水规则，用水户才能按照法律规定约束自己的用水行为，用水管理部门也才能依法履行职责实施有效监管。

1988 年原建设部颁布了《城市节约用水管理规定》，并于 1989 年 1 月 1 日起执行，是目前指导全国城市节约用水的唯一政策。该规定首次建立了城市实行计划用水和节约用水制度，包括制定节约用水发展规划、节约用水年度计划、行业综合用水定额、单项用水定额、超计划用水缴纳超计划用水加价水费等制度。表 4-4 是各城市群 86 个城市制定节约用水法律规定的情况。66% 的城市制定了节约用水规定或者节约用水行动方案。多数城市根据本地水资源状况和人口、产业发展趋势制定了节约用水办法，并提出了适合本地特点的节约用水政策措施。长三角城市群是 7 个城市群中节约用水立法制定最好的城市群，除湖州市外，其他城市全部制定了节约用水管理办法。

表 4-4                                    各城市群制定城市节约用水法律规定情况

| 城市群 | 制定节约用水规定的城市 | 占本群城市数量的比例 |
|---|---|---|
| 京津冀 | 北京、天津、石家庄、唐山市、沧州 | 50% |
| 长三角 | 上海、南京、杭州、苏州、无锡、宁波、南通、常州、嘉兴、绍兴、泰州、扬州、镇江、舟山、台州 | 94% |
| 珠三角 | 广州、深圳、东莞、珠海、佛山、惠州①、江门 | 78% |
| 长株潭 | 长沙、常德、株洲、湘潭、岳阳、衡阳 | 75% |
| 成渝 | 成都、重庆、自贡、绵阳、遂宁、德阳、遂宁、南充、泸州 | 47% |
| 哈长 | 哈尔滨、齐齐哈尔、长春、四平、吉林市、辽源、松原 | 58% |
| 武汉城市圈 | 武汉、鄂州、黄石、荆门、宜昌、咸宁、十堰、襄阳、 | 67% |

总体上，原建设部和各地节约用水管理办法体现了以下五个方面的特点。

第一，建立了城市分类型用水的节约用水原则。由于不同部门的用水特点、用水绩效、节约用水途径迥异，所以必须制定差异性的节约用水目标和指导原则。北京市 2012 年修订颁布实施的《北京市节约用水办法》提出了北京市分类型用水的节约用水原则，即按照生活用新水适度增长、环境用新水控制增长、工业用新水零增长、农业用新水负增长的原则，科学配置水资源，逐级分解用水总量控制。天津市 2019 年修订的《天津市节约用水条例》提出了强化农业节水增效、工业节水减排、城市节水降损和重点地区节水开源的节约用水指导原则。一些城市颁布了针对城市的节约用水管理办法，例如杭州和南京。针对非居民用户的节约用水原则是计划用水与定额用水相结合的原则，超出用水计划则实行累进加价收费制度。居民用户则提倡使用节水型器具，不得将生活用水用于生产和经营。

第二，鼓励使用雨水和再生水，减少使用自来水。几乎所有城市的节约用水办法均提出开展污水资源化和中水的建设与使用，提高污水的回用率。例如：深圳市规定新建、扩建、改建污水处理厂应当按照节约用水规划建设相应的污水回用设施。园林绿化、环境卫生等市政用水以及生态景观用水应当采用先进节约用水技术，按照节约用水规划使用经处理的污水或者中水。杭州市规定建筑面积在 2 万 m² 以上的大型城市公共建筑和建筑面积在 10 万 m² 以上的大中型居民住宅区，应当配套建设中水利用系统。中水利用系统应当与主体工程同时设计、同时施工、同时投入使用。南京市鼓励使用雨水和再生水，规定规划用地面积 2 万 m² 以上的新建建筑物要配套建设雨水收集利用系统。

---

① 2019 年 10 月发布了《惠州市城市节约用水管理办法》（征求意见稿）。

《石家庄市节约用水办法》对再生水进行了定义，即再生水是指城市污水和废水经处理净化后，水质达到国家城市污水再生利用分类标准，可以在一定范围内使用的非饮用水。再生水主要用于生活杂用、园林绿化、道路清洁、车辆冲洗、基建施工、景观环境、工业生产等可以接受其水质标准的用水。并要求生活杂用、园林绿化、道路清洁、车辆冲洗、基建施工、景观环境、工业生产等用水首先使用再生水。

第三，建立了节约用水奖励机制。用水户的用水行为，一旦违反了用水管理规定，管理部门将采取惩罚措施纠正其用水行为。对于用水户的节约用水行为，管理部门将以正向激励措施奖励用水户，并鼓励用水户主动节约用水。为了有效实施节约用水，深圳市于 2017 年颁布了《深圳市节约用水奖励办法》，对节约用水先进单位和个人设立了"节水先进单位奖""节水先进个人奖""节水建设奖""节水效益奖"四个奖项，由市水务主管部门向获奖的单位或个人授予发放荣誉证书并给予规定数额奖金。例如：对在中水、再生水、雨水和海水等非传统水资源利用工作中做出显著成绩的个人授予"节水先进个人奖"。天津市规定对利用再生水的，应当给予价格优惠。广州市 2019 年 9 月发布了《广州市节约用水奖励办法（试行）》，奖励资金来源为纳入广州市水务局预算管理的节水专项经费。广州市设立了"节水先进个人""节水先进单位"奖项，按照节水量给予相应的奖励。

第四，建立了节约用水评估制度。达到什么程度才算节约用水？需要建立一个评估制度才能客观科学地进行评估。广州市 2010 年发布的《广州市城市计划用水管理办法》（2015 年废止），建立了可操作性的用水计划确定方法。广州市要求用水户应当定期进行水量平衡测试，规定城市供水行政主管部门每半年下达 1 次月度用水计划。用水计划根据城市供水能力、以用水户近 3 年同期用水量为基数计算的加权平均值、用水户用水量增长趋势确定，并在立法中制定了用水计划供水和增长系数测算方法。在 2007 年发布的《广州市城市供水用水条例》中，以水量平衡测试确定用户用水定额的方法依然执行。确定用户用水计划量，是确定用水户节约用水奖励和超额用水实行超额用水加价的基础。杭州市 2015 年修订颁布的《杭州市城市节约用水管理办法》第十六条规定非居民用户应当定期开展水量平衡测试，合理评价用水水平。月用水量在 5 000m³ 以上的非居民用户，应当至少每 3 年进行一次水量平衡测试；月用水量在 5 000m³ 以下的非居民用户，应当至少每 5 年进行一次水量平衡测试或节水评估。

第五，设立节约用水发展资金。在大多数人看来水是自然界天然存在的，雨水和河水并不是人工生产的，所以认为用水不应该花钱，或者只需要花少量的钱。水的生产单位不过是"水的搬运工"。用水户对水的生产过程和工艺不了解，导致广泛存在浪费用水的现象。如果用水户直接使用节约用水的器具，同时广泛宣传水的生产过程，建立节约用水奖励资金，这将大大推动整个社会节约用水。例如：上海市2010年修订颁布的《上海市节约用水管理办法》第五条规定设立节约用水科技发展基金，专项用于节约用水技术的研究，节约用水设备、设施、器具的研制和开发，以及节约用水先进技术的推广应用。杭州市建立了节约用水发展基金，专项用于节约用水技术的研究与推广等工作。《杭州市城市节约用水管理办法》第五条规定设立节约用水科技发展资金和技术改造资金，分别专项用于节约用水技术的研究，节约用水设备、设施、器具的研制、开发，节约用水先进技术的推广应用和节水技术改造项目的建设。杭州市比上海市增加了一项资金使用方向，即节水技术改造项目的建设。

## 二、中国非传统水源利用政策评价

再生水利用与污水处理状况紧密关联。2006年，住房和城乡建设部、科学技术部联合印发了《城市污水再生利用技术政策》，要求各地积极推动城市污水再生利用技术进步和利用，促进城市水资源可持续利用与保护，并要求到2010年北方缺水城市的再生水直接利用率达到城市污水排放量的10%～15%，南方沿海缺水城市达到5%～10%；到2015年北方地区缺水城市达到20%～25%，南方沿海缺水城市达到10%～15%，其他地区城市也应开展工作，并逐年提高利用率。同时要求城市总体规划方案中的市政工程管线规划应包含再生水管线；要求缺水城市应积极组织编制城市污水再生利用的专项规划。2010年，住房和城乡建设部标准定额司同意了天津市《城镇再生水厂运行、维护及安全技术规程》地方标准。2000年，原建设部发布了《再生水回用于景观水体的水质标准》的行业标准。

从前述各个城市群再生水利用情况统计数据来看，2020年七大城市群完全没开展再生水利用或利用率低于5%的城市共有30个，占本次研究86个城市的35%。部分城市专门制定了关于再生水利用的管理办法，有些城市是在水资源管理规定、再生水发展规划中对再生水的生产和利用管理进行了规定（见表4-5）。

表4-5　　　　　各城市群制定城市再生水法律规定情况

| 城市群 | 制定城市再生水利用相关规定的城市 |
|---|---|
| 京津冀 | 北京、天津、唐山、秦皇岛、沧州 |
| 长三角 | 上海、苏州、宁波、无锡、绍兴、泰州、扬州、舟山、台州 |
| 珠三角 | 深圳 |

续表

| 城市群 | 制定城市再生水利用相关规定的城市 |
|---|---|
| 长株潭 | 长沙、湘潭 |
| 成渝 | 成都 |
| 哈长 | 哈尔滨、吉林、松原 |
| 武汉城市圈 | 武汉 |

北京市人民政府于 2009 年颁布的《北京市排水和再生水管理办法》第五章专门对再生水利用进行了规定，要求新建、改建工业企业、农业灌溉优先使用再生水；河道、湖泊、景观补充水优先使用再生水；再生水供水区域内的施工、洗车、降尘、园林绿化、道路清扫和其他市政杂用用水应当使用再生水。

上海市人民代表大会常委会于 2017 年颁布了《上海市水资源管理若干规定》，要求编制的水务专项规划中应当包括非常规水资源开发利用专项内容；规定新建大型公共建筑以及绿地、公园、工业园区等，应当按照标准和规定，配建低影响开发雨水设施；建设污水处理厂，应当按照规划和相关规定，配建再生水利用设施；市政、绿化、环卫、建筑施工以及生态景观等用水应当优先使用符合水质标准的雨水和再生水。其中关于污水处理厂配建再生水利用设施的规定，将大大提高再生水的生产和利用程度。

深圳市于 2014 年颁发了《深圳市再生水利用管理办法》。该办法共计 26 条，规定了再生水利用的使用方向、投资建设途径、应急管理、定价原则等内容。该办法颁布后，深圳市的再生水利用总量得到了大幅度提升。深圳市所指再生水是指把适宜进行处理的污水回收，经处理或达到国家规定的水质标准，并在一定范围重复使用，包括再生水供应和再生水使用。再生水利用方式包括集中式和分散式，前者指城市污水处理厂出水作为原水的再生水利用（也就是污水深度处理后再利用），后者指集中式再生水利用以外其他形式的再生水利用。深圳市对使用再生水的优惠政策是单位和个人使用再生水可以免交污水处理费。利用方向包括工业生产、城市绿化、道路清扫、车辆冲洗、建筑施工以及生态景观。再生水利用纳入水资源统一配置。

天津市人民政府办公厅于 2015 年印发了《天津市再生水利用管理办法》。该办法共计 36 条，对再生水的定义、规划、设施建设、水质要求、水质监测管理、利用、安全与应急、鼓励与激励政策等进行了详细规定。该办法内容详细，具有操作性，值得向全国推广。例如：天津市规定对使用再生水的用户免征水资源费、城市公用事业附加费；税务部门加大对再生水运营单位的支持力度；财政部门通过专项资金、贷款贴息、财政补贴等形式予以支持再生水设施建设项目。

## 三、结论

节约用水和再生水利用是保护水资源、提高水资源利用效率的两个重要措施。从本章分析结果来看，"十三五"期间七大城市群的污水处理量和再生水利用量持续提高。2015年2月，中央政治局常务委员会审议通过了《水污染防治行动计划》（简称《水十条》），要求各地提高工业污染防治、城镇生活污水处理投资和设施建设力度。在推进循环经济、加强工业水循环利用的背景下，地方人民政府督促工业企业提高工业重复用水利用率，市政部门和工业企业广泛使用再生水。从"十三五"期间七大城市群的污水处理量和再生水利用量相关统计数据可以明显看出，各地有力贯彻执行了《水十条》。

传统上认为长江以南城市降雨量大、水资源丰富，不需要投资建设再生水生产和利用工程。但从"十三五"期间对武汉城市圈、长三角、成渝和珠三角城市群的再生水利用量和利用率分析结果来看，这些地区普遍提高了再生水利用程度，特别是一些人口数量多、经济发达的特大城市更是大规模建设了再生水利用工程。这有力地推动了水资源循环经济，将污水纳入了非常规水源中，水资源可持续利用程度被提升了。

总体上，中国七大城市群在"十三五"期间普遍提高了污水处理和再生水利用程度，加强了节约用水和再生水利用的立法。

# 第五章　典型城市再生水利用现状

为了更具体地比较不同地区的再生水利用情况，本章从各地域选取典型城市进行系统分析：华北地区选取北京与天津；东北地区选取大连；西北地区选取西安；华东地区选取青岛与无锡；华南地区选取深圳；西南地区选取昆明。由于住房和城乡建设部数据通常只涉及省一级，因此本章以各地区水资源公报数据为准。

## 第一节　北京

### 一、北京水资源状况与用水构成

北京是一个水资源匮乏的城市，2020 年降水量为 560mm，水资源总量为 25.76 亿 $m^3$。2020 年北京市人均水资源量仅为 $118m^3$，不足全国平均水平的 1/18。虽然南水北调缓解了用水压力，但水资源紧张的状况仍没有根本好转。

过去十年间，北京市用水结构发生了非常显著的变化，农业用水和工业用水显著下降，环境用水显著增长。其中，农业用水占比从 2010 年的 32.4％下降至 2020 年的 7.9％；环境用水占比从 11.4％上升到 42.9％（见图 5-1）。

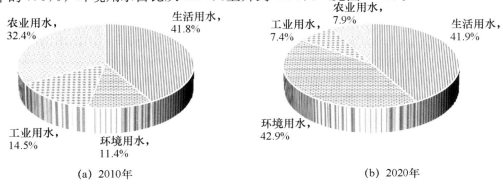

　　　　　　(a) 2010年　　　　　　　　　　　　(b) 2020年

**图 5-1　2010 年与 2020 年北京市用水结构**

北京市再生水利用量从 2003 年的 2.05 亿 $m^3$ 上升至 2020 年的 12.01 亿 $m^3$，占全市总用水量的比例由 5.7％上升至 2020 年的 29.5％（见图 5-2）。2020 年北京市再生水利用率达到了 61.9％，远高于 21.9％的全国平均水平，再生水利用量达到全国的 8.12％。

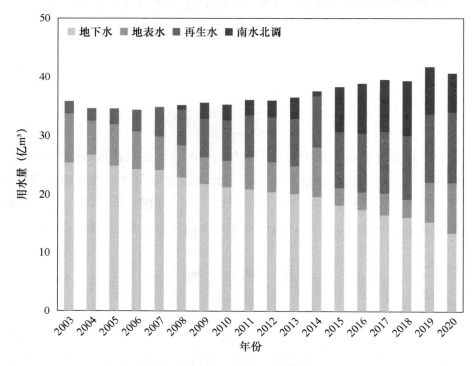

图 5-2  北京市历年用水构成的变化

在不到 20 年的时间里，北京市再生水利用量快速增长，已经取得了仅次于地下水的"第二水源"地位；同时地下水利用量明显降低，说明再生水有效地缓解了北京市的缺水问题，减少了对地下水的过度开采，对于优化北京市用水结构和保护水资源带来了巨大效益。

## 二、北京市污水处理与再生水利用现状

北京市是全国污水处理起步最早的地区之一。1956 年，北京市于东北郊酒仙桥建成本地区第一座污水处理厂——酒仙桥污水处理厂（2 万 $m^3$/d）。截至 2020 年，北京市已有 70 座污水处理厂，全部为二级及以上处理工艺，日处理能力达 687.9 万 $m^3$。

2010—2019 年十年间，北京市排污量和再生水利用量逐年上升（见图 5-3）。2020 年北京市污水排放总量为 20.42 亿 $m^3$，污水处理量为 19.41 亿 $m^3$，全市污水处理率达到 95％；其中，城六区污水排放总量为 12.93 亿 $m^3$，污水处理量为 12.85 亿 $m^3$，城六区污水处理率达到 99.4％。

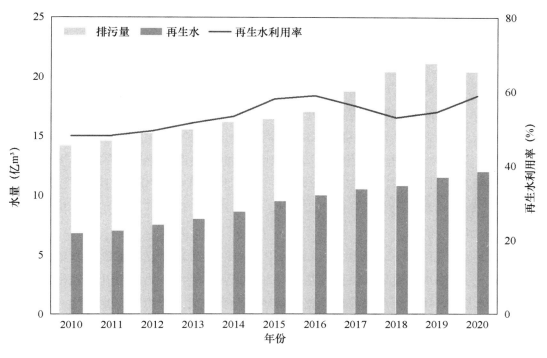

图 5-3　北京市历年排污量及再生水利用量的变化

在 2011 年之前，农业用水是北京市再生水的主要利用领域，随后转变为以环境用水为主。环境再生水用量从 2005 年的 0.24 亿 m³ 上升到 2020 年的 11.07 亿 m³，成为再生水利用的主要途径。目前再生水用于生态环境补水，极大改善了北京河湖缺水情况，其中圆明园、龙潭湖公园的湖泊和部分河道已全部使用再生水补水，有效改善了水体景观和生态环境。此外，市政杂用再生水利用量在 2005—2020 年间保持在均值 0.21 亿 m³ 左右，主要用于降尘、道路清扫、园林绿化等，用量保持相对稳定（见图 5-4）。

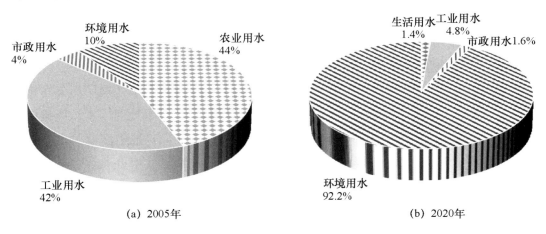

（a）2005年　　　　　　　　　　　　（b）2020年

图 5-4　2005 年与 2020 年北京市再生水利用途径

### 三、北京市再生水利用历程

北京是华北地区超大型缺水城市，再生水作为重要的可利用水资源，已纳入北京市水资源统一配置管理，是重要的战略水源之一。北京市再生水利用起步较早，结合环境、社会经济发展的需要，并持续推进在工业、农业、环境及市政杂用等领域的应用，其设施建设和利用程度日益提高。

从 20 世纪 80 年代开始，北京市污水处理及再生水利用发展经历了 4 个主要阶段。

起步阶段（1950—1980 年）：此阶段北京再生水利用没有形成系统，仅有少量处理后污水灌溉农田的案例，例如 20 世纪 50 年代石景山区开始利用石景山钢铁厂的工业废水灌溉农田。

引导阶段（1980—2000 年）：从建筑中水利用开始，到逐步规模化修建再生水处理厂，为再生水规模化利用提供基础。20 世纪 80 年代，北京市开始利用建筑中水，随着北京市环保所污水处理设施的修建，再生水成为北京市新水源之一，主要在卫生间冲厕和市政绿化等方面加以应用。1987 年，北京市出台的《北京市中水设施建设管理试行办法》使建筑中水得以推广应用，试行办法中规定全市面积超过 2 万 $m^2$ 的宾馆、饭店和面积超过 3 万 $m^2$ 的其他公共建筑都需进行中水设施配套建设，新建的小区及一些单位也都修筑了配套的再生水利用设施。例如石景山区京汉旭城家园、东城区幸福家园小区等都属于再生水利用较早的小区，主要利用再生水进行冲厕、绿化灌溉等。

示范阶段（2000—2012 年）：再生水规模化利用，应用范围更为广泛，再生水逐渐纳入全市年度水资源配置计划。从 2000 年开始，为提高再生水利用率，扩大再生水利用范围，北京市逐步将再生水建设的主要方向转移到发展集中式处理和供应，代表性工程为高碑店污水处理厂再生水利用工程（后升级改造为高碑店再生水厂）、酒仙桥污水厂（后升级改造为酒仙桥再生水厂）等大型再生水厂，为第一热电厂、高碑店热电厂等提供用水，并为南护城河提供环境用水。

随着水资源紧缺加剧，北京市于 2003 年加快推进了污水处理厂的升级改造和再生水厂的建设，污水处理厂和再生水厂出水均低于《城镇污水处理厂污染物排放标准》一级 B 限值。随着北京市污水排放地方标准《城镇污水处理厂水污染排放标准》DB11/ 890—2012 的颁布，该标准总体严于国家标准，对推进城镇污水处理厂的技术水平提升、污水处理设施的升级改造提出了明确要求。申办奥运会是北京市再生水大发展的重要推动力，北京市于 2005—2008 年间先后建成了密云再生水厂（4.5 万 $m^3/d$）、北小河污水处理厂（6 万 $m^3/d$）、怀柔污水处理厂（3.5 万 $m^3/d$）、温榆河污水处理厂（10万 $m^3/d$）等多个大型 MBR 市政污水处理厂，由清河再生水处理厂和北小河污水处理厂出水联网供应以保证奥林匹克森林公园的补水要求，使奥林匹克森林公园成为当时全球最大的以再生水为唯一水源的人工水景。北京奥运会期间，鸟巢等 14 处奥运场馆每日利用再生水 3 万 $m^3$ 浇灌绿地、冲洗厕所；奥运中心区的龙形水系，每日需要 5 000 $m^3$ 的再生水；同时，圆明园公园、西护城河、清洋河、西土城沟、小月河等主要的景观河道均采用再生水作为补给。

表 5-1　　　　　　　　　北京市部分 MBR 污水处理再生处理项目

| 项目名称 | 处理能力<br>（万 $m^3/d$） | 吨水投资<br>（元/ （$m^3 \cdot d$）） | 膜供应商 | 项目类型 | 投运时间 |
| --- | --- | --- | --- | --- | --- |
| 密云再生水厂 | 4.5 | 2 089 | 三菱丽阳 | 污水深度处理 | 2006 年 |
| 引温济潮奥运配套工程 | 10 | 4 233 | 旭化成 | 地表水处理 | 2008 年 |
| 门头沟再生水厂 | 4 | 3 625 | 三菱丽阳 | 污水处理新建 | 2009 年 |
| 温榆河水资源利用工程<br>（二期） | 10 | 2 438 | 三菱丽阳 | 地表水处理扩建 | 2011 年 |
| 清河再生水厂（二期） | 15 | 2 633 | 碧水源 | 污水处理扩建 | 2012 年 |

成熟阶段（2013 年至今）：政策积极促进再生水大量使用，再生水成为北京市水资源配置的重要水源之一。北京市力求提高全市范围内污水处理能力和水资源循环利用水平，先后于 2013—2015 年及 2016—2019 年制定了 2 个三年治污行动计划。北京市先后完成了北小河、吴家村、清河、肖家河、小红门等再生水厂的升级改造以及槐房再生水厂、清河第二再生水厂等水厂的建设。污水处理能力有明显的提升，高品质再生水生产能力也随之增强，再生水逐步成为北京市重要"水源"，有助于缓解严峻的缺水形势，进一步保障城市用水。

表 5-2 总结了北京市处理能力在 10 万 $m^3/d$ 以上的大型污水处理厂，及其采用的主要污水处理工艺。大多数污水厂在生物处理单元采用 AAO 或 MBR 工艺，并辅以反硝化滤池或两级生物滤池强化脱氮效果；在深度处理单元多采用臭氧脱色除臭，超滤或砂滤深度去除悬浮物；在消毒单元以紫外线消毒为主，部分水厂采用氯或二氧化氯消毒。

表 5-2　　　北京市大型污水处理厂（＞10 万 $m^3/d$）采用的污水处理工艺

| 污水处理厂名称 | 污水处理工艺 | 处理规模<br>（万 $m^3/d$） | 再生水生产能力<br>（万 $m^3/d$） |
| --- | --- | --- | --- |
| 高碑店污水处理厂 | 二级处理 AO（改造 AAO 未实施）＋反硝化生物滤池＋超滤膜滤池（压力式）＋臭氧＋紫外/次氯酸钠消毒 | 100 | 47 |

续表

| 污水处理厂名称 | 污水处理工艺 | 处理规模（万 m³/d） | 再生水生产能力（万 m³/d） |
|---|---|---|---|
| 小红门污水处理厂 | 二级处理 AAO＋两级生物滤池＋超滤膜滤池（压力式）＋紫外线消毒 | 60 | 3 |
| 槐房污水处理厂 | 膜生物反应器 MBR＋臭氧＋紫外线消毒 | 60 | 暂无数据 |
| 清河污水处理厂 | MBR（多段 AAO＋膜池）＋反硝化生物滤池＋超滤＋紫外线消毒 | 55 | 55 |
| 酒仙桥污水处理厂 | 二级处理氧化沟/AAO＋两级生物滤池＋砂滤池/滤布滤池＋紫外线消毒 | 20 | 6 |
| 高安屯再生水厂（一期） | 二级处理 AAO＋砂滤池＋次氯酸钠消毒 | 20 | 1 |
| 定福庄再生水厂（一期） | 二级处理 AAO＋砂滤池＋次氯酸钠消毒 | 20 | 3 |
| 清河第二再生水厂 | 二级处理 AAO＋砂滤池＋紫外线消毒 | 20 | 5 |
| 碧水污水处理厂 | 三级 AO＋高效滤池＋滤布滤池＋紫外线消毒 | 18 | 暂无数据 |
| 黄村污水处理厂 | 氧化沟 | 12 | 8 |
| 北小河污水处理厂 | 膜生物反应器 MBR＋紫外线消毒＋二氧化氯消毒 | 10 | 1 |
| 卢沟桥污水处理厂 | 倒置 AAO＋反硝化生物滤池＋砂滤池＋紫外线消毒 | 10 | 暂无数据 |
| 温榆河水资源利用工程（二期） | 膜生物反应器 MBR | 10 | 1 |

虽然北京市污水再生利用率位居全国前列，但同国际先进水平相比，仍有进一步发展的潜力。以 2020 年北京市的污水处理量为基准，参考发达国家以色列的污水再生利用率 82%（国际先进水平），未来北京市的再生水利用量将超过 15.6 亿 m³。与目前的再生水利用量相比，仍然有 3.6 亿 m³ 的增长空间（增长比例达到 30%），相当于 2020 年南水北调供水量的 54.5%、全市生态用水量的 21%。

# 第二节　天津

## 一、天津市水资源状况与用水构成

2020 年，天津市全年平均降水量为 534.4mm，降水总量为 63.7 亿 m³。由于天津市地处平原且临近海洋，降水截留量较低，2020 年天津地表水资源量仅为 8.6 亿 m³，地下水资源量为 5.76 亿 m³，本地水资源总量仅为 13.3 亿 m³（地下水与地表水不重复量为 4.7 亿 m³）。多年人均水资源占有量约为 100m³，仅为全国平均水平的 1/20。2013—2020 年 8 年间，天津市的农业用水占比从 51.2% 下降到 37.0%，环境用水占比从 3.8% 上升到 23.1%（见图 5-5）。

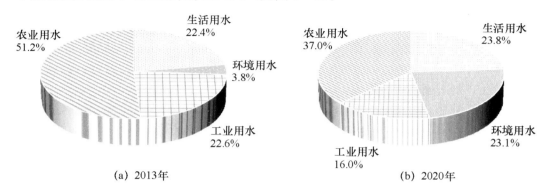

（a）2013年 （b）2020年

**图 5-5 2013 年与 2020 年天津市用水结构**

2020 年天津市总用水量为 27.82 亿 m³，其中生活用水 6.63 亿 m³，占总用水量的 23.8%；环境用水 6.43 亿 m³，占 23.1%；工业用水 4.46 亿 m³，占 16%；农业用水 10.3 亿 m³，占 37.0%。由于经济结构差异，虽然天津供水量远低于北京，但在工业与农业领域却使用更多的水资源，进一步挤占了生活用水与环境用水的空间。

天津市供水严重依赖于地表水。近年来，伴随着南水北调、引滦济津，再生水利用量逐年提高，天津市对地下水的开采开始逐年减少（见图 5-6）。目前天津市的供水中地表水处于优势地位。2020 年天津市总供水量为 27.82 亿 m³，其中地表水 19.23 亿 m³，占比 69.1%。其中，外调水高达 9.62 亿 m³，占地表水供水量的 50%，占到整个天津市供水的 34.6%，这也意味着天津市的供水对外依赖性极强。

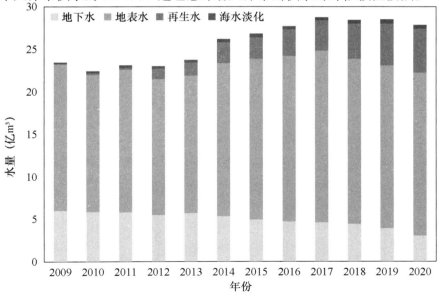

**图 5-6 天津市历年供水构成的变化（2009—2020 年）**

2020年天津污水排放总量为11.27亿 m³。其中生活污水排放量为4.06亿 m³；工业和建筑业污水排放量为4.17亿 m³；第三产业污水排放量为3.04亿 m³。从排污结构看，工业是最主要的排污主体（见图5-7），提高工业对水资源的利用率、加强节约用水具有重要意义。

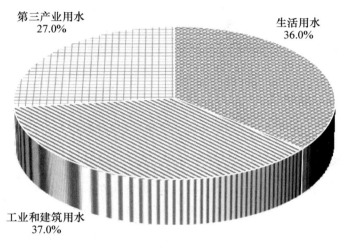

图 5-7 天津市排污分布图（2020 年）

## 二、天津市污水处理与再生水利用

天津市污水处理起步于 20 世纪 80 年代初，1981 年开始筹建纪庄子污水处理厂，1986 年 4 月建成投产，是当时中国规模最大、处理工艺最完整的城市污水处理厂。截至 2020 年，天津已有 41 座污水处理厂，全部为二级及以上处理工艺，日处理能力达 315.5 万 m³。天津市 2013—2020 年排污量及再生水利用量的变化见图 5-8。

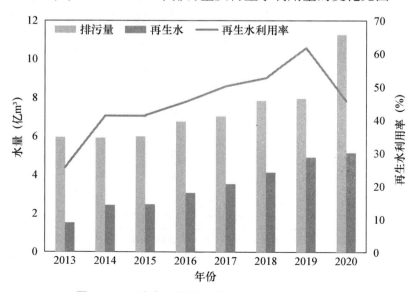

图 5-8 天津市历年排污量及再生水利用量的变化

21 世纪初，天津市再生水用途以居民冲厕、绿化等城市杂用为主。从 2009 年开始，再生水用途逐步向东北郊电厂、杨柳青电厂、青泊洼电厂、军粮城电厂等电厂用户供水。近年来，天津市在景观、工业等方面努力提高再生水利用量，不断挖掘再生水潜在用户，2018 年已实现向梅江公园、天津钢铁集团供水。同时，天津市的城市绿化、景观、道路喷洒等用水已禁止采用河道水、井水、地下水，统一改用再生水。目前，天津市再生水利用主要为城市杂用、工业、观赏性景观用水三个方向，由于再生水管网建设滞后，天津市中心城区再生水利用量相对较低，而滨海新区等再生水利用量较高。在此背景下，中心城区逐步加设再生水智能自助取水点，满足市政用水需求。历经十多年发展，天津市 2020 年再生水利用量达到了 5.16 亿 $m^3$，利用率达到了 61.73%。

## 三、天津市再生水利用历程

2002 年底，作为全国污水回用试点项目的纪庄子再生水厂建成并投入运营，标志着天津市污水再生利用开始进入实质性的应用阶段。天津市中心城区再生水利用历经十多年发展，已建成咸阳路、北辰、东郊、津沽、张贵庄 5 座再生水厂，总处理规模达 25 万 $m^3/d$，再生水主干管网已铺设约 829km。

经过十多年的摸索和验证，天津市针对沿海高盐的特点，形成了以双膜法为核心的再生水处理工艺，主要为混凝沉淀＋微/超滤＋部分反渗透＋臭氧＋液氯消毒。该处理工艺出水水质稳定，增强了再生水供水的安全性，在全国其他城市都有较大规模的使用（见表 5-3）。

表 5-3　　　　　　天津市中心城区各再生水厂现状

| 再生水厂 | 处理规模（万 $m^3/d$） | 投运时间 | 污水处理工艺 | 再生水用途 |
|---|---|---|---|---|
| 咸阳路 | 5 | 2007 年底投运 | 混凝沉淀＋浸没式微滤＋部分反渗透＋臭氧＋液氯消毒 | 城市杂用、工业用水（热电厂循环冷却水） |
| 北辰 | 2 | 2009 年建成，由于管网未到位，至今未投运 | 混凝沉淀＋连续微滤＋部分反渗透＋臭氧＋液氯消毒 | |
| 东郊 | 5 | 2009 年投运 | 混凝沉淀＋部分反渗透＋臭氧＋液氯消毒 | 城市杂用、工业用水（热电厂循环冷却水） |
| 津沽 | 7 | 2014 年 9 月投运 | 混凝沉淀＋部分反渗透＋臭氧＋次氯酸钠消毒 | 城市杂用、欣赏性景观环境用水、工业用水（热电厂循环冷却水） |
| 张贵庄 | 6 | 2017 年 3 月投运 | 混凝沉淀＋部分反渗透＋臭氧＋液氯消毒 | 工业用水（热电厂、钢厂循环冷却水） |

2018年，天津市正式出台了《天津市再生水利用规划》，规划在未来十年间，新建和扩建再生水厂58座，新增再生水处理能力149.11万 m³/d；力争到2030年，天津再生水利用量达到11.21亿 m³，较2020年增长99.8%；再生水利用率提高到62.1%，较2020年提高22%。在提升再生水产能和配送能力的同时，该规划进一步明确了天津市再生水利用方向，计划将再生水优先安排供给用水稳定、经济效益显著的工业回用，其次供给市政杂用、景观水面补水和居民生活杂用，剩余水量供给河道生态和农业灌溉，在确保优水优用的同时，为全市河湖湿地提供优质水源，着力提升全市水环境质量。

## 第三节 大连

### 一、大连市水资源状况与用水构成

2019年，大连市降水总量为76.58亿 m³，但由于降水截留量较低，2019年大连市本地水资源总量仅为19.96亿 m³。随着城市扩张和城市人口迅速增长，大连市的人均水资源呈现不断下降的总体趋势，水资源形势更加紧张。2019年人均水资源量更是下降到只有335.3m³，不及全国人均水平的1/6（见图5-9）。

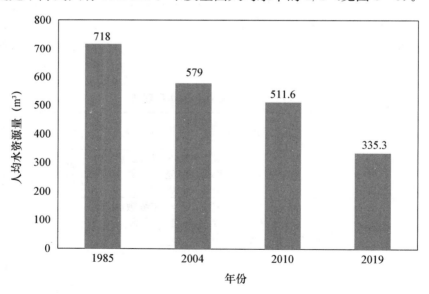

图5-9 大连市历年人均水资源量

2010—2019年，大连市的农业用水占比从2010年的43.9%下降至2019年的35.0%；环境用水占比从6.9%上升到12.1%；工业用水占比无较大变化（见图5-10）。

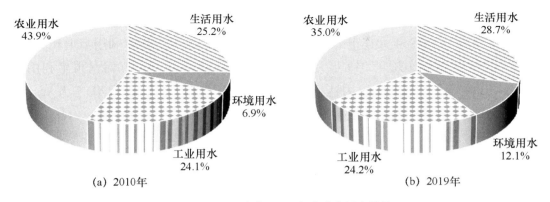

图 5 - 10　2010 年与 2019 年大连市用水结构

2019 年大连市总用水量为 16.43 亿 m³，农业用水仍然是大连的主要用水去向。作为东北地区重要重工业基地的大连，境内大型工业企业（如中石化大连石化、大连船舶重工、东北特钢等）需要较多用水量，2019 年工业用水 3.98 亿 m³。2019 年大连市供水量为 16.43 亿 m³，其中地表水 11.48 亿 m³，占比 69.9%，地下水 2.71 亿 m³，再生水 2.24 亿 m³（见图 5 - 11）。

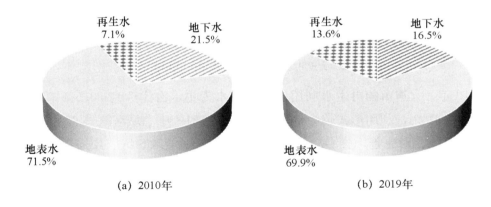

图 5 - 11　2010 年与 2019 年大连市供水结构变化

## 二、大连市污水处理与再生水利用

截至 2019 年，大连市正常运行的城镇污水处理设施共 47 座，设计总处理能力为 198.5 万 m³/d，实际总处理量为 150.9 万 m³/d，出水全部达到一级 A 排放标准。其中，中心城区（核心区）16 座，设计处理能力为 109.4 万 m³/d，实际处理量为 85.0 万 m³/d；其他地区 31 座，设计处理能力为 89.1 万 m³/d，实际处理量为 65.9 万 m³/d。

近年来大连市的排污量呈现不断增长的趋势（见图5-12），且污水处理率也已达到较高水平，2019年大连市的污水处理率超过96%。但再生水利用量增长缓慢，近五年仅增长了约20%。2019年大连正常运行的城镇再生水厂（污水再生利用设施）共31座，再生水产水能力达115.5万 m³/d，再生水用水量为45.7万 m³/d，再生水利用率为30.3%，再生水配套管线总长369.3 km。

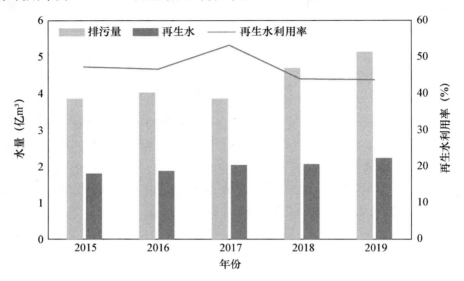

**图5-12 大连市历年排污量及再生水利用量的变化**

2019年，大连市的再生水利用以景观用水为主，占比达到80.5%，工业用水占比仅为19.2%，利用形式较为单一（见图5-13）。中心城区（核心区）、金普新区再生水系统相对完善，长兴岛经济区、普兰店区、旅顺口区、庄河市处于起步阶段，瓦房店市、花园口经济区和长海县的再生水利用还是空白。

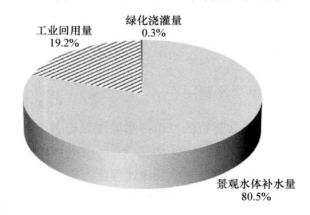

**图5-13 2019年大连市再生水利用结构**

目前大连再生水厂和再生水利用主要集中在中心城区，中心城区（核心区）现有再生水水厂 15 座，再生水产水能力达 85 万 m³/d，再生水利用率为 45%，再生水提升泵站 8 座，分别位于春柳河一期、马栏河一期、泉水河一期、泉水河二期、老虎滩污水处理厂；现有再生水利用管网 16 条，总长度为 50.6km。再生水利用量为 38.26 万 m³/d，其中，景观河道补水用水总量为 34.03 万 m³/d，主要用于春柳河、马栏河、泉水河、自由河等河道；工业企业回用用水总量为 4.18 万 m³/d，主要用于大石化、甘井子热电厂、北海热电厂、泰山热电厂 4 家工业企业；城市杂用最高日用水量约500m³/d，用水以绿化浇灌为主。大连市中心城区大中型污水处理厂详见表 5-4。

表 5-4 　　　　　大连市中心城区大中型污水处理厂（>5 万 m³/d）

| 污水处理厂名称 | 设计规模（万 m³/d） | 实际运行规模（万 m³/d） | 处理工艺 |
|---|---|---|---|
| 春柳河污水处理厂（一期） | 12 | 8.7 | AAO 工艺 |
| 春柳河污水处理厂（二期） | 12 | 11.1 | 曝气生物滤池 |
| 马栏河污水处理厂（一期） | 12 | 11.4 | 高密度沉淀池＋曝气生物滤池处理工艺 |
| 马栏河污水处理厂（二期） | 8 | 8.2 | 曝气生物滤池处理工艺 |
| 泉水河污水处理厂（一期） | 3.5 | 2.8 | AAO 工艺 |
| 泉水河污水处理厂（二期） | 10.5 | 6.1 | MUNITANK 工艺 |
| 老虎滩污水处理厂 | 9 | 8.4 | 前置反硝化＋CAST 处理工艺 |
| 凌水河污水处理厂 | 8 | 8.2 | AAO 工艺 |
| 寺儿沟污水处理厂 | 10 | 7.7 | 曝气生物滤池处理工艺 |
| 梭鱼湾污水处理厂 | 12 | 5.3 | 多段 AO 处理工艺 |

由于大连市再生水利用主要来自旧有污水厂的升级改造，因此，再生水产能集中于污水处理厂集中的中心城区。但由于管网建设不到位，根据住房和城乡建设部数据，2019 年大连市仅有市政再生水管道 50.6km，相关的环保、园林企业要使用再生水也大多依靠水车运输。大连市再生水厂分布及其利用现状见表 5-5。

表 5-5 　　　　　　　大连市再生水厂分布及其利用现状

| 地区 | 再生水厂数量（座） | 产水能力（万 m³/d） | 再生水总用量（万 m³/d） | 利用率（%） | 备注 |
|---|---|---|---|---|---|
| 中心城区（核心区） | 15 | 85 | 38.26 | 45 | 景观水体补水 34.03 万 m³/d，工业回用 4.18 万 m³/d，绿化浇灌 0.05 万 m³/d |
| 旅顺口区 | 2 | 4 | 1.37 | 22.8 | 景观水体补水 |

续表

| 地区 | 再生水厂数量（座） | 产水能力（万 m³/d） | 再生水总用量（万 m³/d） | 利用率（%） | 备注 |
|---|---|---|---|---|---|
| 金普新区 | 4 | 5.74 | 4.55 | 13.7 | 工业回用 4.4 万 m³/d，景观水体补水 0.05 万 m³/d，绿化浇灌 0.06 万 m³/d |
| 普兰店区 | 5 | 6.4 | 0.06 | 0.8 | 景观水体补水 0.05 万 m³/d，绿化浇灌 0.01 万 m³/d |
| 瓦房店市 | 2 | 7 | 0 | 0 | 暂无再生水利用 |
| 庄河市 | 1 | 6 | 1.26 | 21 | 景观水体补水 |
| 长海县 | 1 | 0.2 | 0 | 0 | 暂无再生水利用 |
| 长兴岛经济区 | 1 | 1.2 | 0.2 | 16.8 | 工业回用 |

## 三、大连市再生水利用历程

大连市的再生水利用可分为三个阶段：

### （一）起步阶段（1986—2003 年）

1986 年，春柳河污水处理厂作为东北地区第一座污水处理厂正式投入运行，并在 1991 年建立成为中国第一个污水利用示范工程。

### （二）技术储备、示范工程引导阶段（2003—2017 年）

2003 年，大连市启动春柳河污水厂再生水的系统利用，将部分出水作为再生水水源引入中石油大连石化分公司进行利用，另一部分出水作为再生水水源送至大连北海热电厂用于循环冷却水补水及锅炉补给用水。2007 年，大连市将马栏河污水处理厂一期工程的出水进行了深度处理并送至泰山热电厂作为冷却水；2009 年和 2013 年，大连市将马栏河污水处理厂出水用于道路清洗、城市绿化和马栏河景观用水。

### （三）全面启动阶段（2017—2025 年）

2017 年，大连市要求污水厂出水全部达到一级 A 标准。2017—2020 年大连市陆续完成了 18 座污水厂的新建和提标改造工作，污水设计处理能力从 130 万 m³/d 提高到 198.5 万 m³/d，再生水利用量从 2017 年的 2.05 亿 m³ 提高到 2020 年的 2.64 亿 m³。2020 年，大连市出台了《大连市城镇再生水利用规划（2020—2025）》，规划要求到 2025 年，全市再生水利用率达到 40% 以上，中心城区（核心区）再生水利用率达到 50% 以上；新增再生水产水规模 50.9 万 m³/d，其中，中心城区（核心区）新增 25.5 万 m³/d，其他地区新增 25.4 万 m³/d。

由于大连市再生水的利用结构面临工业用水少、环境补水过多的问题，规划还针对性地规划了再生水的利用结构，要求工业回用以冷却用水、锅炉用水、洗涤用水为主，在水质不影响产品品质和卫生安全的前提下可用作工艺用水或产品用水；城市杂用以城市绿化、道路冲洗、车辆冲洗为主，鼓励建筑施工使用再生水；环境用水以景观河道、湖泊等观赏性景观用水以及湿地环境用水为主，娱乐性景观用水仅限不接触人体时使用。

## 第四节  西安

### 一、西安市水资源状况与用水构成

西安市是中国西北内陆地区资源型缺水城市，2020 年西安市人均水资源量为 206.75m³，不及全国人均水平的 1/10。随着西安市建设国际化大都市步伐的加快，全市水资源供需矛盾将进一步加剧，近年来西安也大量调动外地水源作为地表水以应对水资源短缺的情况，例如依靠"引汉济渭"等外调水源。

2020 年西安市总用水量为 17.96 亿 m³，其中居民生活用水为 4.59 亿 m³；环境用水为 3.17 亿 m³；农业用水为 5.80 亿 m³；工业用水为 2.07 亿 m³。与 2010 年对比发现，最近十年西安农业用水占比显著下降，环境用水占比明显上升，生活用水取代农业用水成为最大的用水去向（见图 5-14）。

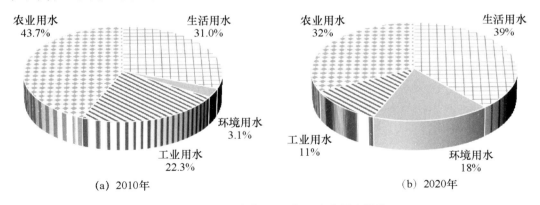

(a) 2010年    (b) 2020年

**图 5-14  2010 年与 2020 年西安市用水结构**

2020 年西安市供水量为 17.96 亿 m³，其中地表水 8.46 亿 m³，占比 47.1%，地下水 6.81 亿 m³，占比 37.9%，再生水 2.69 亿 m³，占比 15%（见图 5-15）。同时，由于本地的地表水短缺，西安市也引入了大量外调水。2020 年西安市地表水供水中有 2.18 亿 m³ 来自区域外调水。

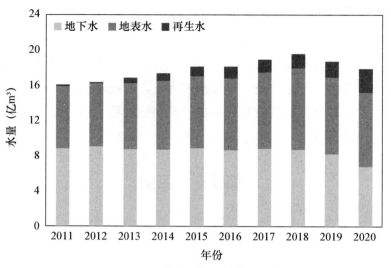

图 5-15  西安市历年供水构成的变化

## 二、西安市污水处理与再生水利用

西安市污水处理起步较晚，2013 年西安市污水厂数目仅为 21 座。近年随着大量污水厂新建，污水处理量迅速升高。截至 2020 年，西安市共建成污水厂 42 座（其中再生水厂 10 座），污水处理量达到 9.86 亿 m³（见图 5-16）。但同时西安市也面临再生水利用滞后于污水处理的问题。虽然从增幅来看，7 年来西安市年再生水利用量增长超过 300%，但增长量仅为 2.06 亿 m³，相比于污水处理量超 5 亿 m³ 的增幅，再生水设施的完善还具有较大提升空间。

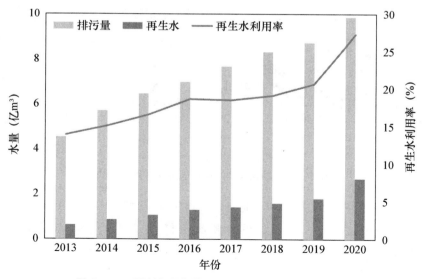

图 5-16  西安市历年排污量及再生水利用量的变化

2020 年，西安市再生水利用量为 2.69 亿 $m^3$，再生水利用率为 26.46%，再生水占供水的比例仅为 14.98%，与北京、天津、大连相比仍有一定差距。

虽然近年西安市再生水利用取得较大进步，再生水利用率也从 2010 年的 13.9% 上升到 2020 年的 26.46%，但远远低于地下水和地表水的供水量。由于再生水设施缺乏统一规划，基础设施建设不健全、不合理，使用率较低，2020 年西安市铺设的再生水管道仅为 200.2km，多分布在主城区城西、浐灞、高新、北客站片区，相比已建成的给水管网（2019 年长度约 4 728.9km），占比不到 3%，再生水供水管网覆盖率极低，只能满足部分热电厂等工业冷却水及管线沿途绿化、景观补充用水，严重制约了再生水的推广利用。

2018 年，西安市的再生水使用量 1.54 亿 $m^3$ 中，景观湖池补水 1.37 亿 $m^3$，工业冷却及市政杂用 0.17 亿 $m^3$，景观补水占比达到 88.96%，再生水利用结构较少应用于工业企业生产环节。此外，西安市航天中湖、曲江南湖的引水目前均取自自来水，全市路面除尘、园林绿化、市政施工也普遍利用自来水或地下水，造成水资源的浪费。

## 三、西安市再生水利用历程

西安市再生水利用起步较晚，近年随着一系列政策出台和许多污水厂的升级改造，西安市再生水呈现加快发展的趋势。

西安市的再生水利用可划分为三个阶段：

### （一）起步阶段（2008 年前）

此阶段西安市并没有系统地再生水利用，有一些较少的污水回用，例如污水厂出水用于灌溉农田的情况。

### （二）技术储备、示范工程引导阶段（2008—2013 年）

2008—2013 年西安市再生水厂从 2 座增加到 5 座，均位于主城区，合计设施能力达 18.5 万 $m^3/d$，至 2013 年再生水管网总长度为 108.2km，但区县无集中式再生水利用设施。2013 年西安市再生水利用量为 5 580.4 万 $m^3$（15.3 万 $m^3/d$），主要用于工业冷却、市政杂用、绿化、景观湖池补水等，再生水利用率由 2008 年的 3.9% 增加到 2013 年的 14.0%。

### （三）全面启动阶段（2013 年至今）

2012 年，西安市要求污水厂出水全部达到一级 A 标准，2015 年西安市再生水利用量首次达到了 1 亿 $m^3$，2020 年增长到 2.69 亿 $m^3$，7 年增幅超过 300%。

2019 年，西安市出台了《西安市城镇污水处理提质增效三年行动实施方案（2019—2021 年)》，要求进一步提高污水处理再生水的利用率，在工业生产、城市绿化、道路清扫、车辆冲洗、建筑施工中优先使用再生水，2019 年工业聚集区再生水利用率不低于 30%，城市再生水利用率达到 18%；2020 年城市再生水利用率达到 20%以上。

"十四五"期间，西安市将新建扩建再生水厂 19 座，城市再生水利用率达到40%。西安市代表性再生水厂的基本情况见表 5-6。

表 5-6　　　　　　　　　西安市污水处理厂情况

| 污水处理厂名称 | 投运时间 | 运行规模（万 m³/d） | 处理工艺 |
|---|---|---|---|
| 经开草滩污水处理厂 | 2016 年 | 22 | AAO＋MBR＋接触消毒 |
| 鱼化污水处理厂 | 2018 年 | 20 | UCT＋二沉池＋高效沉淀池＋精密过滤器＋次氯酸钠消毒 |
| 西安市第十四污水处理厂 | 2019 年 | 5 | MBR＋臭氧消毒 |
| 雁塔齐王再生水厂 | 2020 年 | 5 | 改良 AAO 池＋高效沉淀池＋反硝化滤池＋臭氧＋紫外消毒 |
| 邓家村污水处理厂 | 2021 年提标改造中 | 12（改造后） | 多段多级 AO 除磷脱氮＋混凝沉淀过滤 |
| 西安兴蓉环境发展有限责任公司污水处理厂 | 2021 年提标改造中 | 10＋20（改造后） | 改良 AAO 工艺＋微过滤池＋紫外消毒 |
| 北石桥再生水厂 | 2021 年提标改造中 | 15（改造后） | 多段多级 AAO 工艺、DE 氧化沟＋微絮凝过滤 |

# 第五节　青岛

## 一、青岛市水资源状况与用水构成

青岛市受地理、降水等自然条件的限制，淡水资源十分贫乏，人均水资源量仅为 227.96m³，是全国人均水平的 1/10。水资源短缺问题一直是制约青岛市经济和社会可持续发展的主要因素之一。根据 2020 年青岛市水资源公报，2020 年青岛市总用水量为 10.05 亿 m³。居民生活用水、工业用水以及农田灌溉的用水量位居前三。其中，居民生活用水位居首位，用水量为 3.46 亿 m³，占总用水量的 34.43%；工业用水量为 2.06 亿 m³，占总用水量的 20.50%；农田灌溉用水量为 1.88 亿 m³，占总用水量的 18.71%。在 10.05 亿 m³ 的总供水量中，污水处理回用量为 0.63亿 m³，占比为 6.3%；海水淡化量为 0.37 亿 m³，占比为 3.7%（见图 5-17）。

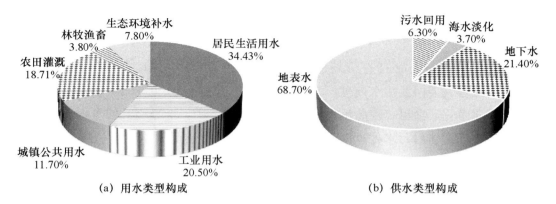

（a）用水类型构成　　　　　　　　（b）供水类型构成

**图 5-17　2020 年青岛市用水与供水类型构成**

2013 年以来，受降雨持续偏少、本地水源几近枯竭的影响，为保障城市供水安全，青岛市不断加大客水引调。"十三五"期间，青岛市实际年利用客水水量超过 4 亿 m³，已远超客水引调指标，在干旱缺水的情况下，客水成为青岛市城市供水主要水源（见图 5-18）。

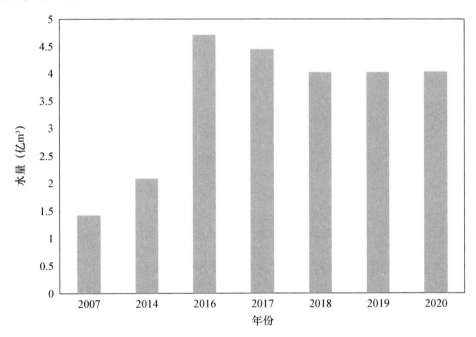

**图 5-18　2007—2020 年青岛市客水用量**

自从 1989 年，引黄济青工程实施后，青岛市对于客水的需求量不断增加。虽然青岛市大力发展再生水以及海水淡化，但客水仍占比最大，用水量也在上升，2016 年从区域外调水达到高峰。

## 二、青岛市污水处理与再生水利用

2014 年青岛市投资 18 亿元新建及升级改造六大污水处理厂——李村河污水处理厂扩容工程、娄山河污水处理厂二期扩建工程、城阳双元污水处理厂扩建工程、张村河水质净化厂项目、麦岛污水处理厂水质提标工程、世界园艺博览会再生水净化厂项目。改扩建后污水处理能力由 84 万 m³/d 增加至 107.6 万 m³/d。新增污水处理能力 23.6 万 m³/d，出水水质均达到国家一级 A 标准，有效解决了青岛市污水处理能力不足、污水溢流等问题，减少了污染物排放总量，降低了水体富营养化风险，提高了水资源的利用率。青岛市污水回用量在 2017—2019 年呈下降趋势，2020 年较 2019 年上升；而自 2016 年起海水淡化量逐年上升，2019 年接近再生水用水量（见图 5 - 19）。

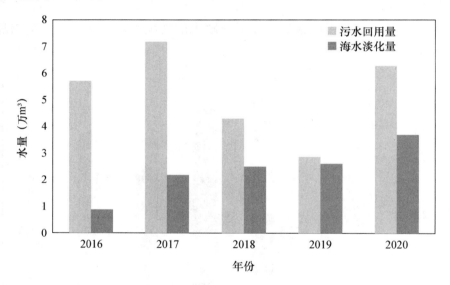

**图 5 - 19 青岛市污水回用量以及海水淡化量（2016—2020 年）**

2020 年，青岛市（中心城区）正常运行的再生水厂共 20 座，再生水总利用量为 6 299 万 m³，再生水利用率约为 30%。目前，青岛市采用污水处理厂与再生水厂合建的建设模式，即污水处理厂出水进一步深度处理，满足用户对再生水的水质要求，达到再生水利用的目的。2019 年之前，青岛市区一级 A 标准的处理能力达 156 万 m³/d，张村河水质净水厂出水达到地表水Ⅳ类标准，直接实现污水的资源化回用；配套建设了 8 座集中再生水处理设施，集中再生水处理能力达到 16.9 万 m³/d，敷设再生水主干管网 338.2km。污水再生利用主要应用于工业冷却和工艺、河道景观、污水源热泵、绿化、保洁、冲厕、基建等方面。青岛市中心城区四个再生水厂的简要介绍见表 5 - 7。

表 5 - 7　　　　　　　　　青岛市（中心城区）主要再生水厂

| 名称 | 地点 | 规模 | 工艺流程 | 建设时间 | 备注 |
|---|---|---|---|---|---|
| 海泊河再生水厂 | 海泊河下游胶州湾入海口 | 一期工程规模的 8 万 m³/d | 两段活性污泥法 | 1993 年 | 1999 年建成 4 万 m³/d 污水再生利用工程，2011 年二期出水水质升级到国家一级 B 标准 |
| | | 二期工程规模的 16 万 m³/d | | | |
| 团岛再生水厂 | 青岛市市南区团岛 | 设计规模为 10 万 m³/d | 2010 年采用 AAO + MBBR 升级改造 | 1996 年 | 2002 年建成 1 000 m³/d 污水再生利用工程；2006 年又建成 5 000 m³/d 污水再生利用工程 |
| 麦岛再生水厂 | 青岛市前海地区 | 一期工程设计规模为 10 万 m³/d，扩建工程设计规模为 14 万 m³/d | MULTIFLO 沉淀池＋BIO-STYR 曝气生物滤池 | 1999 年 | 2008 年日处理污水 10.7 万 m³ |
| 李村河再生水厂 | 李村河下游南岸入胶州湾口处 | 一二期工程总规模为 17 万 m³/d | 一期：改良 UCT | 一期 1997 年建成投产 | 2020 年污水厂扩建工程，污水处理总规模达 30 万 m³/d，再生水利用率达到 100% |
| | | 三期总规模为 25 万 m³/d | 二期：改良 AAO | 二期 2008 年建成投产 | |
| | | 四期规模为 30 万 m³/d | 三期：Barden-pho 五段法＋MBBR | 2016 年三期运行 | |
| | | | 四期：臭氧氧化＋MBR | 2020 年四期工程进入公示 | |

## 三、青岛市再生水利用历程

青岛市是污水再生利用起步较早、应用技术领先的城市。自 20 世纪 80 年代就开始了再生水利用研究。主要分为以下三个阶段：

起步阶段（1993—1999 年）：1993 年，青岛市结合城市东部开发，在东部建立了中水利用示范基地，并相继在香格里拉大酒店、金都花园、银河大厦等 13 处建筑群中建设了中水利用设施，总投资为 779 万元，日设计处理能力为 3 324 m³。1999 年利用德国政府赠款在海泊河污水处理厂建成了日处理能力 4 万 m³ 的污水再生利用工程。

快速发展阶段（2000—2010 年）：2000—2010 年陆续建立再生水厂，2002 年团岛再生水厂建立 1 000m³/d 的再生水工程，2008 年麦岛再生水厂扩建工程规模达到 10.7 万 m³/d，这一期间李村河再生水厂进行二期扩建。

平缓发展阶段（2011 年至今）：2010 年，根据《青岛市中水利用规划（2001—2020 年）》的要求，城市再生水利用的目标是 2020 年城市再生水厂的总处理规模达到 31.5 万～37.5 万 m³/d；城市再生水利用率 2007 年计划达到 10%，2010 年计划达到 20%。2019 年 9 月，青岛市水务局印发了《青岛市"十四五"水资源配置发展规划》，提出"十四五"期间，建设再生水利用工程 9 项，规划期末再生水利用工程规模达到 121.2 万 m³/d，按照再生水主要用于平衡河道外环境需水的原则进行配置，再生水除配置 8 740 万 m³（23.9 万 m³/d）用于河道外景观绿化浇灌和道路浇洒外，剩余 35 498 万 m³（97.3 万 m³/d）全部回灌河道，补充河道内生态需水。

## 第六节　无锡

### 一、无锡市水资源状况与用水构成

无锡市水资源总量以及人均水资源量不足，太湖以及古运河污染严重。2020 年无锡市水资源总量为 37.34 亿 m³（见图 5-20)，全市常住人口人均水资源量为 500.4m³。

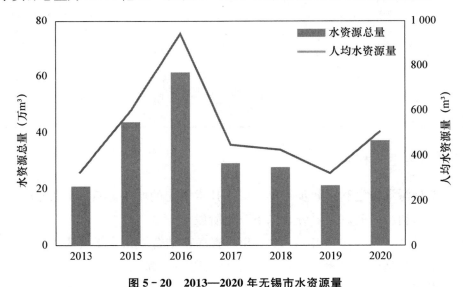

图 5-20　2013—2020 年无锡市水资源量

注：部分年份数据缺失。

根据《2020 年无锡市统计年鉴》，2020 年全市总用水量为 26.07 亿 m³。其中农业用水量 7.47 亿 m³，工业用水量 12.56 亿 m³，生活用水量 5.85 亿 m³，生态环境用水量 0.21 亿 m³（见图 5 - 21）。

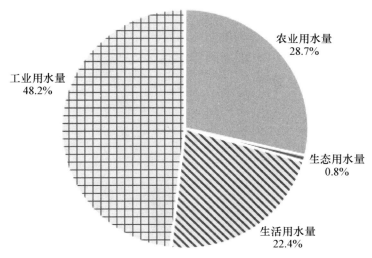

图 5 - 21　2020 年无锡市用水结构

## 二、无锡市污水处理与再生水利用

目前，无锡市区共有 20 座城镇生活污水处理厂，设计规模达 173.8 万 m³/d，全年日实际处理量为 111.7 万 m³。2002—2020 年无锡市污水处理总量及再生水利用量的变化见图 5 - 22。

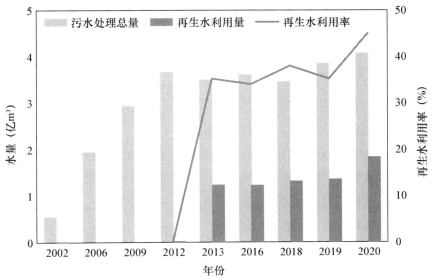

图 5 - 22　2002—2020 年无锡市污水处理总量及再生水利用量的变化

注：部分年份数据缺失。

梅村污水处理厂位于无锡市新区梅村镇，厂区占地面积为 200 亩，污水处理总规模为 11 万 m³/d，一期采用 SBR 工艺，处理规模为 3 万 m³/d；二期和三期采用 MBR 工艺，处理规模为 8 万 m³/d，出水水质达到《城镇污水处理厂污染物排放标准》（GB 18918—2002）一级 A 标准。

2020 年，无锡市工业用水重复利用率达 80％以上，城市生活污水处理率达 95％以上，节水型企业（单位）覆盖率达 25％以上，城区污水再生水利用率达 45.04％（见图 5-23）。

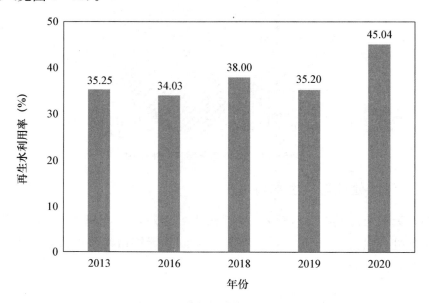

图 5-23　2013—2020 年无锡市再生水利用量

### 三、无锡市再生水利用历程

起步阶段（2005 年前）：无锡市再生水主要是小规模的"点对点"为一个企业服务的再生水回用项目，并未大力推广开来。

快速发展阶段（2006—2015 年）：2011 年 5 月，无锡市政府发布《无锡市区"十二五"污水处理及再生利用专项规划》，该规划对市区范围内污水处理、再生水利用、污泥处置进行了统一规划布局，明确了"十二五"期间污水工程的各项目标任务。无锡市典型再生水厂情况见表 5-8。

表 5-8　　　　　　　　　　　无锡市典型再生水厂情况

| 厂名 | 处理规模（万 m³/d） | 投运时间 | 膜厂家 | 膜面积（m²） |
|---|---|---|---|---|
| 无锡梅村二期 | 3 | 2008 年 | GE | 57 000 |

续表

| 厂名 | 处理规模（万 m³/d） | 投运时间 | 膜厂家 | 膜面积（m²） |
|---|---|---|---|---|
| 无锡梅村三期 | 5 | 2013 年 | 碧水源 | 119 088 |
| 无锡新城二期 | 3 | 2009 年 | 西门子 | 77 160 |
| 无锡硕放二期 | 2 | 2009 年 | 三菱 | 38 160 |
| 无锡硕放三期 | 2.5 | 2015 年 | 碧水源 | 59 544 |
| 无锡城北四期 | 5 | 2010 年 | 碧水源 | 101 760 |
| 无锡城北四期续建 | 2 | 2012 年 | 久保田 | 39 400 |

2015 年，无锡市区范围内城市生活污水集中处理率达到 95％以上；污水处理厂污泥无害化率为 100％；再生水利用率为 33％；扩建污水处理厂 14 座，扩建规模达 41.55 万 m³/d，污水处理总规模达到 163.75 万 m³/d；建设污水管网 495.4km，控源截污行动实施污水管网约 2 500km。

提质增效阶段（2016 年至今）：2021 年起，无锡市城镇污水厂处理排放将按照江苏省太湖流域特别排放限值的最新标准执行，全市 48 家污水处理厂将开展新一轮提标改造。48 家城镇污水处理厂污水处理规模达到了 239.7 万 m³/d，其中位于太湖一、二级保护区内的有 16 家，污水处理规模为 108 万 m³/d。《无锡市城镇污水处理提质增效三年行动实施方案（2019—2021 年）》（以下简称《方案》）提出特色指导意见：完善污水专项规划，优化城镇污水处理厂布局；适度超前推进城镇污水处理厂和配套管网建设；建立大数据平台，完善 GIS 系统；逐步建立水质水量波动、管道液位变化、污水输送、泵站调控和应急调度预测预报模型。到 2021 年底前，新扩建污水处理厂 9 座，新增污水处理能力 24 万 m³/d，新建、改造污水管网 101km，新改建污水泵站 56 座，初步实现主城区范围内厂与厂之间互联互通，增强污水调度、保障和应急处理能力。表 5-9 是《方案》中污水厂扩建和提标改造项目的总结。

**表 5-9　　污水厂扩建和提标改造项目清单汇总（＞5 万 m³/d）**

| 项目名称 | 建设规模（万 m³/d） | 项目投资（万元） |
|---|---|---|
| 梅村污水处理厂扩建工程 | 5 | 22 850 |
| 芦村污水处理厂提标改造工程 | 30 | 50 959 |
| 城北污水处理厂提标改造工程 | 22 | 39 959 |
| 太湖新区污水处理厂提标改造工程 | 15 | 17 026 |
| 锡山区污水处理厂提标改造工程 | 16 | 29 800 |
| 惠山污水处理厂提标改造工程 | 7.5 | 11 366 |
| 钱惠污水处理厂提标改造工程 | 5 | 7 500 |
| 新城污水处理厂提标改造工程 | 17 | 45 371 |

## 第七节　深圳

### 一、深圳市水资源状况与用水构成

2020 年，深圳市用水总量达 20.65 亿 m³，人均水资源量为 125.81m³，人均水资源量仅为全国平均水平的 1/17，是全国严重缺水城市之一。深圳市水资源有两大特点：（1）本地水资源匮乏。由于深圳境内无大江大河大湖大库，蓄滞洪能力差，本地水资源供给严重不足，八成以上原水需从东江引入，全市水资源储备量仅能满足 45 天左右的应急需要。（2）全市降雨时空分布不均，八成以上集中于汛期。虽然全市（未含深汕）多年平均降雨量达 1 830mm，但雨量主要集中在每年 4—10 月，约占全年降雨量的 85％。

根据深圳市 2020 年的水资源公报（见图 5 - 24），2020 年深圳市（未含深汕）用水消耗量为 52 373.65 万 m³，同比增加 1 130.2 万 m³，综合耗水率为 25.9％。其中农业耗水量为 5 274.12 万 m³ 中，工业耗水量为 8 808.14 万 m³，居民生活耗水量为 15 873.83 万 m³，城市公共耗水量为 16 929.70 万 m³（建筑业 7 445.19 万 m³，服务业 9 484.51 万 m³），生态环境耗水量为 5 487.86 万 m³。

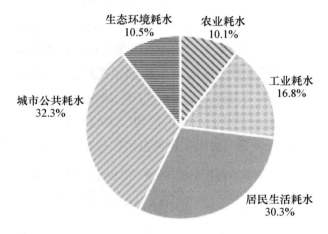

**图 5 - 24　2020 年深圳市耗水量分布图**

### 二、深圳市污水处理与再生水利用

2020 年深圳市水质净化厂总处理规模为 18.97 亿 m³，除去直接排海规模 4.85 亿 m³，达到一级 A 及以上标准的利用规模为 14.12 亿 m³，再生水利用率约为

77％。该利用率的统计范畴包括河道补水（包括一级 A 及以上标准出水就地排入河道的规模，以及通过管道输送至上游河道补水的规模）、市政杂用和工业用水，其中河道补水占绝大部分，再生水替代常规水资源的作用非常有限。2005—2020 年深圳市污水处理规模的变化见图 5－25。

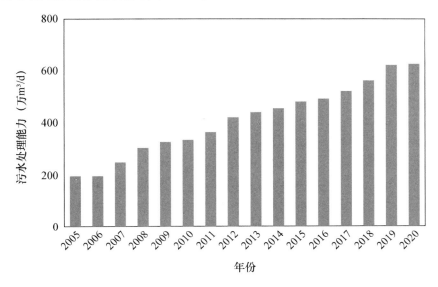

图 5－25　2005—2020 年深圳市污水处理规模变化

据住房和城乡建设部 2020 年的数据（见表 5－7），深圳市再生水利用量达到 14.6 亿 $m^3$，再生水利用率达到 77％，远高于同年的全国再生水利用率和广东省的再生水利用率。深圳市再生水大部分回用于河道补水、道路浇洒和市政绿化。

表 5－10　　　　　　　　　　2020 年深圳市再生水利用状况

| 排水管道长度<br>（km） | 污水处理厂<br>（座） | 处理能力<br>（万 $m^3$/d） | 处理量<br>（万 $m^3$） | 再生水利用量<br>（万 $m^3$） | 再生水利用率<br>（％） |
| --- | --- | --- | --- | --- | --- |
| 15 200.7 | 37 | 624.5 | 189 694 | 146 069 | 77.0 |

### 三、深圳市再生水利用历程

第一阶段（1990—2005 年）：自 20 世纪 90 年代初深圳市推广建筑中水利用以来，陆续建成 300 余处中水利用设施，但由于布局分散、管理难度大、投资运行成本高、水质难以保障等问题，绝大多数已停止使用。

第二阶段（2006—2015 年）："十一五"期间，横岭、龙华、滨河、罗芳、盐田再生水厂建设相继实施，用于市政杂用及河道补水。城市再生水利用率由 2005 年的 0.2％提高到 2010 年的 35.94％。全市建有 11 座污水处理厂和 1 处水质净化工程，总处理能力达 248.2 万 m³/d。由于没有明确的再生水回用政策和工艺，再生水回用标准不完善，除少数工厂及污水处理厂内部回用于绿化及冲洗外，大量再生水均未得到有效利用。"十二五"期间，新建污水管网 1402km，污水处理能力大幅提升，31 座污水处理厂污水处理总规模达到 552 万 m³/d。

第三阶段（2015 年至今）："十三五"期间，深圳市发布《深圳市水务发展"十三五"规划》，规划中指出到 2020 年，全市开展 19 座污水处理厂新、扩、续建工作，2020 年设计污水处理总规模 683 万 m³/d 以上；按照一级 A 及以上标准，对现有污水处理厂进行提标改造。截至 2018 年底，深圳市建成 38 座水质净化厂，设计规模达 639.5 万 m³/d，其中 7 座达到准Ⅳ类排放标准，28 座达到一级 A 排放标准。在此之前，深圳市再生水利用以集中利用示范为主，有 6 座水质净化厂开展了再生水利用，利用规模达到 52.3 万 m³/d，详见表 5-11。

表 5-11 　　　　　　　　深圳市已开展再生水（尾水）利用的厂站

| 序号 | 厂站名称 | 设计规模（万 m³/d） | 处理工艺 | 回用水水质标准 | 回用对象及方式 |
|---|---|---|---|---|---|
| 1 | 横岗再生水厂 | 5 | 超滤＋臭氧＋次氯酸钠消毒 | GB/T 18920—2002 GB/T 18921—2002 GB/T 19923—2005 | 1）道路浇洒和市政绿化 |
| | | | | | 2）河道补水 |
| 2 | 罗芳水质净化厂 | 8 | 紫外消毒渠＋次氯酸钠＋臭氧＋紫外消毒 | 准Ⅳ类 | 河道补水 |
| 3 | 盐田水质净化厂 | 0.3 | 纤维球过滤＋二氧化氯消毒 | 准Ⅳ类 | 道路浇洒和市政绿化 |
| 4 | 固戍再生水厂 | 24 | DN 滤池＋砂滤池＋次氯酸钠消毒 | 一级 A | 河道补水 |
| 5 | 南山水质净化厂 | 5 | 微絮凝＋V 型滤池＋二氧化氯消毒 | 一级 A | 1）道路浇洒和市政绿化 |
| | | | | | 2）河道补水 |
| 6 | 滨河水质净化厂 | 10 | V 型滤池＋二氧化氯消毒＋接触氧化法 | 一级 A | 1）道路浇洒和市政绿化 |
| | | | | | 2）河道补水 |

从 2019 年起，随着深圳市黑臭水体治理工作的深入推进，河道补水需求迫切。同时，污水处理厂的提标改造大幅提高出水标准，为河道补水提供稳定高品质的水源。深圳市开始集中建设大量河道补水管网，河道补水管网总长度达 292km，占深圳市再生水管网总长度（589km）的 49.6%。2019 年底，深圳市已运营的 36 座水

质净化厂中 22 座达到准 IV 类排放标准，14 座达到一级 A 排放标准。深圳市进行再生水利用的水质净化厂从 2018 年的 6 座增加到 2019 年的 20 座，再生水总利用规模也相应从 52 万 m³/d 增加到 276 万 m³/d，其中绝大部分用于河道补水。

# 第八节　昆明

## 一、昆明市水资源状况与用水构成

昆明市地处金沙江、珠江、红河分水岭，地势高，且无大江大河过境。2020 年昆明市水资源总量为 58.05 亿 m³，其中地表水资源量 43.71 亿 m³，地下水资源量 14.34 亿 m³。全市多年平均水资源总量为 62.02 亿 m³，人均水资源量为 892m³，为全国平均水平的 1/2，全省平均水平的 1/4。再生水回用设施建设作为滇池治理的一项重要措施得到了昆明市委、市政府的高度重视和大力支持。

2020 年昆明市河道外用水量为 18.35 亿 m³，比 2019 年减少 1.0%。其中，农业用水量 8.17 亿 m³，工业用水量 3.26 亿 m³，居民生活用水量为 6.02 亿 m³，生态环境用水量 0.90 亿 m³。用水占比详见图 5-26。

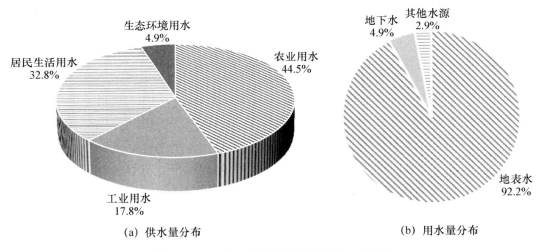

(a) 供水量分布　　　　　　　　　(b) 用水量分布

**图 5-26　2020 年昆明市供水量与用水量分布**

## 二、昆明市污水处理与再生水利用现状

2020 年，昆明市污水排放量为 6.03 亿 m³，占据云南省 60% 的污水排放量；昆明污水处理能力达 166.1 万 m³/d，年处理量为 5.96 亿 m³（见表 5-12）。2020 年，根据住房和城乡建设部统计数据，云南省再生水利用量为 3.46 亿 m³，其中昆

明市再生水利用量为 3.42 亿 m³，占据全省 98％以上份额。

表 5-12          **2020 年昆明市污水处理与再生水状况**

| 城市名称 | 污水排放量（万 m³） | 污水处理 | | | 市政再生水 | | |
|---|---|---|---|---|---|---|---|
| | | 处理能力（万 m³/d） | 处理量（万 m³） | 排水管道长度（km） | 生产能力（万 m³/d） | 利用量（万 m³） | 管道长度（km） |
| 昆明 | 60 316 | 166.1 | 59 646 | 5 849 | 30.3 | 34 162 | 426.1 |

与深圳市再生水大规模在河道补水和道路绿化应用相比，昆明市在用水结构上更多样，包括城市杂用水以及工业用水（见表 5-13）。

表 5-13          **昆明市再生水回用范围**

| 地区 | 再生水主要用途 |
|---|---|
| 昆明主城区 | 生态景观水体、河道补水，以及市政绿化浇灌用水、城市杂用水、工业用水 |
| 阳宗海风景名胜区、倘甸产业园区、13 个省级工业园区 | 工业用水、城市杂用水以及生态景观水体、河道补水 |
| 县城（含安宁市、东川区） | 农灌用水、生态景观水体、河道补水，以及城市杂用水、工业用水 |
| 乡镇政府所在地 | 农灌用水、生态景观水体、河道补水 |

## 三、昆明市再生水利用历程

第一阶段（1998—2010 年）：1998 年，昆明市第一座再生水利用设施建成，标志着昆明城市再生水利用工作正式起步。2003 年，昆明市政府颁布《昆明市城市中水设施建设管理办法》。2006 年底，昆明市先后在第一至第六污水处理厂启动集中式再生水利用设施的建设，并铺设再生水供水管网；积极推进分散式再生水利用设施建设，以单位或居住小区为主体自建再生水利用设施并自行管理和利用。截至2010 年底，昆明已建中水设施达到 253 座，在建 600 多座。"十一五"期间，昆明市共完成节水量约 1.2 亿 m³，历年累计完成节水量约 5 亿 m³。

第二阶段（2011—2015 年）："十二五"期间，昆明市着力推进水安全保障、水资源科学配置、水环境保护和水管理服务四大体系建设，累计完成各类水利投资140.66 亿元，是"十一五"期间水利投资的近 3 倍。经济的快速发展、人口增加以及农业面源污染使得滇池处于富营养化的状态。严控出水水质的环保监督力度加大进一步加速 MBR 在昆明的大规模应用（见表 5-14）。随着昆明城市化发展的不断推进，市区用地趋于紧张、空间利用率要求也不断提高，为应对稀缺土地资源限制和满足更高生态环境需求，城市污水处理厂建设开始向地下寻求空间。昆明市第

九、第十污水处理厂均采用了 MBR 工艺建造地下式污水处理厂以节省用地空间。

**表 5 - 14**　　　　　　　　　　**昆明市 MBR 工艺应用案例**

| 项目 | 处理能力<br>（m³/d） | 单位水量占地指标<br>m²/（m³·d⁻¹） | 吨水电耗<br>（kW·h/m³） | 投运时间 |
|---|---|---|---|---|
| 昆明市第四污水处理厂改造 | 60 000 | 0.43 | 0.47 | 2011 年 |
| 昆明捞鱼河污水处理厂 | 50 000 | — | — | 2012 年 |
| 昆明洛龙河污水处理厂 | 50 000 | — | — | 2012 年 |
| 昆明第九污水处理厂 | 100 000 | 0.3 | — | 2013 年 |
| 昆明第十污水处理厂 | 150 000 | 0.27 | 0.33 | 2013 年 |

第三阶段（2016 年至今）："十三五"期间，建成 110 座分散式再生水利用设施；建成 10 座集中式再生水厂，设计规模达 22.8 万 m³/d，实施再生水利用补助资金共 2 363 万元。已建成的分散式再生水利用设施广泛分布在住宅小区、城市公交停车场、大专院校等地，再生水用于项目内绿化浇灌、道路清洁、观赏性景观用水、公共卫生间冲洗等。

由表 5 - 15 可以发现，从"十一五"开始，昆明市再生水有了大幅度的增长，再生水利用率从 2005 年的 8.23％到 2012 年的 59.73％；在"十二五""十三五"期间，随着污水处理量的升高，再生水利用量稳步升高，2020 年再生水利用率为 56.64％。

**表 5 - 15**　　　　　　　　　　**2005—2020 年昆明市再生水量及利用率**

| 年份 | 污水排放量（万 m³） | 市政再生水利用量（万 m³） | 利用率 |
|---|---|---|---|
| 2020 | 60 316 | 34 162 | 56.64％ |
| 2015 | 48 678 | 29 382 | 60.36％ |
| 2012 | 41 302.29 | 24 668.46 | 59.73％ |
| 2005 | 26 876 | 2 190 | 8.23％ |

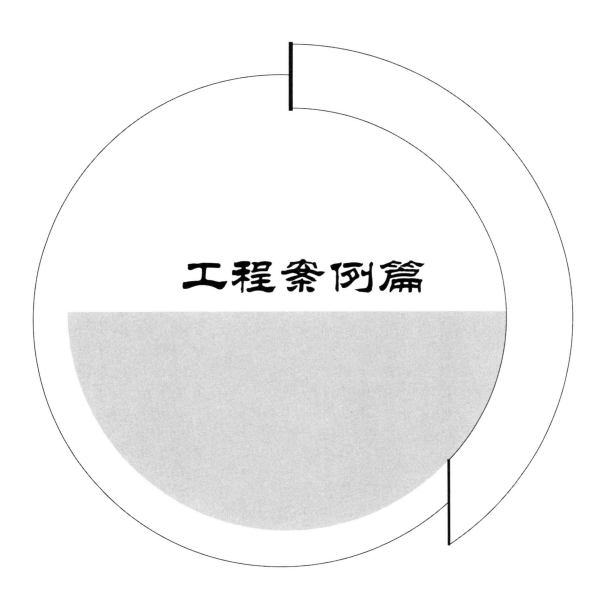

工程案例篇

# 第六章　人工湿地水质净化工程案例

人工湿地水质净化工程指模拟自然湿地的结构和功能，人为地将低污染水投配到由填料（含土壤）与水生植物、动物和微生物构成的独特生态系统中，通过物理、化学和生物等协同作用使水质得以改善的工程。或利用河滩地、洼地和绿化用地等，通过优化集布水等强化措施改造的近自然系统，实现水质净化功能提升和生态提质。人工湿地按照填料和水的位置关系分为表面流人工湿地和潜流人工湿地，潜流人工湿地按照水流方向分为水平潜流人工湿地和垂直潜流人工湿地。

作为使低污染水得以进一步改善的生态工程措施，人工湿地水质净化工程通常只承担水质改善任务，不直接处理生产生活污水。该类型水质净化工程的建设多在重要排污口下游、支流入干流处、河流入湖（海）口等流域关键节点。在河道、湖泊管理范围内的人工湿地水质净化工程，不得妨碍行洪，不得抬高滩地高程，不得建设阻碍水流的设施。在设计建设中必须坚持生态优先，注重选择本土植物，避免外来物种入侵。人工湿地的设计进水规模，应以湿地的净化能力为基础，与污水处理厂处理能力、再生水利用和调配能力相匹配。近年来，人工湿地技术在中国迅速发展，在各类污水处理、河湖水质改善、农村综合整治等方面均涌现出了大量案例，并且取得了良好的效果。本章选择 5 个典型人工湿地水质净化工程进行系统介绍。

## 第一节　包头——区域水循环利用

### 一、概况

二道沙河发源于内蒙古自治区包头市区以北，由二道沙河、西河、西河道、头道沙河构成，为黄河干流的一级支流，流域面积为 83km²，全长为 18.6km。二道沙河平时干涸，大雨过后方有水流通过，为泄洪、排污通道。二道沙河（包兰铁路至入黄口段）上游平时干涸，在沿黄景观路下入二道沙河有一处混合排污口。该排污口为黄河水利委员会分配给包头市的入黄排污口，接纳了包头市几座污水处理厂的尾水，使得二道沙河国考断面的水质指标中 COD 和氨氮超标并对黄河水质造成影响。此外，二道沙河由于污染和缺水，生态明显退化，河道水土流失严重，堤防安全无法保证。二道沙河治理前现场照见图 6-1。

**图 6-1　二道沙河治理前现场照**

二道沙河（包兰铁路至入黄口段）生态治理及南海湿地修复保护工程位于内蒙古自治区包头市东南侧，其中，二道沙河（包兰铁路至入黄口段）生态治理工程的范围自包兰铁路桥开始，南至沿黄景观路段河道，治理段河道长度约为 5.3km，占地面积约为 728 亩；四道沙河湿地水质净化工程的范围自包神铁路开始，西至南绕城公路段河道，治理段河道长度约为 1.5km，占地面积约为 180 亩；水资源循环利用工程中水质净化及送水泵站占面积级为 28 亩。

## 二、治理方案

### (一)治理理念及技术路线

针对二道沙河存在的水生态环境问题,并结合包头市城市水资源状况和经济社会发展需求,从黄河流域生态保护和高质量发展的总体大局出发,本工程运用了区域再生水资源循环利用的理念。区域水循环利用系统见图6-2。

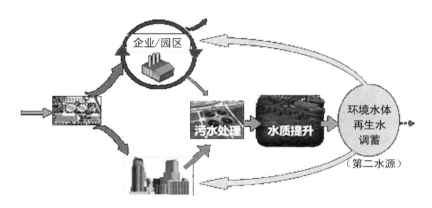

图6-2 区域水循环利用系统示意图

区域再生水循环利用是在重要排污口下游、河流入湖口、支流入干流处等流域关键节点,因地制宜地建设人工湿地水质净化工程等设施,对处理达标后的尾水和和微污染河水进一步净化改善后,纳入区域水资源调配管理体系,作为区域内生态、生产和生活补充用水,在改善水生态环境的同时,能有效缓解水资源供需矛盾,是污染治理、生态保护、循环利用有机结合的综合治理模式。治理技术路线见图6-3。

图6-3 治理技术路线图

### (二)建设内容

该工程主要包括以下三大子项工程内容:

(1)二道沙河(包兰铁路至入黄口段)生态治理工程;

（2）四道沙河湿地水质净化工程；

（3）水资源循环利用工程。

其中，二道沙河（包兰铁路至入黄口段）生态治理工程包含防洪工程、调水工程、水质净化工程、景观提升工程、挡蓄水建筑物工程5个子项工程；四道沙河湿地水质净化工程包含水质净化工程、管线工程、附属设施工程3个子项工程。

（三）处理水量

总处理水量为21.2万 $m^3/d$，其中北郊水质净化厂总排口水量3.8万 $m^3/d$，尾闾工程排污水口水量17.4万 $m^3/d$。

（四）主体工艺及进出水水质

二道沙河（包兰铁路至入黄口段）生态治理工程的处理工艺主要为河道走廊型湿地，主要包括河道基底改良、生态护坡、生境构建及栖息地修复、生态净化床、复氧跌水堰、人工水草；四道沙河湿地水质净化工程主要为潜流湿地；再生水厂的工艺主要为磁混凝工艺。各子项工程的设计进出水水质见表6-1。

**表6-1** 工程设计水质一栏表

| 工程分项 | 项目 | COD (mg/L) | NH₃-N (mg/L) |
|---|---|---|---|
| 二道沙河（包兰铁路至入黄口段）生态治理工程 | 进水 | ≤ 50 | ≤ 5 |
| | 出水 | ≤ 31.4 | ≤ 1.5 |
| 四道沙河湿地水质净化工程 | 进水 | ≤ 50 | ≤ 5 |
| | 出水 | ≤ 31.4 | ≤ 1.5 |
| 水资源循环利用工程 | 进水 | ≤ 50 | ≤ 5.0 |
| | 出水 | ≤ 10 | ≤ 0.5 |

## 三、效益分析

本工程统筹了生产、生活、生态用水，提高了用水效率，一方面让河道发挥了进一步净化再生水的生态作用；另一方面，再生水让缺水的季节性河道焕发了生机，成就了有河有水、有鱼有草的大美湿地景观，同时通过再生水的回用实现了对入黄污染物总量的削减，解决了二道沙河入黄水质超标的问题。此外，河道湿地也涵养了水源，调节改善了城市的温度、适度等气候条件，并由于湿地生境的多样性，为生物多样性的恢复创造了条件。河道植被的恢复也稳定了河岸护坡，减少了水土流失，提高了河道的安全，促进黄河安澜。

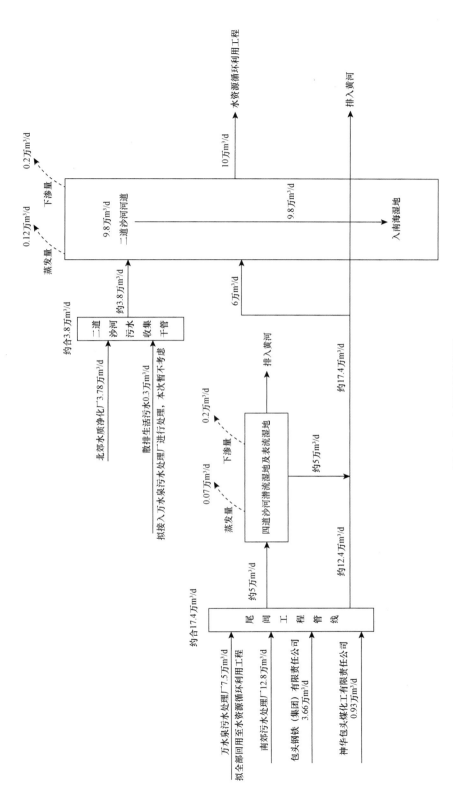

**图 6 - 4 水量平衡分析图**

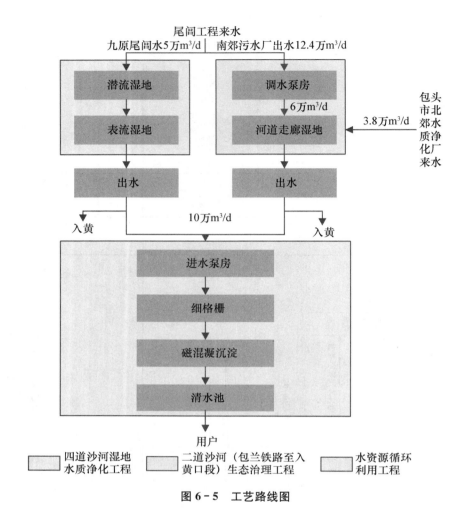

图 6-5　工艺路线图

图 6-6　水资源循环利用工程方案图

图 6-7 二道沙河生态治理方案图

## 四、投资估算

该工程总投资达 34 019.37 万元。其中，二道沙河（包兰铁路至入黄口段）生态治理工程的工程费用估算为 11 671.72 万元；四道沙河湿地水质净化工程的工程费用估算为 6 494.75 万元；水资源循环利用工程费用估算为 11 679.19 万元；工程建设其他费用为 2 601.79 万元；预备费用为 1 119.44 万元；铺底资金为 152.48 万元。

## 五、运行成本

（一）湿地运行费用

湿地运行费用主要由管理办公费、人工费、维护费及植物养护费组成，预测见表 6-2：

（1）管理办公费：管理人员工资、行政办公费用等，按 50 万元/年计；

（2）人工费：日常管理 5 人，工资按 5 000 元/月计；

（3）维护费：设备维修保养费用，维护费按 50 万元/年计；

（4）植物养护费：植物种植面积 14.75 万 m²，养护单价按 1.2 元/m² 计。

表 6-2　　　　　　　　　　　　湿地运行费用预测表

| 序号 | 项目 | 费用（万元/年） |
|---|---|---|
| 1 | 管理办公费 | 50 |
| 2 | 人工费 | 30 |
| 3 | 维护费 | 50 |
| 4 | 植物养护费 | 17.7 |
| 5 | 合计 | 147.7 |

### （二）水资源循环利用工程生产成本

水资源循环利用工程的生产成本主要包括外购水处理药剂等原材料、机电设备动力费、职工薪酬福利等。其中外购水处理药剂的费用大约为 1 561.07 万元/年，主要包括高锰酸钾、氯酸钠、盐酸、聚丙烯酰胺、碱式氯化铝等；机电设备动力费大约为 1 389.99 万元/年；职工薪酬费用大约为 85.86 万元/年。

## 第二节  山东庆云——县域"生态纽联"技术示范

### 一、概况

山东省庆云县地处鲁北海河流域平原地区，是连接华北、东北、北京及天津的重要交通枢纽，素有"京津门户""山东北大门"和德州"桥头堡"之称。庆云县为北方典型的资源性缺水城市，水资源人均占有量仅为全国人均的 9%，水资源总量不足，与人口严重失衡，降水年际变化大，年内分配不均，汛期降水量占年降水量的 72%，相对短缺且时空分布不均的水资源现状已经成为全县经济与社会发展的瓶颈。与此同时，随着经济与社会的发展，城区清水河、玉水河等水系水环境污染及河道生态流量不足等矛盾逐渐显现，河道两岸截污干管不完善，部分污水直排入河，加之岸边生活垃圾污染，造成水质恶化，水体功能无法满足，对经济与社会发展构成了现实制约和潜在威胁。

庆云县境内地表水属于海河流域，主要河流有漳卫新河、马颊河、德惠新河等。城区河流有清水河、玉水河、甄家洼干渠等，城区河流水质较差。为改善庆云县城区地表水环境质量，缓解庆云县水资源短缺现状，庆云县规划了水环境综合治理——庆云县碧水绕城工程。该工程规划了尾水深度净化工程、闸坝工程、引水管线工程、甄家洼干沟及甄家洼干渠截污及清淤工程、清水河—玉水河截污及驳岸工程、玉水河人工湿地工程和清水河人工湿地工程。治理河道总长度约为 24.9km，修复和新建湿地面积为 1 700 亩，年再生水生态利用量为 1 460 万 m³。通过庆云县碧水绕城工程，庆云县城区内基本消除了黑臭水体现象，每年节约向黄河购买水量 1 460 万吨。

### 二、治理思路

从庆云县实际出发，系统推进污染治理、生态修复和保护、循环利用并举的"治、用、保"技术策略，构建科学的治污体系。采用污水处理厂尾水＋人工湿地＋再生水调蓄和利用组合模式，治理污水，用再生水，省优质水，强化循环，实现再生水"生态纽联"循环利用，全面提高水资源使用效率（见图6-8）。

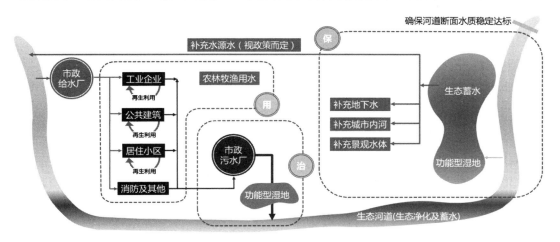

图6-8　再生水"生态纽联"循环利用示意图

## 三、技术体系

庆云县碧水绕城工程以"生态纽联"技术为核心，从截污控源、水质净化、生态修复、水系连通、生态蓄水、生态保护等多方面发力，系统治理（见图6-9）。

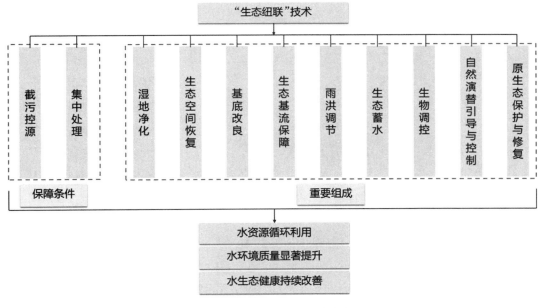

图6-9　再生水生态纽联技术体系

## 四、碧水绕城工程总体方案

庆云县碧水绕城工程以"生态纽联"技术为核心，从截污控源、水质净化、生态修复、水系连通、生态蓄水、生态保护等多方面发力，系统治理。

利用废弃的窑湾构建"垂直潜流＋表流"人工湿地系统，即紫金湖湿地，把经紫金湖湿地深度净化的污水处理厂尾水作为碧水绕城的水源，精心设计、因地就势改造老管渠，打通甄家洼干沟、清水河、玉水河等河道，完全靠重力自流实现碧水绕城，减少投资，无动力消耗，降低了运维难度；利用河道构建河道走廊人工湿地，种植荷花、睡莲、香蒲等水生植物，投放鲢鱼、草鱼等水生动物，形成良性生态循环生物链，注重水生植物—微生物—水生动物综合协同净化作用，增强河道自净能力，恢复河流水生态系统，实现了"一湖带两河，碧水绕城郭"。

庆云县碧水绕城水流方向：污水处理厂尾水→紫金湖湿地→甄家洼干沟→东环路调水管线→甄家洼干渠→西环路调水管线→清水河及玉水河→达标排放（见图6-10）。

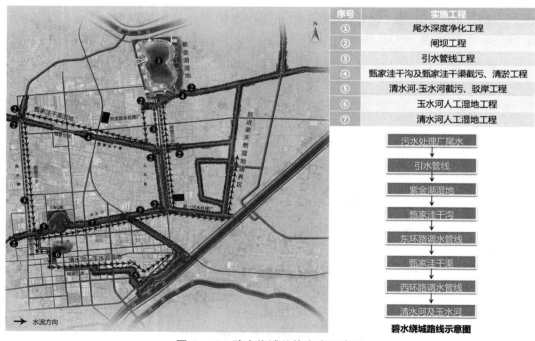

图 6-10　碧水绕城总体方案示意图

（一）尾水深度净化工程（紫金湖湿地）

该工程利用废弃的窑湾构建"垂直潜流＋表流"人工湿地系统处理庆云县污水处理厂 4 万 m³/d 的一级 A 标准尾水，湿地出水到达地表水 V 类标准之后作为碧水绕城工程的水源，既解决了污水厂尾水污染河道问题，又解决了庆云县城市水系生态用水水源问题（见图 6-11）。

图 6-11　紫金湖湿地尾水深度净化工程

（二）闸坝工程、引水管线工程

充分利用庆云县地势地貌，将紫金湖湿地、甄家洼干渠、清水河、跃进渠以及城区其他景观水系联通，解决了城区水系不连通，水体流动性差的问题。

（三）清水河—玉水河截污、驳岸工程

清水河、玉水河两河贯穿城区东西，作为城市景观河道还承担着滞洪调节、资源调配、生态保障的功能。但是由于历史原因，清水河及玉水河周边居民散排污水以及生活垃圾未得到集中收集处置，雨水与垃圾混合产生氨氮等污染物含量比较高的污水，污水不经收集与处理直接排入河道内，造成清水河上游水体污染。清水河—玉水河截污、驳岸工程的实施有效地解决了城区污水直排入河的现象，绿色驳岸进一步截留了地表径流入河污染物总量。

（四）清水河—玉水河人工湿地工程

该工程通过河道走廊人工湿地＋生态塘串联组合工艺，因地制宜地完善水生植物，投放鱼、虾及底栖动物，形成稳定的河道生态系统，提升水体的自净能力，最终实现"有河有水，有鱼有草，人水和谐"的生态治理目标。

## 五、效益分析

经过近几年的治理，庆云县生态环境得到极大改善，新增和恢复湿地面积达 1 700 亩，黑臭及劣 V 类水体整治河段长约 24.9km，保证了庆云县水环境质量安全，再生水生态回用量达 1 460 万吨/年。庆云县碧水绕城工程联通了庆云县的河湖水系，增强了雨洪调蓄功能，改善了城区排涝状况。主城区的清水河、玉水河河水清澈、植被茂密，鱼翔浅底，散发着勃勃生机，实现了"有河有水、有鱼有草、人水和谐"的生态治理目标，成为集水质净化、滨水休闲和湿地体验为一体的幸福河湖。

## 六、投资估算

庆云县碧水绕城工程包括污水处理厂尾水深度净化工程、闸坝工程、引水管线工程、甄家洼干渠截污及清淤工程、清水河—玉水河截污及驳岸工程、玉水河人工湿地工程、清水河人工湿地工程，总投资达 1.05 亿元。

该工程的湿地进水均为重力自流进水，没有任何动力消耗，基本做到无人值守，管护费用基本为湿地植物的收割费，每年收割一次，收割费用按 2 元/m² 计，每年的费用大约为 35 万元。

# 第三节　秦皇岛——人造河

## 一、概况

秦皇岛市地处中国华北地区、河北东北部，南临渤海，是中国首批沿海开放城市、首都经济圈的重要功能区、京津冀辐射东北的重要门户和节点城市，华北、东北和西北地区重要的出海口，全国性综合交通枢纽，是驰名中外的旅游休闲胜地。为保障秦皇岛市 2021 年旅游旺季水环境质量，市生态环境保护委员会办公室牵头制定了《秦皇岛市 2021 年旅游旺季主要入海河流水质保障工作方案》，方案明确了水质提升目标，即 2021 年旅游旺季期间，全市所有入海河流水质稳定达标，其中 13 条主要入海河流入海口断面（含人造河口考核断面）水质确保达到地表水Ⅲ类标准，其他时间达到地表水Ⅳ类标准。

人造河是冀东沿海的独流入海河流，其河有两支：一支为小黄河，发源于樊各庄西北，流经前韩家林、官庄、港北，在唐义庄村转向东南汇入人造河，小黄河流域长 15km，流域面积为 42km²；另一支为人工河，发源于山上营，经张各庄、留守营、好马营，在水沿庄村南 1.7km 处与小黄河汇合后注入渤海，河口位于渤海林场北部，人造河总流域面积为 76km²。为保障人造河入海水质，提高区域再生水资源循环利用，北戴河新区实施了人造河（北戴河新区）综合治理工程，工程治理河道总长度为 14.5km，占地 450 亩，设计进水水质为《城镇污水处理厂污染物排放标准》（GB 18918—2002）一级 A 排放标准，人造河口考核断面水质 COD、氨氮等主控指标在旅游旺季（6—8 月）期间达到《地表水环境质量标准》（GB 3838—2002）地表水Ⅲ类标准，其他时间达到地表水Ⅳ类标准，满足《秦皇岛市 2021 年旅游旺季主要入海河流水质保障工作方案》中对人造河水质的要求。

## 二、水源水质

目前，人造河水源主要由 3 部分组成。一是抚宁境内上游来水，主要为抚宁污水处理厂排放的尾水，水量为 5 万 m³/d，水质为地表水Ⅳ－Ⅴ标准；二是北戴河新区第二污水处理厂尾水，设计处理水量为 7 万 m³/d，出水执行《城镇污水处理厂污染物排放标准》（GB 18918—2002）一级 A 标准，于北戴河新区后朱建坨村北侧排入人造河；三是人造河及支流雨季汇集的雨水。

## 三、治理方案

人造河（北戴河新区）综合治理工程从实际出发，贯彻"尊重自然、顺应自然、保护自然"的设计理念，对水环境实行"自净提升、生态强化、活水优水"的治理思路（见图 6-12），并且恢复水生态、循环利用水资源、合理布置水景观。旨在打造绿色生态廊道，形成服务于大众的精美滨河湿地景观。

为保证工程出水水质的稳定达标，确定主体工艺为新型潜流湿地＋河道走廊湿地＋基底改良＋生态护坡，总平面布置及工艺流程见图 6-13。

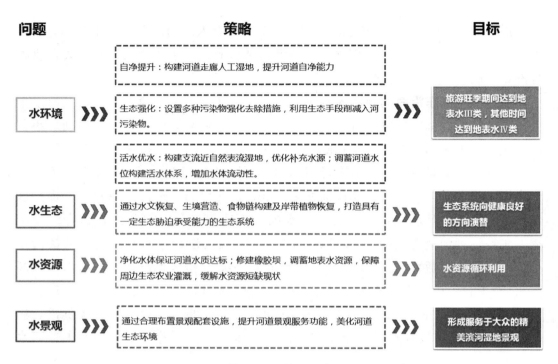

图 6-12　治理思路

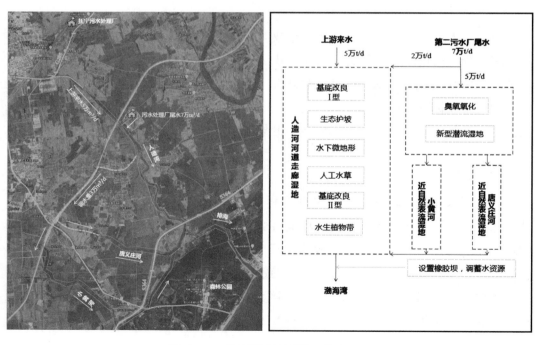

图 6-13　总平面布置图及工艺流程图

在第二污水处理厂下游，人造河右岸建设新型潜流湿地，净化污水处理厂尾水（5 万 $m^3/d$），从而进一步提高河水水质。

利用人造河河道建设河道型表流湿地，其中设置了人工水草、基底改良、水生植物带、生态护坡等水质净化措施，提高河道的自净能力，并设置了橡胶坝来保证河道水位的需要，防止海水向上游入侵。

支流生态补水：第二污水处理厂原施工便道与 105 乡道交汇处建设规模为 3 万 $m^3/d$ 的调水泵站，沿 105 乡道向西铺设调水管线，在 105 乡道与机场高速交汇处向南铺设调水管线给小黄河、唐义庄河补水；一方面作为小黄河、唐义庄河生态补水，另一方面可利用河道生态系统对水质进行深度净化。

支流表流湿地：唐义庄河主要处理由调水泵站调来的 1 万 $m^3/d$ 的人造河水，通过建设河道型表流湿地深度净化上游来水，其中设置了人工水草、基底改良、水生植物带、生态护坡等水质净化措施；小黄河主要处理由调水泵站调来的 2 万 $m^3/d$ 的人造河水，通过建设河道型表流湿地深度净化上游来水，其中设置了人工水草、基底改良、水生植物带、生态护坡等水质净化措施。

（一）新型潜流湿地

新型潜流湿地主要由臭氧接触氧化单元和轻质超高空隙率植物滤床组成。

臭氧接触氧化单元主要功能是提高来水中有机物的可生化性，污水处理厂尾水中 B/C 值为 0.2，有机物可生化性普遍较低。而臭氧是一种强氧化剂，其具有以下特点：①臭氧具有强氧化性，能与碳碳双键分子反应；②臭氧与有机物反应并不完全；③经过臭氧氧化之后有机物性质发生变化，更易于被去除。因此，为提高后续轻质超高空隙率植物滤床中污染物的去除负荷，利用臭氧接触氧化单元来提高污水厂尾水中有机物的可生化性。

轻质超高孔隙率植物滤床是一种新型生态环保技术，主要由布水系统、轻质超高孔隙率生态填料、植物滤床、集水系统及防渗层等部分构成，具有占地面积小、系统稳定性好、净化效率高、运行费用低、有利于改善景观等优点。

轻质超高孔隙率生态填料比重为 0.4～0.6，比水的密度小。运行时通过调节出水液位维持填料底层与床体底部之间空水层，此层可用来排出脱落的生物膜和其他杂质。通过定期反复快速排空床体、充满床体，可有效的使填料表面过多的生物膜脱落，从而防止床体堵塞。

（二）河道走廊湿地

河道走廊湿地通过工程技术手段在河道内修筑适宜挺水植物生长的梯田状水下坡

岸、设置生物滞留塘和沉水植物区，并在水面上河岸两侧构建生态护坡来实现河道内水质净化及保持、防止河岸水土流失和沿河生态带修复的目的（见图6-14）。其内部包含丰富的生物相与植物相，对周边环境的生态修复和稳定生态系统起着积极作用。

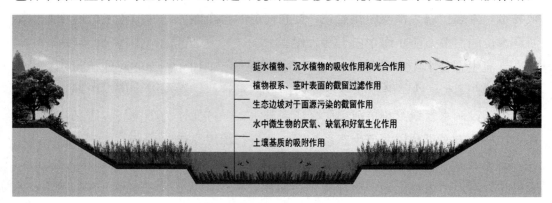

挺水植物、沉水植物的吸收作用和光合作用

植物根系、茎叶表面的截留过滤作用

生态边坡对于面源污染的截留作用

水中微生物的厌氧、缺氧和好氧生化作用

土壤基质的吸附作用

**图6-14　河道走廊湿地工艺原理剖面图**

**（三）基底改良**

通过更换或向水体基底添加沙、复合工程生物菌种等改善基底的空隙率，通透性，从而具有良好的吸附、过滤性能和较高的富集污染物容量，为更充分地发生物理化学反应和生物化学反应奠定了基础，具有较丰富的生物种类和较大的生物量。

**（四）生态护坡**

生态护坡建设秉持"尊重自然、恢复自然"的理念，使防护工程的植被与周围环境融为一体。根据当地的生态植物结构，将乔木、灌木、草有机结合、合理配置，恢复其生态平衡，实现人工强制绿化向自然植被的自我繁衍。生态边坡对降雨径流污染和农业面源污染入河等问题都有很好的应对效果。

## 四、效益分析

通过建设人造河（北戴河新区）综合治理工程提高河道的行洪能力，大大降低了当地水系的污染负荷，改善了人造河河道的生态系统，提升了河道自身的净化能力。工程建成后，人造河口考核断面水质主控指标在旅游旺季期间提升至《地表水环境质量标准》（GB 3838—2002）地表水Ⅲ类标准，其他时间达到地表水Ⅳ类标准，流域环境将得到明显的改善，预计年可削减 119 吨 $COD_{Cr}$ 和 5.95 吨 $NH_3-N$；提高了当地再生水的生态利用率，预计年可向支流进行生态补水 1 095 万吨。

随着人造河（北戴河新区）综合治理工程的建成，流域的水质和生态环境将得到大幅度的改善。由此形成的湿地系统，不仅可以为水禽提供丰富的食物，繁茂的植物群丛也可以为水禽提供栖息繁殖所必需的安全空间，这对于增加人造河的生物多样性和生态系统的稳定性、调节当地气候具有重要的意义。

五、投资估算

人造河（北戴河新区）综合治理工程总投资为 9 947.42 万元，其中工程费用为 8 190.29 万元，工程建设其他费用为 1 020.33 万元，预备费为 736.80 万元。

运营成本包括植物收割费、人工费、办公费、车辆使用费、电费、水费。运营成本见表 6-3。

人工费：日常管理人员共 3 名；

植物收割费：植物每年收割一次，收割费用按 2 元/m² 计；

原料费：纯氧价格按 1 200 元/吨计；

动力费：电费按 0.7 元/（kW·h）计，臭氧系统运行时间为 20h，送水泵站运行时间为 24h；

水质监测费：由第三方取样监测，监测频率为 1 次/周（监测主控指标：COD、氨氮、总磷），取样点位 5 个，费用为 0.3 万元/次。

表 6-3　　　　　　　　　　运营成本分析表

| 序号 | 项目 | 单位 | 数额 |
| --- | --- | --- | --- |
| 一 | 水质净化工程 | | |
| 1 | 人工费 | 万元/年 | 16.20 |
| 2 | 植物收割费 | 万元/年 | 25.40 |
| 3 | 原料费 | 万元/年 | 73.58 |
| 4 | 动力费 | 万元/年 | 30.40 |
| 5 | 小计 | 万元/年 | 145.58 |
| 6 | 吨水运行费用 | 元/吨 | 0.08 |
| 二 | 水资源循环利用 | | |
| | 动力费 | 万元/年 | 73.58 |
| 三 | 水质监测费 | 万元/年 | 15.60 |
| 四 | 合计 | 万元/年 | 234.76 |

# 第四节　北京沙河——城市河流

一、概况

（一）建设背景

沙河湿地公园位于北京市昌平区。昌平区位于北京市西北部，是首都生态环境的重要屏障，距北京市中心 30km。昌平区北部、东部分别与延庆县、怀柔区及顺义区接壤，南部与朝阳区、海淀区、门头沟区相连，西部与河北省怀来县毗邻，全区总面积为 1 343.5km²。昌平区作为"京津冀发展轴"上的重要节点，同时是 2022 年冬奥会举办城市之间的必经之路，其水环境质量彰显着祖国的新形象。此外，昌平区产业带地处北京市第二道绿化隔离范围内，承担着重要的生态涵养、生态服务职能。

沙河水库流域处于北运河源头，是北京城市副中心区域和北运河流域水生态环境治理的重要节点，上游水环境质量的改善直接关系到通州副中心水质提升。目前沙河水库水量充足，主要补水水源为雨洪水和再生水厂退水。沙河闸上游流域昌平区内建有 5 座再生水厂（昌平污水处理中心、昌平再生水厂、沙河再生水厂一期和二期、马池口再生水厂、南口污水处理中心），并正在建设 TBD（南沙河）再生水厂；海淀区内现有 4 座再生水厂（稻香湖再生水厂、翠湖再生水厂、温泉再生水厂、永丰再生水厂）。根据 2018 年各再生水厂入河补水水量统计，沙河闸流域内再生水入河量为 23.52 万 m³/d。

由于该区域处于城乡结合部，管网建设尚不完善，且多为合流制管网，近年来通过大力实施截污治污，水库周边污水直排现象基本杜绝，但受污水处理能力及合流制管网影响，降雨溢流污染仍较严重，目前沙河水库，上游东沙河、南沙河、北沙河和下游温榆河均为Ⅳ—Ⅴ水体，汛期降雨溢流污染期间为劣Ⅴ类，温榆河出境断面不满足考核标准，氨氮和总磷超标严重，水库水体自净能力弱。

（二）工程简介

针对上述问题，综合沙河水库流域的用地性质，利用生态理念，统筹发挥水质净化、水景观营造，打造集生态、游憩功能为一体的湿地生态公园，提升区域生态功能及水体自净能力，丰富区域生态多样性。

沙河湿地公园工程位于昌平区沙河镇，建设范围西北至北沙河橡胶坝，西南至南沙河入库口，东至规划崔阿路，具体包括沙河水库蓝线以内水域及用地和蓝线以外周边林地、温榆河起点沙河闸至规划崔阿路河段蓝线以内水域及用地和周边林地（见图 6-15）。该工程范围面积共计 521.24 公顷。该工程建设周期为 2021—2023 年，工程估算总投资为 19 852.30 万元。

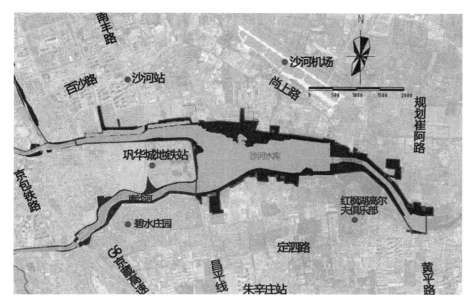

**图 6-15 沙河湿地公园建设范围**

## 二、沙河湿地公园建设思路

### (一)指导思想

以生态环境保护为指导,以人与自然的和谐为出发点,以保护和修复湿地的生态特征和维护区域的生态安全为前提,以充分发挥湿地生态效益、经济效益和社会效益为目标,以展示湿地自然景观为特色,以展示湿地生态功能为基础,通过实施各项湿地保护和恢复工程以及开展各种形式的湿地体验休闲和宣教活动,达到保护湿地的作用,实现湿地资源可持续利用和湿地有效管理。

### (二)建设策略

**1. 生态优先,亲近自然**

大力践行习近平总书记"山水林田湖草"生态理念,强调生态优先,亲近自然,用生态办法解决生态问题。

**2. 地域景观,湿地特色**

充分突出湿地的自然生态特征和地域景观特色,在保护和保持巩固现有景观资源特色的基础上,规划突出利用湿地公园潜在的景观、环境及生态等资源,进行功能布局。

**3. 以人为本,互动体验**

满足不同人群的兴趣和需要,充分贯彻人类接触自然、回归自然的参与式理念，在具体的景观布局、建筑设计和设施建设等方面都让游客感受到人文关怀。

### 4. 因地制宜，合理布局

充分利用现有的地形、地貌和区位场地条件，因地制宜地进行工程的规划布局，减少工程建设工程量。

### 5. 栖息湿地，和谐家园

坚持有利于水禽栖息的原则，各种建筑物和构筑物，其建筑形状、色彩与管理行为应适应水禽的生活。例如：避免使用红色、黄色等刺激性强的色彩，避免大的噪声、高音喇叭等，夜晚不得有强烈的灯光，以避免干扰水禽栖息。

### （三）功能分区

该工程设置三个功能分区，包括核心保护区、缓冲区和活动区（见图6-16），各功能分区的面积、功能分区定位及工程建设内容如下：

### 1. 核心保护区

核心保护区是指具有一定的保护价值，需要保护或恢复的湿地区域，需设置限制性禁入区或季节性禁入区，另外可开展生态监测和科学研究等活动。该工程内的核心保护区包括沙河水库蓝线以内水域及两座中心小岛，主要为水系及生态岛屿。核心保护区包括鸟类的主要活动区域，严禁游人进入，避免对鸟类活动产生人为干扰。

### 2. 缓冲区

在核心区周边设置缓冲区，展示湿地自然景观或人文景观及生态特征、生物多样性、水质净化等生态功能。该工程内的缓冲区包括沙河水库滩地、北沙河橡胶坝至入库口段蓝线以内水域、沙河闸至规划崔阿路温榆河段蓝线以内水域。在缓冲区，结合现有条件，建设边滩湿地，恢复湿地景观；辅助必要的水质改善措施，实现水环境提升，为湿地恢复创造条件。除鸟类活动极少的温榆河段南岸设置简单穿行石汀步外，其余地区禁止构筑物建设，主要以植被恢复、生态恢复为主，不设置集中人群活动场地。仅提供简单道路穿行，满足对鸟类活动研究等隐蔽观察及管理养护需求。

### 3. 活动区

活动区是指供游客进行休憩、娱乐、停车等活动，以及管理机构开展科普宣教和管理工作的场所。该工程内的活动区为沙河水库及温榆河周边绿地。活动区可以开展绿道骑行活动，小游园游憩活动，场地以林下活动小型场地为主，在满足游人基本游园需求的同时，通过丰富植物群落，增加浆果类及蜜源类植物种植，为部分鸟类提供良好环境及食源环境。该工程内的服务管理区范围结合驿站共六处，均在生态红线外围布置，沙河水库南、北岸各有两处，温榆河段北岸有两处，主要设施为驿站及配套生态停车场。

**图 6 - 16　沙河湿地公园总体布局**

## 三、缓冲区湿地水域生态修复工程方案

### （一）总体目标

根据该工程水域生态修复要求，结合流域和区域水环境治理目标，确定近自然湿地建设目标，如下：

第一，截流、调蓄、净化初期雨水，保障沙河水库水质。

第二，践行"再生水厂＋湿地"生态理念，调节改善沙河再生水厂退水，减轻再生水直接排放对水生态系统的冲击影响。

第三，湿地水质净化目标：旱天维持再生水来水水质；雨天削减合流制管网初雨溢流污染，设计处理规模条件下，湿地出水悬浮物浓度削减35％，总磷、氨氮浓度削减30％。

第四，保护和优化岸滨鸟类栖息生境，促进水生态修复和品质提升。

### （二）湿地水域生态修复工程总体布局

缓冲区湿地水域生态修复工程主要包括北岸近自然湿地工程和南岸近自然湿地工程两部分（见图6-17），分别利用沙河水库北岸库滨滩地和库内低水位运行形成的滩地，结合湿地公园建设，打造集水质净化、生态景观、休闲娱乐为一体的库区边滩近自然湿地，雨天时重点净化南北沙河沿程截流的初雨，旱天时重点消纳沙河再生水厂退水，经湿地净化后回归库区，保障库区水体水质。

图 6 - 17　缓冲区湿地水域生态修复工程

（三）北岸边滩近自然湿地工程

在库区北岸边滩建立近自然湿地，由前置塘—渗滤堤—水生生物塘—渗滤堤—水生生物塘—湿地出水组成，结合水流流程及结构设计，优化配置水生动植物，兼具水质净化和景观美化效果（见图 6 - 18）。雨天，湿地承接北沙河初雨截流工程来水量，设计处理规模为 12 万 $m^3/d$，初雨经湿地处理后由下游排入库区，同时可对北沙河受污染来水进行净化；旱天，湿地主要承接沙河再生水厂退水，设计处理规模为 9 万 $m^3/d$，经由湿地系统处理后排入库区。为保证北沙河支流来水顺利进入北岸边滩湿地，在北沙河入库口设生态跌水堰，并通过沿河边滩设导流隔挡形成导流沟渠进入北岸湿地，同时作为初雨截流工程的生态净化塘和再生水进水的导流沟渠。

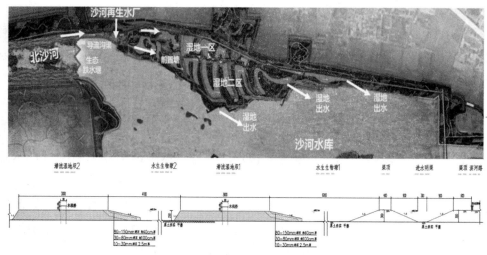

图 6 - 18　北岸边滩近自然湿地工艺流程

**（四）南岸边滩近自然湿地工程**

充分利用库区低水位运行形成的南岸边滩空间，建立边滩近自然湿地，该湿地主要由多级生态景观塘组成，总占地面积为 26.6 万 $m^2$，设计处理规模为 10 万 $m^3$/d。在南岸大岛与岸边的过水通道中设置流量可控的木板桩导流隔板，并在大岛与靠近巩华城地铁站侧岸边的过水通道中设置流量可控的生态跌水坝，调控进入近自然湿地水量（见图 6-19）。利用大岛南侧的过水通道设置前置生态塘，用于调节净化初雨污染。在大岛东侧到水库闸坝之间采用木板桩将库区与南岸隔离，使南岸形成一条宽度为 50～150m 边滩近自然湿地，湿地面积共计 18.7 万 $m^2$，分为三级，一、二、三级湿地的面积分别为 3.5 万 $m^2$、8.0 万 $m^2$、7.2 万 $m^2$。湿地中通过基质、微生物和水生植物的共同作用对南沙河初雨来水或上游再生水厂退水进一步净化后入库。

在近自然湿地修复中，针对南岸边滩食源植被少、岸滨隐蔽性差等问题，结合水质净化功能需求，设置以千屈菜为主的岸滨植被带，起遮蔽作用和边坡面源污染截留作用；同时结合地形修整，适当形成浅滩小岛、深水开敞水面、沉水植物区和挺水植物区交错的多生境空间，为不同水禽提供各自适宜的生境空间。南岸边滩近自然湿地外围隔堤采用潜堤和木板桩相结合的结构形式，以利水禽生境保护，减少对库区现状景观的扰动，不占用防洪空间。

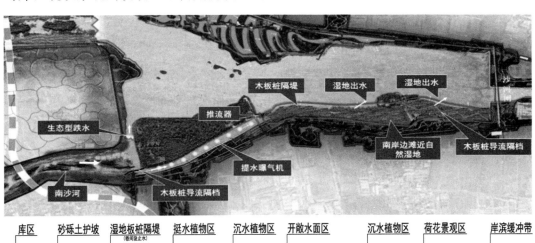

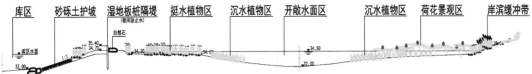

**图 6-19 沙河水库南岸边滩近自然湿地工程示意图**

## 四、效益分析

### （一）社会效益分析

沙河湿地公园建成后，能提升巩华城区域的社会影响力和竞争力，提供良好的环境支持，满足首都市民精神文化需求，搭建湿地管理交流平台，推动湿地保护事业健康发展。

- 增加城市公共空间：公园及道路绿化作为城市公共空间的一部分，该工程的实施，将加速在回龙观区域内，新增一处对居民有益的公共活动空间，为城市生活的丰富化提供重要的支持。

- 优化区域对外形象：该工程的实施可以极大地改善现状杂乱的景观风貌，提高项目所在区域对旅游者和投资者的吸引力。

- 增加城市"绿肺"、提高城市空气净化能力：城市绿化建设的生态效应体现在防风、固沙、水土保持，吸附粉尘，吸收二氧化碳释放氧气，隔离削减噪声等诸多方面，有利于城市中心区环境的生态保持和恢复，是城市总体可持续发展的重要环节，是城市建设与发展的过程中不可或缺的工作内容，是保障人们生活环境质量的必要条件。

- 打造湿地科普宣教基地：湿地公园的建设与管理，为湿地研究的科研工作提供了实验场所和交流平台，为湿地的科普宣传教育工作提供了重要阵地和良好契机。

- 利于人与自然和谐相处：该工程的建设有利于人们推窗见绿，出门见绿，小桥流水，相互映衬，绿树成荫，鲜花遍地，百鸟争鸣，一副人与自然和谐相处的画面，该工程的实施将使此景像不再是梦，为人与自然和谐相处创造有利条件。

### （二）生态环境效益分析

北京市昌平区沙河湿地公园工程的建设，可以有效消除公园范围内自然和人为因素对湿地资源及生物多样性的不利影响，使公园内的湿地生态系统、野生动植物资源得到有效保护和恢复，促进恢复和维护湿地生态系统的完整性、稳定性、自然性和多样性，生态效益显著。

- 恢复湿地生态系统：该工程通过修复沙河水库南北岸滨生态空间，恢复沉水植被，完善水系生态结构，恢复边滩湿地 1 219 公顷，重建与恢复后的沙河湿地，成为多种水生动植物的栖息地。一方面，工程的实施优化湿地类型，增加湿地面积，直接增加生态系统服务价值，全面提高沙河湿地在调节气候、涵养水源、均化洪水、降解污染物等方面的生态服务功能。另一方面，生态系统质量的提高也增加了其生态系统的服务价值。

● 构建鸟类栖息地：通过恢复湿地生物多样性，改善湿地生态环境；通过滨水生态带建设，林地采取混交、异龄种植方式，为鸟类提供了良好的栖息、繁衍场所，对吸引众多的野生鸟类来此栖息繁衍具有一定作用。此外，对社区群众进行科普宣教，提高广大群众的环境保护意识，以形成全社会良好的湿地和生物多样性保护氛围，从而进一步促进人与自然的和谐发展。

● 促进水环境改善：该工程通过实施水生态修复工程，调节改善沙河再生水厂退水，减轻再生水直接排放对水生态系统的冲击影响。通过截流、调蓄、净化初期雨水，保障沙河水库水质。

（三）经济效益分析

1. 促进旅游产业发展

旅游业是当今世界的支柱产业，也是现代社会最大的产业和最有希望的产业，世界发达国家的旅游业的经济收入要占 GDP 的 10％以上。中国也已成为世界旅游大国。单从发展经济的角度而言，具有滨水景观的生态旅游资源是未来经济发展的重点。

2. 促进就业

一方面，该工程的建设可以解决部分剩余劳动力的就业问题；另一方面，公园运营后还可以创造一定的就业机会。

3. 改善经济发展环境，促进经济可持续发展

一方面，建设公园，进行植被绿化，可以改善、提高区域自然生态环境和经济环境，吸引投资，最终促进经济发展。城市园林植被具有释氧固碳、蒸腾吸热（增湿降温）、杀菌、减污、滞尘等各项生态环境效益，可以为经济发展提供良好的基础环境。

另一方面，环境保护也是保持经济可持续发展的先决条件。盲目追求经济增长，结果将会严重破坏环境和资源，从而影响经济发展本身，而合理地运用自然资源，在环境可承载的限度下发展经济，又可以积累资金、提高技术从而促进环境保护。对于发展中国家，不能片面地强调任何一方面，两者必须协调起来，才能实现持久的经济发展和保持良好的生态环境，即实现可持续发展。另外，工程的实施能够促进周边土地升值，促进房地产业的发展。

## 五、投资估算

北京市昌平区沙河湿地公园工程，工程总体范围为沙河水库和温榆河区域，工程估算总投资为 19 852.30 万元。其中，工程直接费用为 17 375.87 万元，工程其他费用为 1 531.08 万元，工程基本预备费为 945.35 万元。工程总投资见表 6 - 4。

表 6 - 4　　　　　　　　　　　　　　　总投资估算表

| 序号 | 工程或费用名称 | 投资（万元） |
|---|---|---|
| 一 | 工程费用 | 17 375.87 |
| 1 | 绿化工程 | 5 809.01 |
| 2 | 土方工程（不含水生态工程） | 730.21 |
| 3 | 景观小品工程 | 111.55 |
| 4 | 科普宣教设施 | 15.91 |
| 5 | 基础设施建设 | 1 369.91 |
| 6 | 服务设施工程 | 580.00 |
| 7 | 市政工程 | 998.98 |
| 8 | 湿地水域生态修复工程 | 7 760.30 |
| 二 | 工程建设其他费用 | 1 531.08 |
| 三 | 预备费 | 945.35 |
| 四 | 总投资 | 19 852.30 |

## 六、运行费用分析

该工程成本费用主要包括水质改善系统运行成本、湿地公园运行成本、基础电费、人员成本、制造费用、管理费用和财务费用。该工程运行成本中直接成本为 2 044.71 万元/年，明细计算见表 6 - 5。

表 6 - 5　　　　　　　　　　　　　　　直接成本构成表

| 项目 | 单位运行费用 | 单位 | 总量 | 单位 | 合计（万元） | 备注 |
|---|---|---|---|---|---|---|
| 1. 湿地公园园林养护 | | | | | | |
| 绿地养护管理费 | 9 | 元/m² | 140.21 | 万 m² | 1 261.89 | |
| 设施维护费 | 4.2 | 元/m² | 4.05 | 万 m² | 17.01 | |
| 管理人员人工费 | 6.35 | 万元/人·年 | 49 | 人 | 311.15 | |
| 合计 | | | | | 1 590.05 | |

续表

| 项目 | 单位<br>运行费用 | 单位 | 总量 | 单位 | 合计<br>(万元) | 备注 |
|---|---|---|---|---|---|---|
| 2. 湿地水质保证工程 | | | | | | |
| 北岸湿地养护费 | 5 | 元/m² | 46.3 | 万 m² | 231.5 | 植物收割、污染物清理等 |
| 南岸湿地养护费 | 5 | 元/m² | 26.6 | 万 m² | 133 | 植物收割、污染物清理等 |
| 设施维护费 | 0.5 | % | 9 094 | 万元 | 45.47 | 按工程投资的0.5%计取 |
| 管理人员人工费 | 175 | 元/（人·日） | 7 | 人 | 44.71 | 设施值守巡视 |
| 合计 | | | | | 454.68 | 后期运行费 |
| 总计 | | | | | 2 044.73 | |

## 第五节　奥林匹克森林公园——第一个全面采用中水作为景观用水补给水源的大型城市公园

### 一、概况

奥林匹克森林公园位于奥林匹克公园北部，在 2008 年北京奥运会的核心区域之内，于 2008 年建成。奥林匹克森林公园作为奥林匹克公园的终点配套建设项目之一，不仅是国家 5A 级旅游景区，同时是北京市内面积最大、功能最健全的大型城市公园。奥林匹克森林公园占地 680 公顷，其中南园占地 380 公顷，北园占地 300 公顷，主山为海拔 86.5m 的仰山。园区森林资源丰富，是由 200 余种植物按照生物多样性的设计思想组成的近自然林系统，以乔灌木为主，绿化覆盖率达 95.61%。奥林匹克森林公园平均气温为 10℃～12℃，7 月份最热，平均气温为 27.5℃，年平均降水量为 600 毫米。

奥林匹克森林公园根据规划，园内水系设计体现"龙形"水系的整体景观意象，形成以主湖为主水面的整体"龙头"水系格局。公园水系采用清河再生水厂的再生水作为补给水源，园内水面主要由湖泊、河道（渠）和规划湿地组成。湖泊主要分布在南园的洼里公园和碧玉公园内，水面面积约为 28.5 公顷，其中主湖面积为 22 公顷，洼里公园水面面积为 5.2 公顷，碧玉公园水面面积为 1.3 公顷。河道（渠）主要包括清河导流渠、仰山大沟、北区园内小河等，水面面积约为 36 公顷。规划湿地水面面积为 8 公顷。奥林匹克森林公园的北边界为清河，清河导流渠自西北向东南穿过园区，是清河向北小河供水的途径之一，与公园东部南北向的仰山大沟均为奥林匹克森林公园内承担城市水利功能的河道，能够作为雨洪排泄的通道将城市雨洪向北排入清河。

奥林匹克森林公园是国内第一个全面采用中水作为主要景观用水补给水源的大型城市公园，采用复合垂直流人工湿地工艺。该工程于 2006 年 12 月开始施工建设，2007 年 8 月建成投入试运行。每天能够对清河污水处理厂引来的 2 000 吨再生水和 2 万吨主湖循环水进行处理，潜流湿地种植大量芦苇、菖蒲等湿地植物，表流型湿地则栽植了大量荷花、美人蕉等观赏性较强的水生植物。设计湿地处理出水的主要水质可达到《地表水环境质量标准》（GB 3838—2002）中地表水Ⅲ类标准。

## 二、奥林匹克森林公园水系设计

### （一）人工湿地系统

在北京奥运期间，整个"龙形"水系的主要水源为清河污水处理厂经过处理的再生水。其氮、磷等营养物质含量偏高，为此特别在园内设计总面积为 15.28 公顷的生态净水系统，其中南园 12.48 公顷，北园 2.8 公顷。

人工湿地系统主要包括潜流湿地和表流湿地两部分。土壤含量偏大的潜流湿地系统主要用来进行再生水的第一次净化，通过过滤作用将再生水中的污染物和有害物质分离。表流湿地主要通过曝气和种植有大量净化水体功能的水生植物和湿地植物等方式去除再生水中的氮、磷等物质，起到提升水质的作用。另外，湿地不仅能够净化湖水和雨水，还能为许多动植物提供生存环境，提高生态系统多样性和稳定性。

### （二）水循环系统

与两个湿地系统相对应，在水循环中设计了两套系统，分别是清河导流渠—北小河供水系统和清河导流渠—仰山大沟—清河泄洪系统。通过这两套水循环系统，奥林匹克森林公园水系可以实现在旱季为城市补水、在雨季为城市泄洪的作用。再加上湿地的净化作用，奥林匹克森林公园水系将成为北京最大的再生水净化自然水系，能够在一定程度上缓解北京干旱无水补、下雨留不住的局面。

### （三）生态驳岸

奥林匹克森林公园中主要采取生态驳岸的形式，以生态防护为目的，以植物为主要材料，采取自然形态的水岸处理方式，只在少部分为大量人群游憩活动提供服务的区域内采取硬质材料砌筑驳岸。这种做法不仅能够提高水系统水体质量，同时能够提升水体景观效果，为游人提供更加舒适的游览环境。

### 三、复合垂直流人工湿地建设

通过建设奥林匹克森林公园人工湿地实现奥林匹克森林公园水环境治理良性内循环，营造人与自然和谐相处的生态环境。本工程主要功能为：

● 深度处理并提升再生水的水质，在补给奥海用水的同时净化奥海循环湖水，提高循环水水质；

● 在维护园内"龙形"水系的生态环境质量的同时丰富园区景观多样性，营造独特的人、文、水、绿相结合的湿地景观，构建人与自然和谐的生态系统，为人们提供良好的生活环境和接近自然的休憩空间；

● 展示生态处理技术和自然景观的效果。

（一）技术选择

根据奥林匹克森林公园的具体情况及其整体规划，在兼顾园林绿化和景观效果的前提下选择人工湿地水处理技术。在对比复合垂直流湿地工艺、水平潜流湿地工艺和自由表面流湿地工艺等三个方案，从处理效果、工艺流程、运行管理与维护检修、能耗、成本与园区实际情况等方面进行详细分析和考虑后采用复合垂直流人工湿地工艺（见图 6-20）。

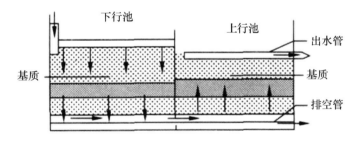

**图 6-20　复合垂直流人工湿地构造示意**

该工艺能够高效地去除各种常见的污染物质，尤其是对氮、磷的去除效果较好，同时其工程造价仅为常规二级处理的 20%～33%，具有建设、运行及维护费用低等特点。

（二）湿地设计

奥林匹克森林公园南区人工湿地占地面积为 4.15 公顷，共分为 6 个湿地单元，1～6 号湿地的面积分别为 0.64 公顷、0.77 公顷、0.64 公顷、0.7 公顷、0.7 公顷、0.7 公顷，分别用于处理再生水和循环湖水。根据相关资料并充分考虑复合垂直流人工湿地的净化空间，确定了设计进、出水指标，具体见表 6-6。

**表 6-6**　　　　　　　　　奥林匹克森林公园湿地设计进、出水水质　　　　（单位：mg/L）

| 水质指标 | COD | TN | 氨氮 | TP |
|---|---|---|---|---|
| 湿地再生水进水 | 30 | 8 | 1.5 | 0.3 |
| 南区湿地再生水出水 | 20 | 3.2 | 0.6 | 0.12 |
| 南区湿地循环湖水进水 | 20 | 1.5 | 0.8 | 0.1 |
| 南区湿地循环湖水出水 | 16 | 1.0 | 0.6 | 0.08 |
| 南区湿地混合出水 | 16.46 | 1.25 | 0.6 | 0.08 |

由于本工程中再生水 TN 含量较高，在设计采样的植物种类为芦苇、香蒲、菖蒲、三棱草、菰、水葱、红蓼、泽泻、千屈菜和鸢尾这 10 种植物。

湿地基质采取碎石等多种材质，使用不同的粒径和配比进行有机组合。根据来水种类不同进行不同组配和分层，下行池基质深度为 130cm，对应的上行池基质深度为 110～120cm 不等。

## 四、运行成效

奥林匹克森林公园南区人工湿地自 2006 年 12 月开始施工建设，于 2007 年 8 月建成，经过一段时间的运行调试开始正常运行。从表 6-7 可见，人工湿地已经逐渐发挥其净化水质的功能，对 COD、BOD 和氮、磷等物质均有较好的去除效果。在 2020 年本研究团队进行的一次水质监测中发现湿地在运行十多年后，水质得到很大的提升。

**表 6-7**　　　　　　　　奥林匹克森林公园人工湿地进、出水水质变化　　　（单位：mg/L）

| 项目 | COD | BOD | TN | 氨氮 | TP |
|---|---|---|---|---|---|
| 再生水进水 | 30 | 9.2 | 1.55 | 0.365 | 0.234 |
| 循环湖水进水 | 20 | 2.14 | 3.20 | 0.085 | 0.026 |
| 湿地混合出水 | 22 | 1.96 | 2.90 | 0.285 | 0.042 |
| 湿地混合出水（2020） | 9 | / | 0.93 | 0.09 | 0.02 |

南区的功能性人工湿地是奥林匹克森林公园的重要组成部分和亮点工程，为评价工程的优劣及其社会效益大小，对到人工湿地区域游览的游客进行了随机问卷调查，问卷主要从湿地的功能——净化水质、为城市提供清新空气、休闲娱乐、科学研究和教育市民提高环保意识和生态文明意识等方面调查该湿地工程的建设是否令人感到满意。一共对 268 位游客进行调查，认为满意和比较满意的人占 98.1%。民意问卷调查的结果说明南区功能性人工湿地的建设取得了显著的社会和环境效益。

# 第七章　再生水典型工程案例

近年来，中国再生水行业开始尝试将城市运行、经济发展、文化承载、生活方式等元素纳入考量范畴，丰富拓展出了地下污水处理厂、污水处理概念厂、乃至未来可能出现的碳平衡污水处理厂、智慧污水处理厂等多种新型污水再生处理厂形式。以地下污水处理厂为例，在高度城镇化的地区补齐城市基础设施和公共服务设施的短板方面起到主导作用，释放出的地上空间可以为城市更新提供更多发展空间。

生物滤池＋超滤、多段 AO ＋反硝化滤池＋臭氧、紫外臭氧＋一体化多效澄清、超滤＋反渗透/纳滤、生物膜工艺、滤池＋紫外消毒、高效沉淀＋转盘滤池、磁混凝＋臭氧处理等工艺在中国迅速发展，在各类污水处理、河湖水质改善、农村综合整治等各方面均涌现出了大量案例，并且取得良好的效果。本章选择中国最大规模膜法再生水厂（北京高碑店再生水厂）、中国最大规模纺织印染再生水回用厂、河南睢县污水概念厂、东坝再生水厂、贵阳青山下沉式再生水厂、与湿地公园融为一体的正定再生水厂、从"臭水塘"到"城市花园"华丽转变的贵阳七彩湖再生水厂等 11 个典型工程案例进行系统介绍。

## 第一节　中国最大规模膜法再生水厂——北京高碑店再生水厂

### 一、概况

高碑再生水厂是北京建设的第一座大型城市污水处理厂，一期、二期工程分别于 1993 年和 1999 年竣工通水，主体采用 AAO 工艺，设计处理规模为 100 万 m³/d，出水执行国家二级排放标准。2014 年开始进行提标改造，改造后出水主要用于景观环境用水、工业用水，少部分用于城市杂用水。原处理工艺难以满足上述用水需求，因此需要对原有工艺进行改进，在优化原有生化处理段的同时增加深度处理单元：

- 水区处理工艺：进水＋格栅间＋进水提升泵＋曝气沉砂池＋初沉池＋曝气池＋二沉池＋反硝化滤池＋硝化滤池＋超滤膜＋臭氧氧化＋次氯酸钠消毒＋出水。

- 泥区处理工艺：污泥浓缩＋预脱水＋热水解＋厌氧消化＋板框脱水＋厌氧氨氧化。

高碑店再生水厂围绕"提质增效、经济运行"理念，推进"智慧型、生态（资源）型、学习型"再生水厂建设，打造全流程智慧化、全要素资源化、全方位生态化的未来水厂，实现智慧、稳定、安全、节能、高效的智慧未来再生水厂运营管理模式。

- 全流程智慧化再生水厂：通过生产调度系统、六大精确控制系统（精确除砂系统、精确泥龄系统、精确曝气系统、精确除磷系统、精确脱氮系统、精确排泥系统）、专家系统及数字水厂建设，实现高碑店再生水厂全流程智慧化控制，运用物联网、云计算、大数据等新一代信息技术，打造生产、运行、维护、调度和巡视等全方位、全流程、各环节高度信息互通、反应快捷、管理有序的高效节能的全国最大的智慧化再生水厂。

- 全要素资源化：通过沼气热电联产项目，实现沼气 100％全利用，污水区能源自给率达 50％以上，泥区及水区一期鼓风机用电自给率达 100％，全面提高生产余热利用率。采用环保、低碳的水源热泵技术为厂区提供冬季供暖和夏季制冷。每年生产高品质再生水 2.9 亿 $m^3$，节约新鲜水处理电耗 8 600 万度，减少二氧化碳排放 5.2 万吨。污泥产品资源化利用量为 10 万吨/年，增加生物固碳量 5 000 吨/年。

- 全方位生态化：采用低碳环保的生物处理＋化学和生物处理＋活性炭吸附工艺，实现高碑店再生水厂臭气的全收集、全处理、全达标排放。依据水厂特点和地理位置，结合高碑店水谷项目，构建"海绵再生水厂"，建设"蓝绿交织、水城共融"的新生态，打造厂区环境与周边城市景观融合发展案例，形成城市与再生水厂共生、共享、共融的全新生态新格局社区（见图 7-1）。

改造工程从 2014 年 1 月至 2016 年 6 月实施建设，2016 年 8 月完成通水运行，其中升级改造深度处理单元采用碧水源超滤膜系统。升级改造后，厂区出水满足《城市污水再生利用 景观环境用水水质（GB/T 18921—2002）》《地表水环境质量标准（GB 3838—2002）》Ⅳ类水体等要求（除 TN），其中浊度指标要求小于 0.5NTU，其他主要出水水质指标见表 7-1。

图 7 - 1　高碑店厂景观改造工程

表 7 - 1　　　　　　　高碑店再生水厂改造后主要出水指标

| 指标（mg/L） | COD$_{cr}$ | BOD$_5$ | 氨氮 | 总氮 | 总磷 | pH |
| --- | --- | --- | --- | --- | --- | --- |
| 出水 | 30 | 6 | 1 | 10 | 0.3 | 6～9 |

## 二、工艺流程

高碑店再生水厂处理规模为 100 万 m$^3$/d，考虑改造难度、可实施性、运行费用等因素，将现有污水处理设施进行升级改造，采用改进型"AAO（填料）"工艺，新增深度处理单元，改造后整体工艺路线为"AAO＋反硝化生物滤池＋超滤膜"。超滤膜处理单元对非溶解态污染物具有极高去除率，浊度的去除率大于 99.9%，可以最大化的去除悬浮物（SS），保证最终出水浊度要求。

改造后工艺流程见图 7 - 2。

## 三、膜系统设计

该工程膜系统分四个独立系列，每系列产水 25 万 m$^3$/d。该系统由进水、膜过滤、反冲洗、化学清洗及中和、压力检测等单元组成。图 7 - 2 为系统平面布置，总体布置分隔为南北两个房间，每个房间有上下两层，柱式膜组器及配套设备置于南部上层，下层主要走管道并连接到北部下层；北部下层主要放置进水泵、反洗泵等设备，上层放置加药罐及配套泵、空气压缩系统等设备。总占地规模约为 14 000m$^2$，折算吨水占地面积约为 0.014m$^2$/m$^3$。

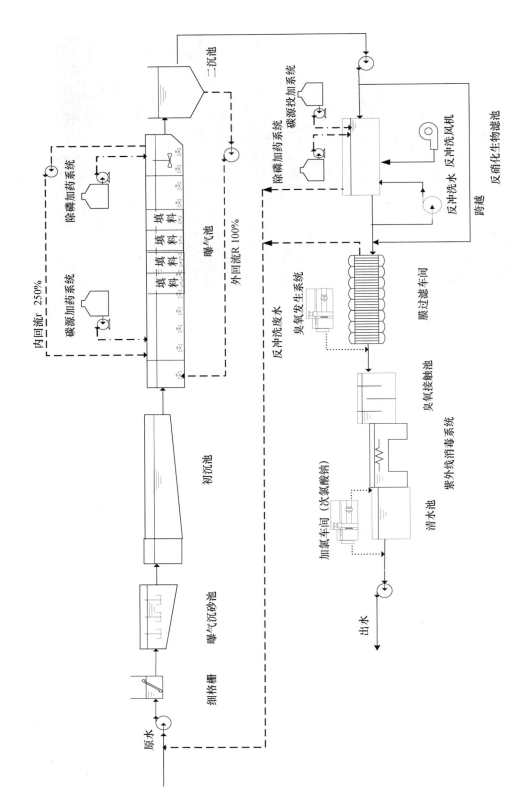

图7-2 高碑店再生水厂改造后工艺流程图

## 四、膜系统性能

2017 年 6 月 1 日至 2017 年 7 月 2 日每天多个时段依次分别对外置式超滤（OWUF）膜系统四个系列进行性能测试（2017 年 6 月 1 日至 15 日对一、二系列进行测试，2017 年 6 月 16 日至 7 月 2 日对三、四系列进行测试），测试结果见表 7-2。

表 7-2 　　　　　　　　　　高碑店再生水厂膜系统性能

| 名称 | 一系列 | 二系列 | 三系列 | 四系列 | 平均值 |
|---|---|---|---|---|---|
| 累计进水量（万 $m^3$） | 402.20 | 376.50 | 441.00 | 438.70 | 414.60 |
| 累计产水量（万 $m^3$） | 368.80 | 343.00 | 400.00 | 396.50 | 377.08 |
| 平均回收率（%） | 91.71 | 91.11 | 90.68 | 90.39 | 90.97 |
| 平均膜通量（L/（$m^2 \cdot h$）） | 40.65 | 37.81 | 44.09 | 43.71 | 41.57 |
| 平均跨膜压差（kPa） | 43.90 | 38.70 | 38.10 | 38.80 | 39.88 |
| 吨水耗电量（$kW \cdot h/m^3$） | 0.11 | 0.09 | 0.10 | 0.09 | 0.10 |
| 平均出水浊度（NTU） | 0.17 | 0.19 | 0.23 | 0.21 | 0.20 |

膜系统性能测试结果显示四个系列跨膜压差平均值范围在 38～44kPa≤50kPa（设计跨膜压差值），平均回收率在 90.39%～91.71%≥90%（设计平均回收率）；系统膜通量平均值为 41.57L/（$m^2 \cdot h$）≥41.34L/（$m^2 \cdot h$）（设计名义膜通量），平均出水浊度为 0.2NTU，满足高碑店再生水厂改造后出水浊度指标要求。

## 五、膜系统投资运行成本

高碑店 100 万 $m^3$/d 再生水厂改造工程中膜系统总投资约 2 亿元，包括工艺设备、仪表、自控、备品备件费用以及技术服务、调试运行等费用。系统总装机功率约为 15.2MW，运行过程中平均吨水耗电量约 0.1kW·h/$m^3$。

## 六、小结

针对 100 万 $m^3$/d 的处理规模和有限的占地面积，高碑店再生水厂升级改造工程中采用超大型膜组件，单支膜组件面积为 70$m^2$，单套膜组器由 180 支＋4 支（空位）膜组件集成，单套设计产水量可达 12 500$m^3$/d，是目前国内最大的超滤膜组器之一。在设计过程中，充分考虑系统复杂性和空间有限性，重点对进水泵和反洗气动阀进行选型比较。针对调试运行过程中出现的水锤、管廊支架晃动等状况采取了相应的解决措施，保证系统能够安全稳定运行。改造完成后，超滤膜系统性能测试显示系统回收率≥90%，处理吨水耗电量约为 0.1kW·h/m³，平均出水浊度为 0.2NTU，满足厂区改造出水浊度指标要求。超滤膜系统运行稳定，具有可观的经济效益和社会效益。

## 第二节　新概念再生水厂——河南睢县第三污水处理厂

### 一、概况

睢县第三污水处理厂（新概念再生水厂）位于河南省商丘市睢县红腰带河南侧、利民河西侧、睢平路东侧，总占地面积约为 150 亩，主要服务城区南部区域的污水处理和城区周边污泥、畜禽粪便等有机质处理。本工程内容包括处理规模为 20 000m³/d 的污水处理中心一座（远期 40 000m³/d），处理规模为 50t/d 的生物有机质中心一座（远期 100t/d）。其中，出水水质主要指标达到《地表水环境质量标准》（GB 3838—2002）地表水Ⅳ类标准，总氮执行《城镇污水处理厂污染物排放标准》（GB 18918—2002）一级 A 标准。

该工程于 2017 年 7 月开工，并于 2018 年 12 月完成竣工验收。睢县第三污水处理厂主要包括科学管理中心、污水处理中心、尾水人工湿地试验区、生物有机质中心、农业安全试验区、海绵城市试验区（见图 7-3）。

污水处理主体工艺为初沉发酵池＋多段 AO 的低碳氮比脱氮除磷工艺＋反硝化深床滤池＋臭氧消毒，使出水达到地表水Ⅳ类标准。出水在厂内湿地循环活化后调配到利民河上游，为其补充生态基流，并为厂内灌溉和冲厕提供再生水，实现水资源的可持续利用。

为降低污泥处理的难度及农作物资源化利用，将县城的秸秆、畜禽粪便、水草等协同污泥处理。采用 DANAS 干式厌氧发酵技术，产生的沼气可转化为电能，供厂区内部利用，大幅提高了能源自给率。另外，产生的有机肥也可为厂区内预留用地的果树和蔬菜提供养分。

厂区布置设计充分融入海绵城市的理念，使雨水在厂内得到消纳、净化。人工湿地、人工浮岛、中水活化湿地、清水型生态系统等多种水质净化措施相结合，使水质在厂内得到净化。

**图 7 - 3　睢县第三污水处理厂布局**

## 二、设计工艺流程与水质

具体工艺流程为污水→粗格栅及提升泵站→细格栅及曝气沉砂池→初沉发酵池→厌氧池＋多级 AO→二沉池→反硝化深床滤池→臭氧消毒→出水监测。（见图 7 - 4）

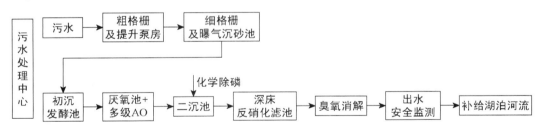

**图 7 - 4　睢县第三污水处理厂工艺流程图**

该工程设计水质见表 7 - 3。

**表 7 - 3　　　　　　　睢县第三污水处理厂设计进出水水质**

| 项目 | BOD$_5$（mg/L） | COD$_{Cr}$（mg/L） | NH$_3$-N（mg/L） | TP（mg/L） |
|---|---|---|---|---|
| 设计进水 | ≤250 | ≤400 | ≤30 | ≤5 |
| 设计出水 | ≤10 | ≤40 | ≤2.5 | ≤0.5 |
| 处理效率 | 96.0% | 90.0% | 91.7% | 90.0% |

## 三、经济分析

工程一期总投资为 22 297 万元，其中工程费用为 17 510 万元（见表 7-4）。其中，新概念污水厂工程费用为 9 027 万元，生物有机质处理中心费用为 5 616 万元，总图工程费用为 2 456 万元，高压网施工费用为 411 万元。

表 7-4                    睢县第三污水处理厂（一期）建设费用

| 序号 | 工程项目或费用名称 | 合计（万元） |
|------|--------------------|--------------|
| 1 | 工程费用 | 17 510 |
| 2 | 其他费用 | 2 749 |
| 3 | 基本预备费用 | 1 013 |
| 4 | 建设期利息 | 948 |
| 5 | 流动资金 | 77 |
| 6 | 总投资 | 22 297 |

年运行费共计 1 352.5 万元，其中污水厂年运营费为 872.2 万元，生物有机质中心年运行费为 404.9 万元，总图部分年运行维护费用为 75.4 万元。

## 四、运行情况

2020 年，睢县第三污水处理厂累计处理污水 700 余万吨，日均处理量为 1.9 万吨，负荷率达到 95% 以上。各项出水指标稳定，累计向利民河供给 590 余万吨中水作为生态基流和景观补水，实现了水资源的再利用。

2020 年，累计利用沼气发电量为 80 余万 kW·h，满足了全厂近 50% 的电能使用。由于采用了先进的水处理工艺，并有效利用了沼气发电，吨水的处理电耗为 0.17 度/吨水，较传统污水厂降低了 30% 左右。

2020 年，累计处理污泥 5 500 吨，产出有机肥约 4 500 吨，实现了污泥的资源化、无害化处置和利用。

## 五、特色

睢县第三污水处理厂功能丰富，不但包括常规厂区必备的水处理、污泥处理等工艺建筑物及构筑物，还配置设计美观的办公管理用房、宿舍和生活配套用房，甚至包括水环保展厅、接待及其他参观示范功能。

在实现污水净化、污泥转化的前提下，睢县第三污水处理厂同时实现环境友好、能源自给与回收、资源循环、公众教育等功能的实践与研究，成为具备科研、科普、生态农业、科技观光、艺术欣赏等功能的独特新概念污水厂。

　　睢县第三污水处理厂的景观设计以"融、汇"为理念，强调现代元素与自然景观的综合，并综合污水处理功能的功能单元构建一幅生态画卷，自然湿地与清水型生态系统、潜流湿地、尾水活化系统、人工浮岛等合力构建生态系统，为生物提供生态栖息地。睢县第三污水处理厂污水处理中心、生物有机质中心、湿地实景分别见图7-5、图7-6、图7-7。

图7-5　睢县第三污水处理厂污水处理中心

图7-6　睢县第三污水处理厂生物有机质中心

图 7-7　睢县第三污水处理厂湿地

## 第三节　正定——与湿地公园融为一体的再生水厂

### 一、概况

正定高新技术产业开发区再生水厂位于河北省石家庄市正定高新技术产业开发区北区，占地面积为 21.87 亩，日处理水量 1.5 万吨，水源为正定高新技术产业开发区污水处理厂出水，执行《城镇污水处理厂污染物排放标准》（GB 18918—2002）一级 A 标准，处理后出水水质主要指标可达到《地表水环境质量标准》（GB 3838—2002）Ⅳ类标准，其中总氮执行《城镇污水处理厂污染物排放标准》（GB 18918—2002）一级 A 标准。再生水回用对象为工业园区内对水质要求较低的冷却用水、部分工艺用水和厂区杂用水，园区内绿化、道路清扫、消防、冲厕、洗车等城市杂用水和再生水厂周边湿地景观用水。

该工程于 2020 年 12 月完成建设，主体工艺为管式紫外臭氧设备＋一体化多效澄清设备。该水厂紧邻湿地公园，考虑附近居民休闲、游乐等日常需求，将水厂的设备区和建筑进行统一的景观规划设计，建成了一个再生水厂和湿地公园融为一体的休闲游乐区和水循环展示中心。该水厂于 2021 年开始通水试运行，水厂设计图见图 7-8。

图7-8　正定高新技术产业开发区再生水厂

## 二、设计工艺流程与水质

园区污水经过污水厂处理后，进入再生水厂后，先经过管式紫外臭氧设备，用以去除污水中难以降解的有机物；之后进入一体化多效澄清设备，通过化学沉淀法去除总磷、通过折点加氯法去除氨氮，经清水池消毒后出水达到准Ⅳ类标准，进入再生水管网进行回用。

具体工艺流程为污水厂出水→提升泵站→管式紫外臭氧设备→一体化多效澄清设备→清水池→中水供水泵房→再生水管网。

该工程设计水质见表7-5：

表7-5　　　　　　　　　　正定高新区再生水厂设计进出水水质

| 项目 | $BOD_5$<br>（mg/L） | $COD_{Cr}$<br>（mg/L） | $NH_3\text{-}N$<br>（mg/L） | TP<br>（mg/L） |
|---|---|---|---|---|
| 设计进水 | 10 | 50 | 5 | 0.5 |
| 设计出水 | ≤6.0 | ≤30 | ≤1.5 | ≤0.3 |
| 处理效率 | 40.0% | 40.0% | 70.0% | 40.0% |

## 三、处理效益

该工程处于调试期间，尚未获得准确的运行数据，工艺路线中主要运行成本集中在管式紫外臭氧设备工艺段，根据工程实施前的小试，对管式紫外臭氧设备和普通臭氧进行经济技术对比，结果见表7-6。

表7-6　　　　　　　　管式紫外臭氧设备和普通臭氧对比表

| 项目 | UV/O$_3$ | O$_3$ |
|---|---|---|
| 氧气费用每年费用（万元） | 90.4 | 180.8 |
| 臭氧电耗每年费用（万元） | 70 | 140 |
| 紫外电耗每年费用（万元） | 25 | 0 |
| 每年总费用（万元） | 185.4 | 320.8 |
| UV/O$_3$ 比传统 O$_3$ 每年节省（万元） | 135 | |

## 四、经济分析

该工程总投资为6 103万元（见表7-7），年运营费用约为960万元（其中人工、药剂、能耗、维修维护等直接成本约为880万元）。根据当地再生水价格评估，该工程的主要财务评价指标数据均优于基准指标和同行业的平均水平，具有一定的财务盈利能力、清偿能力和抗风险能力。

表7-7　　　　　　　　建设费用组成表

| 工程项目或费用名称 | 合计 |
|---|---|
| 工程费用（万元） | 3 986 |
| 其他基本建设费用（万元） | 1 645 |
| 预备费用（万元） | 450 |
| 铺底流动资金（万元） | 22 |
| 建设项目概算总投资（万元） | 6 103 |

## 五、特色

该工程除主体工艺路线的设备和构筑物外，对办公楼、设备间等进行了深入的景观设计，除满足正常使用的使用功能外，还具有景观功能和社会效益，同时各单元和出水均设计了一定的展示区，供游玩人员进行参观与学习。将设备间等构筑物设计为半地下式，上部以草地和花坛覆盖，使再生水厂和湿地公园融为一体（见图7-9）。

**图7-9　正定高新技术产业开发区再生水厂和湿地公园**

## 第四节　北塘——天津市滨海新区最大的城镇污水再生水厂

### 一、概况

北塘再生水厂位于天津市滨海新区，占地约为 1.2 万 $m^2$，投资约为 1.4 亿元，由光大水务旗下天津市滨海新区环塘污水处理有限公司运营管理。

北塘再生水厂以北塘污水厂出水作为原水，进行深度处理再生回用，采用"浸没式超滤（SUF）和反渗透（RO）"双膜工艺，最大产水规模为 4.5 万 $m^3/d$，设计出水水质满足《城市污水再生利用 工业用水水质》（GB/T 19923—2005）和《城市污水再生利用 城市杂用水水质》（GB/T 18920—2020）要求，为目前天津市滨海新区最大的市政污水再生回用工程。

该工程于 2012 年 4 月正式建成投产，实现了大规模节能型膜集成技术工程化及国际化，具有创新性和综合示范作用，不仅缓解了滨海新区水资源短缺问题，而且为滨海新区实现快速可持续发展，进一步完善城市载体功能，建成资源节约型、环境友好型社会和构建生态宜居城市、建设美丽滨海发挥了重要作用。

## 二、设计工艺流程与水质

北塘再生水厂以北塘污水厂出水为原水，原水首先进入北塘再生水厂浸没式超滤系统，截留大于0.03微米颗粒，有效去除水中微生物和悬浮物等物质，出水浊度小于0.2NTU，SDI小于3。经超滤处理系统处理后的出水进入反渗透系统，进一步高效去除各种离子、分子、有机物、胶体、细菌、病毒等。反渗透系统产生的浓水（约25%），通过浓水管道与北塘污水厂进水混合后进入北塘污水厂进行再处理。北塘再生水厂工艺流程见图7-10。

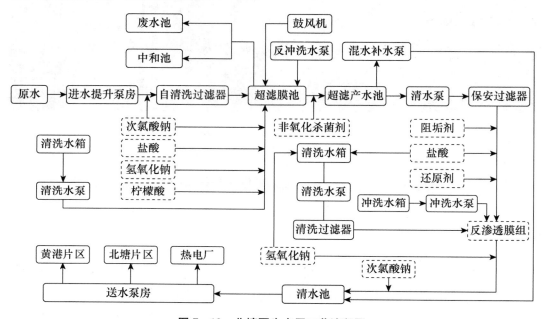

**图7-10　北塘再生水厂工艺流程图**

该工程出水水质见表7-8。

表7-8　　　　　　　　　北塘再生水厂主要出水水质指标

| 序号 | 项目 | 标准值 |
|---|---|---|
| 1 | 悬浮物（mg/L） | ≤10 |
| 2 | 浊度（NTU） | ≤5 |
| 3 | 色度（度） | ≤15 |
| 4 | $BOD_5$（mg/L） | ≤10 |
| 5 | $COD_{cr}$（mg/L） | ≤60 |
| 6 | 氨氮（mg/L） | ≤5 |

续表

| 序号 | 项目 | 标准值 |
|---|---|---|
| 7 | 总磷（mg/L） | ≤1 |
| 8 | 总余氯（mg/L） | ≥1.0（出厂），≥0.2（管网末端） |
| 9 | 粪大肠菌群（个/L） | ≤2 000 |
| 10 | 大肠埃希氏菌（CFU/100ml） | 无 |

## 三、处理效果

### （一）超滤系统浊度去除效果

2020 年北塘再生水厂进水浊度在 0.34～0.75NTU 之间，平均值为 0.57NTU，超滤系统产水浊度在 0.15～0.20NTU 之间，平均值为 0.18NTU，去除率 68% 左右，系统产水浊度稳定小于 0.20NTU，符合超滤工艺设计要求（见图 7-11）。

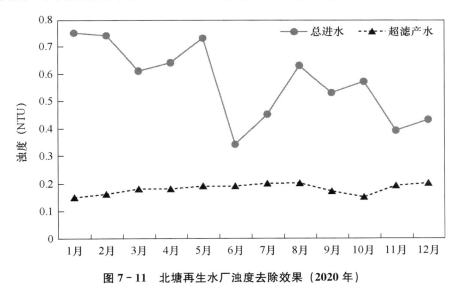

**图 7-11　北塘再生水厂浊度去除效果（2020 年）**

### （二）氯化物处理效果

2020 年北塘再生水厂进水氯化物在 546～1 245mg/L 之间，平均值为 923mg/L，总出水氯化物在 131～214mg/L 之间，平均值为 181mg/L，总去除率达 80% 以上（见图 7-12）。工艺过程中超滤系统无法去除氯化物，反渗透系统氯化物去除率可达 95% 以上，总出水为超滤产水与反渗透产水混合勾兑水，氯化物总去除率相对反渗透系统低，总出水氯化物稳定小于 250mg/L，满足《城市污水再生利用 工业用水水质》（GB/T 19923—2005）标准。

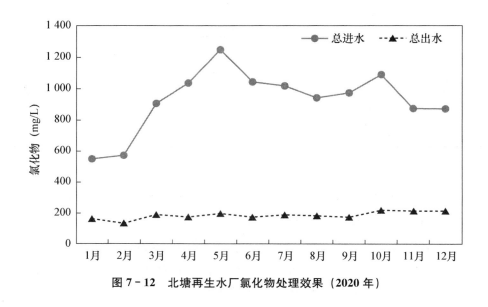

图 7-12　北塘再生水厂氯化物处理效果（2020 年）

### 四、双膜法工艺节点水质

北塘再生水厂由于要求出水达到《城市污水再生利用 工业用水水质》（GB/T 19923—2005）和《城市污水再生利用 城市杂用水水质》（GB/T 18920—2020）标准。在现有一座清水池的情况下，重点难点在于双标准水质的汇总与结合，既要满足节能降耗，又要满足水质达标。其中电导率是指导生产运行的重要数据，实验小试与生产实际发现总出水电导率在 $1\,000\mu m/cm$ 时，通过合理调配超滤混水比例，可以较好地实现经济运行，同时满足出水稳定达标要求。该厂双膜法工艺节点水质见图 7-13。

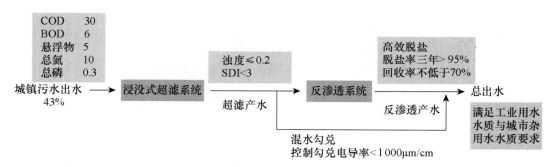

图 7-13　北塘再生水厂双膜法工艺节点水质

### 五、运行能耗

根据 2020 年运行统计，北塘再生水厂月平均总运行能耗在 $0.84\sim1.00kW\cdot h/m^3$

之间，平均值为 $0.92\mathrm{kW \cdot h/m^3}$。北塘再生水厂能耗主要受进水电导率与混水勾兑比例影响，进水电导率越低，能耗越低，混水勾兑比例越高，能耗越低。2020 年 1月进水电导率处于全年最低点，混水比例处于全年最高点，运行能耗最低（见图 7-14）。

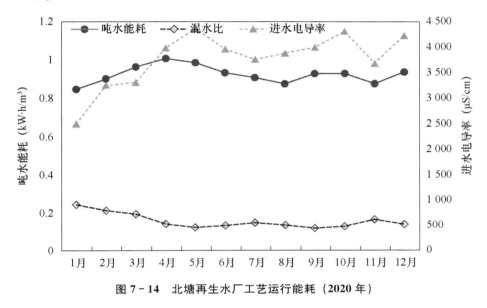

图 7-14　北塘再生水厂工艺运行能耗（2020 年）

## 六、再生水管网

北塘再生水厂出产的高品质再生水，通过已建成再生水管网，送往滨海一中关村科技园及黄港生态休闲区签约客户。目前，供水服务范围约为 $16.3\mathrm{km^2}$，运营供水管网长度约为 60km，管网材质主要为球墨铸铁和 PE 管。截至 2020 年底，提供供水服务小配套项目数为 37 个，签约用户超过 2.5 万户。

2016 年伊始，为降低企业运营成本，提高供水服务质量，天津市滨海新区环塘有限公司开展管网漏损治理工作，经过多年实践摸索，取得了一定成效。管网产销差率从最初的 56.90% 下降到 17.85%。

管网产销差率是供水企业的一个重要指标，北塘再生水厂在参照独立计量区域法（DMA）分区计量、引入远传流量及压力监控设备的同时，结合现状管网实际，针对管线长、供水量大、用水分散等特点，制定了"不设固定独立区域、建立局部管网分区计量"的特色方案，实现了不需破坏环状供水、只安装少量远传计量设备即可快速锁定漏点范围的方法探索，为漏点精确定位创造条件，从而极大提高了查漏效率，实现供水管网渗漏的有效控制。

# 第五节　东坝再生水厂——智慧水厂

## 一、概况

东坝再生水厂位于北京市朝阳区，远期服务人口 25 万～30 万人，平均进水流量为 20 000m³/d，规划流域面积为 18.15km²。为实现排放水体Ⅳ类水质目标，东坝再生水厂进行升级改造，在不增加建筑用地前提下由《城镇污水处理厂污染物排放标准》（GB 18918—2002）一级 B 排放标准提标至《城镇污水处理厂水污染物排放标准》（DB11/890—2012）B 级排放标准。经过近两年的升级改造，东坝再生水厂于 2020 年 9 月正式通水试运行，商业试运行以来，实现 20 000m³/d 处理规模。通过上述新技术的使用，东坝再生水厂出水稳定达到北京市地标（DB11/890—2012）A 级限值标准。东坝再生水厂搭建了基于运营大数据的污水处理厂工艺诊断与智慧控制技术平台及单厂信息化平台，可实现污水处理厂的精细化、智能化和智慧化运行。相较于同等处理标准污水厂，东坝再生水厂实现运行能耗降低 35.9%，吨水运行成本降低 52.8%。此外，2 万 t/d 尾水作为生态补水排入北运河上游支流坝河，可以有效提升坝河水质，解决生态防枯问题；通过构建滨河湿地生态系统，重构坝河水体生态环境；通过打造坝河湿地景观系统，为东坝地区居民提供休闲绿地。

## 二、设计工艺流程与水质

东坝再生水厂的工艺流程见图 7-15，含水线、泥线、能量线 3 条路径。为实现再生水厂能源自给，水线采用碳源高效浓缩分离技术和低耗高效氮素转化两个关键技术，不仅可使出水达地表水准Ⅳ类（TN≤10mg/L）排放标准，还可获得富碳污泥，为从污泥中高效回收有机物化学能提供条件；泥线则通过碳源高效浓缩分离技术和浓缩碳源水解技术获得优质碳源，其中一部分用以回补缺氧池以稳定高效脱氮，另一部分进入两相厌氧消化技术中用以产能；能量线中包含两种能源回收技术，即两相厌氧消化技术和污水源热泵技术，以此实现再生水厂的能源自给。

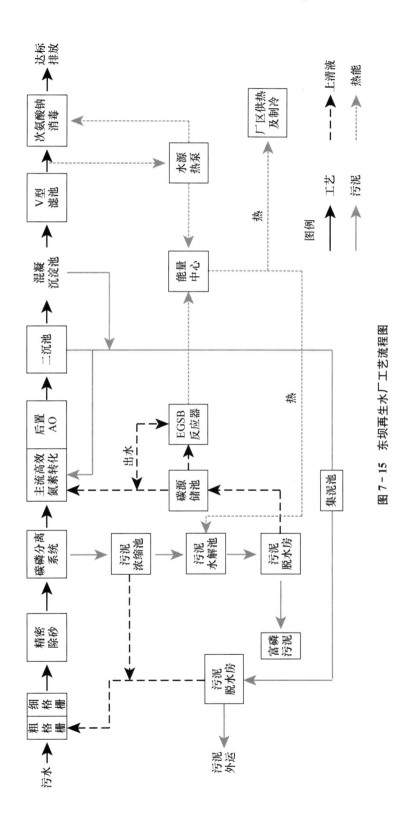

图 7 - 15 东坝再生水厂工艺流程图

该工程设计水质见表 7-9。

表 7-9 东坝再生水厂设计进出水水质

| 项目 | BOD$_5$ (mg/L) | COD$_{Cr}$ (mg/L) | SS (mg/L) | TN (mg/L) | NH$_3$-N (mg/L) | TP (mg/L) |
|---|---|---|---|---|---|---|
| 设计进水 | 205 | 410 | 240 | 70 | 58 | 8 |
| 设计出水 | ≤6.0 | ≤30 | ≤5 | ≤15 | ≤1.5（2.5） | ≤0.3 |
| 处理效率 | 97.1% | 92.7% | 97.9% | 78.6% | 97.4% | 96.3% |

## 三、处理效果

2021 年试运行以来，东坝再生水厂运行效果如下：

进水 COD$_{Cr}$ 平均浓度为 250.3mg/L，总出水 COD$_{Cr}$ 为 10～18mg/L，平均值为 14.1mg/L，总去除率为 93.8%。总出水 COD$_{Cr}$ 稳定小于 20mg/达到地表Ⅳ类水标准。

进水 TN 平均浓度为 32.5mg/L，出水 TN 平均浓度为 7.8mg/L，TN 去除率为 74.5%；进水氨氮平均浓度为 23mg/L，出水氨氮平均值为 0.1mg/L，氨氮去除率高达 99.4%。出水 TN 及氨氮可稳定满足京标 A 排放标准要求。

进水总磷平均浓度为 4.0mg/L，出水总磷平均浓度为 0.1mg/L，总去除率为 97.5%，出水总磷稳定小于 0.2mg/L，可稳定满足京标 A 排放标准要求。

## 四、低碳运行技术

东坝再生水厂采用低碳设计理念，将多种低碳运行技术有机整合，以降低运行能耗，从而实现再生水厂能源自给。东坝再生水厂各工艺段预期节能效果见图 7-16。从图中可以看出，采用低碳运行技术对再生水厂能耗的降低效果显著。经优化后全厂运行能耗可节约 30%。由于运行能耗的大幅降低，东坝再生水厂的能源自给率由 12.2% 提升至 17.1%（见图 7-18）。其中，通过使用变频器、建立水位与提升泵的控制逻辑与自控系统，预处理及深度处理单元能耗分别降低 8.7%、22.4%；生物处理能耗则通过超磁碳磷分离系统对 BOD$_5$ 的去除、低碳双泥龄复合脱氮系统中实现 20% 的自养脱氮、采用阿特拉斯高效变频螺杆风机、CFD 流态模拟优化推流器运行台数（使运行台数减至设计的 1/2）、搭建以好氧池末端氨氮及 DO 浓度为反馈的精确曝气系统等一系列节能降耗措施，从 6 599kW·h/d 降低至 3 690kW·h/d，生物处理单元节约 45% 的能耗，优化后生物处理单元吨水能耗为 0.184 5kW·h/m³，与德国 Grüneck 污水处理厂生物处理单元吨水能耗水平（0.17kW·h/m³）基本持平。

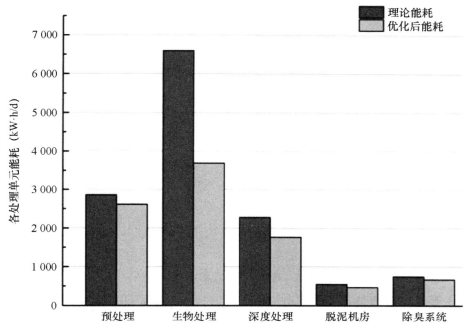

图 7-16　东坝再生水厂各工艺段预期节能效果

## 五、能源自给率分析

### 1. 回收污水中有机物化学能

东坝再生水厂理论碳平衡情况见图 7-17。基于再生水厂设计水质及超磁碳磷分离系统小试、中试长期运行效果，按照污水中 60% 的 COD 被超磁碳磷分离系统浓缩至超磁污泥计算，经浓缩后，含进水 1.6%COD 的上清液回流至细格栅，含进水 58.4%COD 的污泥进入水解池进行污泥厌氧水解，水解温度为 45℃，加热至该温度所需的能量由污水源热泵提供，水解池停留时间为 4 天，水解率按照超磁浓缩污泥小试试验结果 40% 进行核算，水解后污泥经脱水进行泥水分离，含进水 23.4%COD 的水解上清液流入碳源储池，其余 35% 的 COD 在水解污泥中和生物处理单元剩余污泥经脱水后外运至污泥厌氧消化中心进一步产能，基于再生水厂可实现 20% 自养脱氮的目标，为满足脱氮需求，保证出水 TN 稳定<10mg/L，约含进水 8.4%COD 的水解上清液作为优质碳源从碳源储池回补至缺氧池进行脱氮；含进水 15%COD 的水解上清液进入厌氧膨胀颗粒污泥床（EGSB）反应器，用以厌氧发酵产甲烷 EGSB 沼气日产气量为 330m³/d，沼气热值按照 23.6MJ/m³，有效热能为 75%，则每日产生的能量为 5 841MJ。

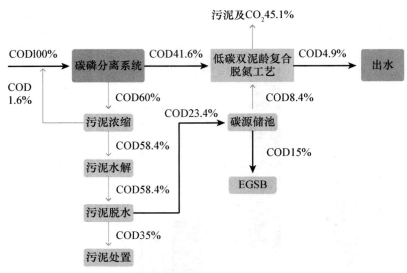

**图 7-17 东坝再生水厂理论 COD 平衡**

在未考虑厨余垃圾等外源有机物引入时，相较于奥地利 Strass 厂能源自给率高达 108%，东坝再生水厂能量自给率仅为 17.1%（见图 7-18）。其可能的原因有以下 3 点：①Strass 厂实际平均进水 COD 浓度为 605mg/L，约为东坝再生水厂设计水质 COD 浓度的 1.5 倍。而当进水 COD<600mg/L 时，仅靠自身污泥厌氧消化难以实现完全能源自给目标。此外，Strass 厂的进水 C/N 及 B/N 颇高，COD/TN 为 13.75，$BOD_5$/TN 为 6.6，经 A 段分离后的出水 COD 浓度仍可满足脱氮需求，无须向生化池回补碳源，但东坝再生水厂 COD 浓度低且 TN 出水标准极高，仅靠经碳分离后的出水 COD 浓度未能满足总出水达 TN<10mg/L 的要求，需要回补含进水 8.4%COD 的污泥水解上清液，导致可进行厌氧消化的总碳源量减少。②Strass 厂 A 段分离出的含碳污泥与 B 段生化池剩余污泥同时进入厌氧消化罐，约含进水 74.3% 的 COD 进行厌氧产甲烷，而东坝再生水厂仅有前端超磁污泥进行污泥水解，比例仅为 58.4%。此外，东坝再生水厂因脱氮需求及特殊地理位置，污泥处理采用两段式厌氧消化，经污泥水解脱水后仍有含进水 35% 的 COD 留在污泥中，仅有少部分水解上清液进入后端 EGSB 产甲烷，效率远低于 Strass 厂所采取的一体式污泥厌氧消化。③Strass 厂采用侧流厌氧氨氧化技术，生化池能耗仅为 0.13kW·h/$m^3$，加之该厂只有一级提升泵等，Strass 厂日运行吨水能耗仅为 0.297kW·h/$m^3$，仅为东坝再生水厂理论吨水能耗的 64.5%。

2. 引入餐厨垃圾

为提高东坝再生水厂的能源自给率，拟在污泥水解池引入餐厨垃圾，以获取含高浓度碳源的水解上清液，从而产生更多能源。此外，餐厨垃圾的投加，不仅可提高再生水厂能源自给率，当部分水解上清液回补生化系统时，还可对短程反硝化及反硝化除磷等低碳高效脱氮过程产生积极作用，提高生化系统脱氮、除磷效率。基于再生水厂土地集约现状，通过校核污泥水解池停留时间及 EGSB 反应器 COD 负荷，按照现有反应器设计参数，仅可投加 4m³ 含水率为 85% 的餐厨垃圾，餐厨垃圾由于含有极高的有机物，水解率通常可达 80% 以上，理论上每天可产生 1 550MJ 的能量，可将东坝再生水厂能源自给率由 17.1% 提升至 21.6%（见图 7－18）。

　　3. 回收污水中的低位热能

　　污水中蕴含丰富的热能，有效回收污水中热能，可在实现能源自给型污水厂中发挥至关重要的作用。芬兰 Kakolanmäki 污水处理厂仅通过回收污水中热能，年能源回收总量（200 914MW·h）为年能源消耗总量（21 042MW·h）的 10 倍之余。

　　北京市平均气温与污水处理厂二级出水冬夏季平均水温相差 5℃ 左右，可满足污水源热泵的使用要求。目前东坝再生水厂污水源热泵机房按照厂区采暖总负荷 775kW 及制冷负荷 300kW，选取 2 台制热量为 448kW 的污水源热泵，按照设备最大负荷率计算，每天产热量为 27 670MJ，通过污水源热泵回收污水中部分热能，可使东坝再生水厂能源自给率提高至 84.7%（见图 7－18）。

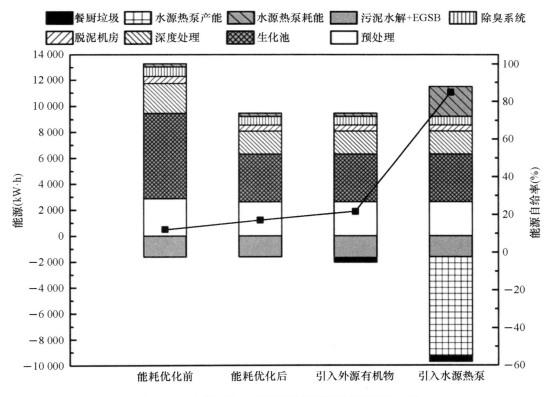

图 7－18　东坝再生水厂不同场景下理论能源自给水平

随着未来整厂规模水源热泵机房的建设，再生水厂将有望通过水源热泵回收
20 000 m³/d 污水中的热能，根据每 $10^4$ m³ 二级出水的制冷/制热净产能当量电量分
别为 14 148kW·h 和 23 213kW·h，再生水厂在夏、冬季每天产生的净电能分别为 28
296kW·h 及 46 426kW·h，折合吨水净电能 1.4kW·h/m³ 及 2.3kW·hm/m³，平均约
为东坝再生水厂理论运行吨水能耗的 2 倍。不仅可完全满足厂区的能源需求，还可将剩
余能量输出至周边小区供热或制冷，取得一定经济效益。

## 第六节　贵阳七彩湖再生水厂——从"臭水塘"到 "城市花园"的华丽转变

### 一、概况

七彩湖再生水厂工程所在地在 20 世纪 70 年代是一片稻田，20 世纪 80 年代后，
随着七彩湖上游人口增加和社会发展，生活污水和工业废水直排入湖，湖水变黑变
臭，污泥淤积，各种颜色的垃圾随处可见，被周边老百姓戏称为"七彩"湖。

2017 年，为深入贯彻落实国家及贵州省水污染防治行动计划，贵阳市对麦架
河流域进行综合整治，七彩湖水体黑臭问题在中央环保督察期间得到高度重视，将
其水环境综合治理工程纳入麦架河流域综合整治项目。为消除污水入河污染，完善
其周边截污治污，建立七彩湖再生水厂。

七彩湖再生水厂位于贵州省贵阳市白云区麦架河流域艳山红镇白云村（人口稠
密及环境敏感区）（见图 7 - 19），收集处理白云区大山洞片区、铝厂片区、大川白
金片区排水，尾水经湿地再次净化后排入七彩湖，为七彩湖及高山排洪渠进行补
水。工程总投资为 1.8 亿元，于 2018 年 7 月开工建设，12 月完成主体工程建设，
并于 2019 年初正式通水调试。

七彩湖再生水厂为下沉式再生水系统，主要构筑物置于地下，厂区占地面积为
31.11 亩，处理规模为 2 万 m³/d。主体生化采用高效节地型 HBR 生物膜技术，该
技术具有水力停留时间短（5～8h）、不需要二沉池、气水比较低（2～3）等特点。
出水按《城镇污水处理厂污染物排放标准》（GB 18918—2002）一级 A 排放标准执
行，作为七彩湖生态补水，其中 COD、$BOD_5$、TP、$NH_3$-N 达到《地表水环境质
量标准》（GB 3838—2002）Ⅳ类水体标准。

### 二、工艺流程

该工程处理工艺由预处理单元、生化处理单元、深度处理单元、除臭单元以及

污泥处置单元构成，工艺流程见图7-20。

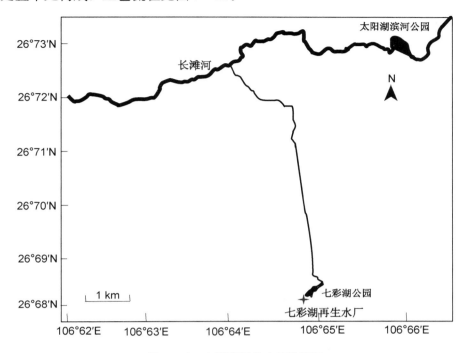

图 7-19 七彩湖再生水厂位置图

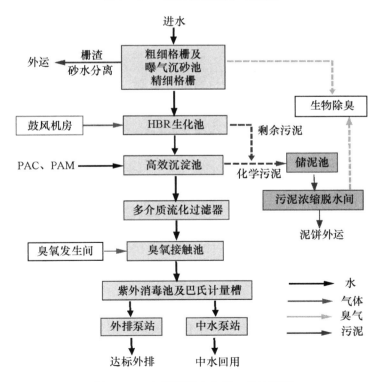

图 7-20 七彩湖再生水厂工艺流程图

预处理单元包括粗细格栅—曝气沉砂池—精细格栅等，主要去除水体中悬浮物、漂浮物及泥沙，之后进入生化处理单元 HBR 生化池，对 SS、有机物、氮、磷等进行强化去除。深度处理单元包括高效沉淀池、多介质流化过滤器、臭氧接触池及紫外消毒池，其中高效沉淀池进一步去除 SS、TP，多介质流化过滤器和臭氧接触氧化池进一步去除残留的污染物，紫外消毒环节杀灭水中的细菌及病毒。除臭单元主要通过生物手段处理过程中产生的臭气，污泥处置单元主要处理生化池产生的剩余污泥及高效沉淀池产生的化学污泥。

经过该工艺处理后，出水 COD、$BOD_5$、TP、$NH_3$-N 达到《地表水环境质量标准》（GB 3838—2002）Ⅳ类标准，其余指标达到《城镇污水处理厂污染物排放标准》（GB 18918—2002）一级 A 标准，出水作为水源补充至七彩湖及回用。设计进出水指标见表 7 - 10。

表 7 - 10　　　　　　　　七彩湖再生水厂设计进出水水质

| 项目 | $BOD_5$<br>（mg/L） | $COD_{Cr}$<br>（mg/L） | SS<br>（mg/L） | TN<br>（mg/L） | $NH_3$-N<br>（mg/L） | TP<br>（mg/L） |
|---|---|---|---|---|---|---|
| 设计进水水质 | 120 | 250 | 150 | 27 | 20 | 3 |
| 设计出水水质 | 6.0 | 30 | 10 | 15 | 1.5 | 0.3 |
| 处理效率 | 95.0% | 88.0% | 93.3% | 44.4% | 92.5% | 90.0% |

## 三、处理效果

该厂收集片区主要是生活污水，也有部分餐厨、施工和工业废水混入，主要指标的处理效果见表 7 - 11，满足处理及设计要求。

表 7 - 11　　　七彩湖再生水厂进出水浓度及平均去除率（2021 年 1—9 月）

| 项目 | $COD_{Cr}$<br>（mg/L） | SS<br>（mg/L） | TN<br>（mg/L） | $NH_3$-N<br>（mg/L） | TP<br>（mg/L） |
|---|---|---|---|---|---|
| 进水水质 | 39～403 | 48～4 927 | 10～120 | 4～41 | 0.61～7.32 |
| 出水水质 | 3～25 | 4～8 | 4.7～14.2 | 0.01～1.37 | 0.01～0.26 |
| 平均去除率 | 93% | 99% | 73% | 99% | 96% |

## 四、运行能耗

2021 年七彩湖再生水厂 HBR 工艺生化段电耗、污泥处置和水处理药耗及费用见表 7 - 12。

**表 7 - 12** 七彩湖再生水厂运行能耗（2021 年 1—9 月）

| 项目 | 电耗<br>（kW · h/m³） | 污泥处置药耗<br>（PAM 阳离子）<br>（kg/TDS） | 水处理药耗<br>（PAM 阴离子）<br>（mg/L） | 水处理药耗<br>（PAC）<br>（mg/L） |
|---|---|---|---|---|
| 月平均 | 0.18~0.73 | 5.31~12.95 | 0.64~2.19 | 46~203 |
| 平均 | 0.44 | 7.94 | 1.4 | 110.35 |
| 平均费用（元/m³） | 0.236 | 0.024 | 0.019 | 0.238 |

## 五、改善效果

七彩湖再生水厂采用下沉式建设，解决了环保设施与居民"争地"的问题，实现了资源、能源的再利用。该水厂服务面积约为 4.8 万 km²，为鸡场村、白云村、龚家寨约 9.4 万名群众服务。

七彩湖再生水厂出水中 COD、TP、$NH_3$-N 稳定达到地表水 Ⅳ 类标准，每年能为七彩湖提供高品质再生水约 700 万 m³，有效改善了湖水水质，达到了长治久清的治理目标，得到了政府和老百姓的高度认可，从众人嫌恶的黑臭水体到如今颇受欢迎的生态景观带，真正成为老百姓身边喜爱的"城市花园"，2019 年被遴选为贵阳市第十届旅游发展大会观摩点之一。

# 第七节　下沉式再生水厂——贵阳青山再生水厂

## 一、概况

青山下沉式再生水厂是贵州省贵阳市南明河城区段水环境综合整治工程的重要节点工程，厂区毗邻南明河，创新性地采用"适度集中、就地处理、就近回用"的布局理念，有效地减少区域内污水排入南明河的污染物的总量，同时向南明河补充高品质再生水，该工程环境效益和社会、经济效益显著，荣获国家重点环境保护示范工程称号。

青山下沉式再生水厂是贵州省第一座下沉式再生水厂，处理规模为 50 000m³/d，总占地面积为 2.11 公顷（24.59 亩），总投资为 3.2 亿元，服务范围包含小车河流域及南明河电厂坝至小车河汇口段汇流范围，总服务面积约为 10.86km²（见图 7 - 21）。

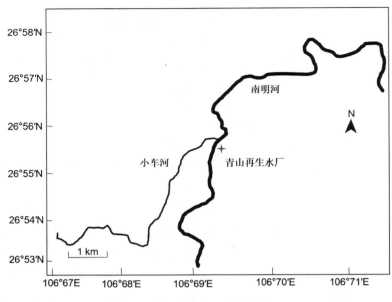

图 7 - 21　青山下沉式再生水厂

　　该工程污水处理主体工艺采用曝气沉砂池＋改良 AAO＋矩形折流式周进周出沉淀池＋高效沉淀池＋滤池＋紫外线消毒，污泥处理采用带压机脱水，臭气进入复合生物滤池进行脱臭处理。出水主要指标（COD、氨氮）达到地表水Ⅳ类标准，其余水质指标满足《城镇污水厂污染物排放标准》（GB 18918—2002）中的一级 A 标准。该工程出水水质完全满足河道类景观环境用水标准，作为贵阳市南明河的生态补水水源。同时部分尾水经过超滤工艺进一步处理后，作为地面景观活水公园水体的补水水源。青山下沉式再生水厂实景见图 7 - 22。

图 7 - 22　青山下沉式再生水厂

## 二、设计工艺流程与水质

污水经过预处理后，进入污水二级处理，采用改良 AAO 工艺，污水深度处理采用高效沉淀池＋滤池工艺，出水消毒采用紫外线消毒＋次氯酸钠消毒工艺（仅部分尾水），污泥处理采用带式浓缩脱水一体机工艺。工艺流程见图 7－23。

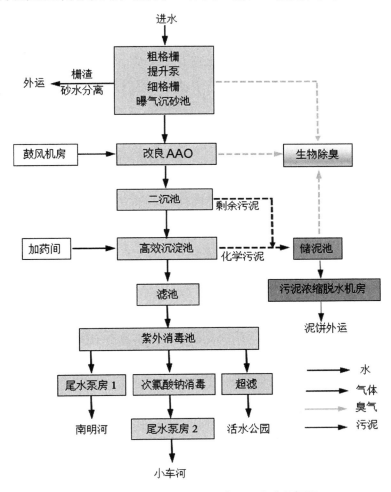

**图 7－23 青山下沉式再生水厂工艺流程框图**

该工程设计水质见表 7－13。

表 7－13           青山下沉式再生水厂设计进出水水质

| 项目 | $BOD_5$ (mg/L) | $COD_{Cr}$ (mg/L) | SS (mg/L) | TN (mg/L) | $NH_3-N$ (mg/L) | TP (mg/L) |
|---|---|---|---|---|---|---|
| 设计进水水质 | 140 | 280 | 160 | 35 | 25 | 4 |

续表

| 项目 | BOD$_5$ (mg/L) | COD$_{Cr}$ (mg/L) | SS (mg/L) | TN (mg/L) | NH$_3$-N (mg/L) | TP (mg/L) |
|---|---|---|---|---|---|---|
| 设计出水水质 | 10 | 30 | 10 | 15 | 1.5 | 0.5 |
| 处理程度 | 92.9% | 89.3% | 93.8% | 57.1% | 94% | 87.5% |

## 三、处理效果

2020 年青山下沉式再生水厂进水水质基本稳定，受雨季影响进水浓度略有波动，水厂长期稳定运行，出水水质 100% 达到设计指标。其中主要指标如 COD、氨氮、SS 等达到地表水Ⅳ类标准，总氮、总磷指标达到《城镇污水厂污染物排放标准》（GB 18918—2002）中的一级 A 标准，具体数值详见表 7-14。

表 7-14　　　　　　　青山下沉式再生水厂实际进出水水质

| 项目 | COD$_{Cr}$ (mg/L) | TN (mg/L) | NH$_3$-N (mg/L) | TP (mg/L) |
|---|---|---|---|---|
| 实际进水水质 | 56~245 | 10~29 | 4~24 | 0.6~2.7 |
| 实际出水水质 | 6~15 | 4.2~7.5 | 0.04~0.65 | 0.02~0.44 |
| 去除率均值 | 90% | 68% | 99% | 93% |

## 四、运行能耗

再生水厂的运行能耗通常包含电耗、药耗两大部分。

青山下沉式再生水厂全年平均吨水电耗为 0.24kW·h/m$^3$，其中单独曝气电耗为 0.071kW·h/m$^3$，气水比为 2:1，处理主工艺能耗较低。

药耗方面，用于化学除磷的吨水药耗约为 13mg/L，用于污泥脱水的吨水药耗约为 3kg/DTS，均处于较低水平。

## 五、环境效益

青山下沉式再生水厂生产的高品质再生水约有 95% 补给入南明河（约 5~5.3 万 m$^3$/d），有效改善了贵阳市区南明河水域的环境质量，从而使城市环境面貌得以改观，使人民群众的生活环境和生活水平不断提高。

由于下沉式再生水厂的主要处理设施均处于地下，采用全封闭形式，噪声、振动有效隔绝，臭气通过全面集中收集和处理，消除了对环境的影响。

青山下沉式再生水厂构筑物原位下沉后，释放出的地面空间建设了生态公园、贵阳市水环境科普馆，该馆成为生态文明贵阳国际论坛永久会址（见图 7-24）。

图 7-24　青山下沉式再生水厂地上水环境科普馆外观

## 第八节　海淀上庄——MBR-纳滤双膜工艺示范厂

### 一、概况

海淀上庄再生水厂位于北京市海淀区东北部，其污水收集范围主要包括上庄科技园、永丰产业基地、航天城、生命科技园、唐家岭等地区，服务面积为 $58.8km^2$，服务人口约为 1.8 万。水厂远期设计规模为 12 万 $m^3/d$，其中一期设计规模 1.2 万 $m^3/d$，采用 MBR-纳滤双膜高品质再生水工艺，出水水质达到北京市《城镇污水处理厂水污染物排放标准》（DB11/890—2012）中 A 标准（简称北京 A 标准），主要指标达到地表水 Ⅲ 类标准。该工程于 2020 年 4 月建成通水。

### 二、设计工艺流程和水质

海淀上庄再生水厂主体采用 MBR-纳滤双膜高品质再生水工艺，去除 $COD_{Cr}$、$BOD_5$、SS 等污染指标的同时，同步深度脱氮除磷。纳滤系统产生的浓水，采用混凝沉淀＋高级氧化工艺，高效去除微量生物难降解有机物和总磷，混合出水达北京 A 标准，主要指标达到地表水 Ⅲ 类标准。剩余污泥采用预浓缩＋调理调质＋板框脱水工艺，经堆肥后回用于林地，实现污水、污泥的资源化。工艺流程见图7-25。

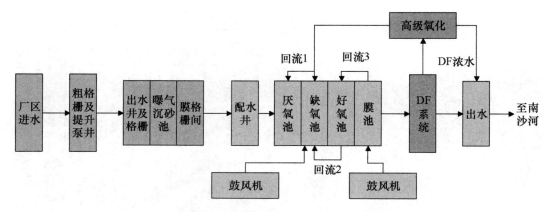

图7-25 海淀上庄再生水厂工艺流程图

设计水质见表7-15。

表7-15　　　　　　　　海淀上庄再生水厂设计进出水水质

| 项目 | BOD$_5$（mg/L） | COD$_{Cr}$（mg/L） | SS（mg/L） | TN（mg/L） | NH$_3$-N（mg/L） | TP（mg/L） |
|---|---|---|---|---|---|---|
| 进水 | 250 | 420 | 320 | 50 | 35 | 7 |
| 出水 | ≤4 | ≤20 | ≤5 | ≤10 | ≤1.0（1.5） | ≤0.2 |
| 处理效率 | 98.4% | 95.2% | 98.4% | 80.0% | 97.1% | 97.1% |

## 三、处理效果

### （一）COD$_{Cr}$处理效果

2020年海淀上庄再生水厂进水COD$_{Cr}$为47～215mg/L，平均值为127mg/L，MBR出水COD$_{Cr}$为5～23mg/L，平均值为13.2mg/L，总出水COD$_{Cr}$为4～9mg/L，平均值为6mg/L，总去除率在90%以上，总出水COD$_{Cr}$稳定小于10mg/L，优于北京A标准（见图7-26）。

### （二）氨氮处理效果

2020年海淀上庄再生水厂进水氨氮为8～61mg/L，平均值为42mg/L，MBR出水氨氮为0.1～0.8mg/L，平均值为0.3mg/L，总出水氨氮为0.05～0.51mg/L，平均值为0.16mg/L，总去除率在98%以上，总出水氨氮稳定小于1mg/L，达到北京A标准（见图7-27）。

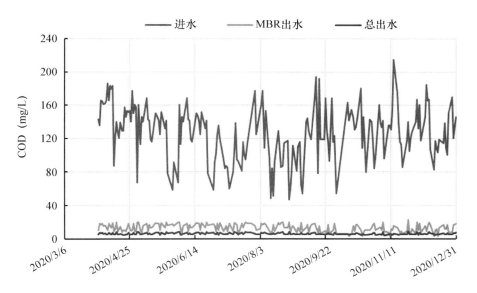

**图 7 - 26　海淀上庄再生水厂 CODcr 处理效果（2020 年）**

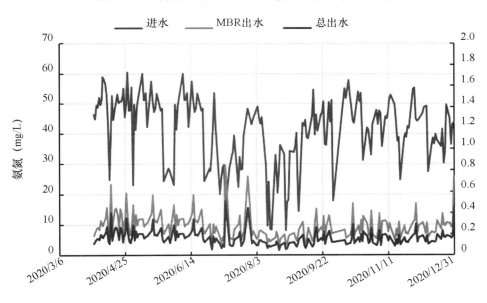

**图 7 - 27　海淀上庄再生水厂氨氮处理效果（2020 年）**

（三）总氮处理效果

2020 年海淀上庄再生水厂进水总氮为 10～68mg/L，平均值为 46.1mg/L，MBR 出水总氮为 3.5～13.1mg/L，平均值为 7.4mg/L，总出水总氮为 3.1～9.9mg/L，平均值为 6.6mg/L，总去除率在 90% 以上，总出水总氮稳定小于 10mg/L，达到北京 A 标准（见图 7 - 28）。

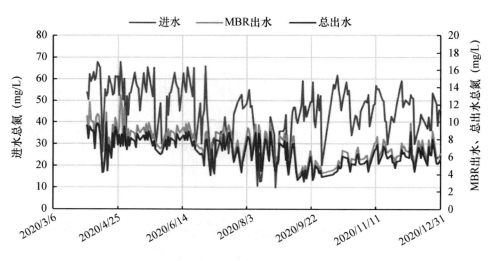

图7-28　海淀上庄再生水厂总氮处理效果（2020年）

（四）总磷处理效果

2020年海淀上庄再生水厂进水总磷为0.8～7.0mg/L，平均值为4.2mg/L，MBR出水总磷为0.05～0.22mg/L，平均值为0.15mg/L，总出水总磷为0.02～0.09mg/L，平均值为0.06mg/L，总去除率在95%以上，总出水总磷稳定小于0.2mg/L，达到北京A标准（见图7-29）。

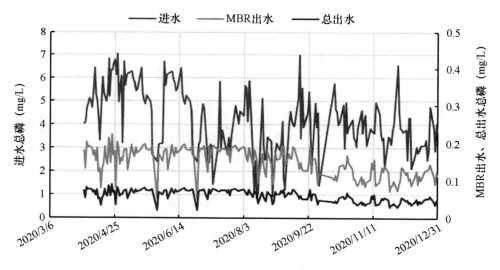

图7-29　海淀上庄再生水厂总磷处理效果（2020年）

四、MBR-纳滤工艺节点水质

MBR单元主要承担大部分$COD_{Cr}$、氨氮、总氮、总磷去除任务，MBR出水存在难降解有机物，出水 $COD_{Cr}$ 为 5～23mg/L，难以稳定达到北京 A 排放标准，通过纳滤的截留分离作用，MBR 产水经过纳滤后可以去除 70% 以上 $COD_{Cr}$；MBR 产水总磷为 0.05～0.22mg/L，经过 DF 处理后总磷可截留 90% 以上，纳滤出水总磷保持为 0.015mg/L 以下；$COD_{Cr}$ 和总磷分离浓缩后的浓水 $COD_{Cr}$ 为 60～105mg/L，总磷为 2～3.5mg/L，经过芬顿工艺处理，$COD_{Cr}$ 可去除约 50%、总磷可去除 90%，浓水处理后与纳滤产水混合，实现总出水稳定达到北京 A 标准（见图 7-30）。

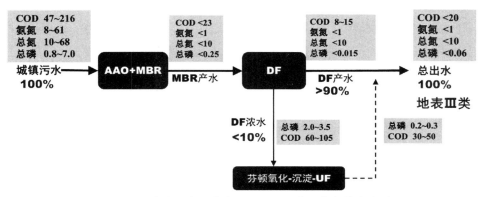

图 7-30　海淀上庄再生水厂 MBR-纳滤工艺各节点水质

## 五、运行能耗

2020 年海淀上庄再生水厂 MBR-纳滤工艺总运行能耗为 0.55～0.85kW·h/$m^3$，平均值为 0.72kW·h/$m^3$，其中 MBR 段运行能耗为 0.4～0.6kW·h/$m^3$，纳滤段运行能耗约为 0.2～0.3kW·h/$m^3$（见图 7-31）。

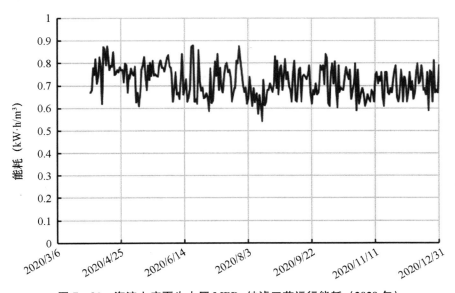

图 7-31　海淀上庄再生水厂 MBR-纳滤工艺运行能耗（2020 年）

# 第九节　涧西——洛阳第一座污水处理厂

## 一、概况

　　北控（洛阳）水务发展有限公司涧西污水处理厂是洛阳市第一座城市污水处理厂，位于河南省洛阳市西工区上阳路与滨河路交叉口，始建于 1998 年，收水范围包括涧西区、高新技术开发区以及王城路沿线生活污水和工业废水，总体设计规模为日处理污水 30 万吨，分两期建成。一期处理规模为日处理 20 万吨，二期处理规模为日处理 10 万吨。目前执行《城镇污水处理厂污染物排放标准》（GB 18918—2002）一级 A 排放标准。涧西污水处理厂处理过的中水一部分供给神华国华孟津发电有限公司、大唐洛热热电有限责任公司、华能洛阳热电有限责任公司的工业循环水及锅炉补充水，另一部分排入中州渠作为景观用水。涧西污水处理厂建成后，对提高洛阳市污水处理率，进一步削减进入地表水体的污染物总量，改善洛河和黄河下游地区地表、地下水水质和保持洛阳市经济可持续发展都具有十分重要的意义，具有很大的环境效益和社会效益。涧西污水处理厂鸟瞰图见图 7-32。

**图 7-32　涧西污水处理厂鸟瞰图**

## 二、设计工艺流程与水质

从市政管网收集来的污水经过粗格栅去除大块的杂物之后通过潜污泵提升至厂区内的沉砂池，经过曝气沉砂池后去除掉细小的颗粒进入生物池内，在生物池内污水和活性污泥充分混合，污水中的有机污染物通过微生物的新陈代谢和吸附、降解被去除。泥和水的混合物流入二沉池，在重力作用下污泥下沉并利用静水压的原理被回收再次使用，多余的污泥进入重力浓缩池进行再次沉淀后经过离心脱水机被制成污饼装车外运到洛阳市污泥处理厂，水通过溢流堰板流入集水槽进入高效沉淀池。在一期高效沉淀池内投加聚合氯化铝和阳离子聚丙烯酰胺使水中胶体物质脱稳形成大的矾花沉淀，二期网格沉淀池内投加聚合氯化铝，从一期、二期沉淀池出来的水再分别通过一、二期纤维转盘滤池的过渡进一步降低水中的悬浮物，最后在水中投加二氧化氯进行消毒降低大肠菌群数。至此，污水经过一系列的工艺流程被净化形成中水可以被再次利用。工艺流程见图 7-33。

该工程设计水质见表 7-16。

表 7-16　　　　　　　　　涧西污水处理厂设计进出水水质

| 项目 | BOD$_5$<br>（mg/L） | COD$_{Cr}$<br>（mg/L） | SS<br>（mg/L） | TN<br>（mg/L） | NH$_3$-N<br>（mg/L） | TP<br>（mg/L） |
|---|---|---|---|---|---|---|
| 设计进水 | 200 | 380 | 300 | 45 | 35 | 5 |
| 设计出水 | 10 | 50 | 10 | 15 | 5（8） | 0.5 |
| 处理效率 | 95% | 86.8% | 96.7% | 66.7% | 85.7% | 90% |

## 三、处理效果

### （一）COD 处理效果

2020 年涧西污水处理厂进水 COD 为 246～488mg/L，平均值为 355.01mg/L，总去除率在 93% 以上，总出水 COD 稳定小于 33.5mg/L（见图 7-34）。

### （二）氨氮处理效果

2020 年涧西污水处理厂进水氨氮为 26.6～60mg/L，平均值为 42.17mg/L，总去除率在 96% 以上，出水氨氮稳定小于 3.38mg/L（见图 7-35）。

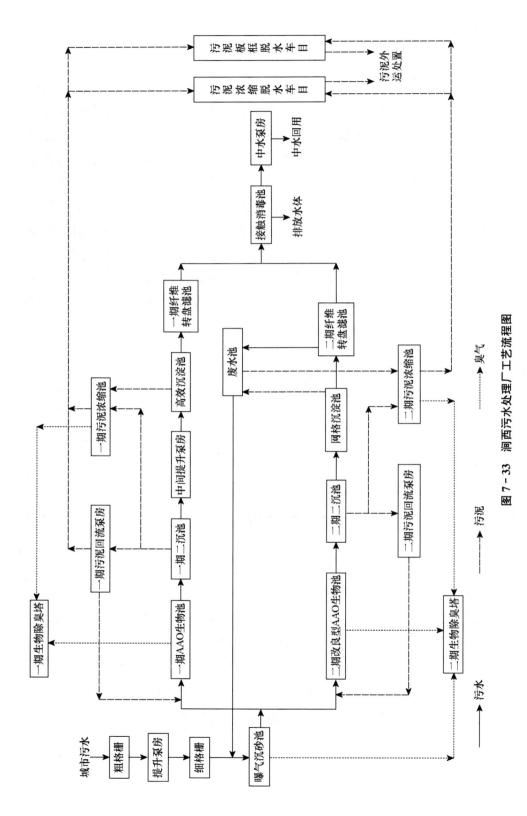

图 7-33　涧西污水处理厂工艺流程图

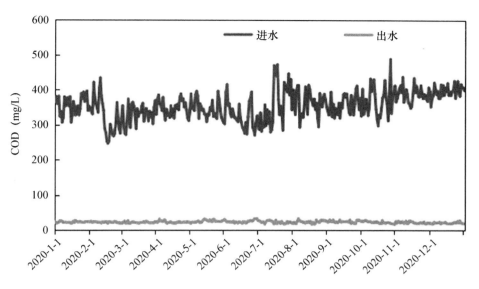

**图 7-34　涧西污水处理厂 COD 处理效果（2020 年）**

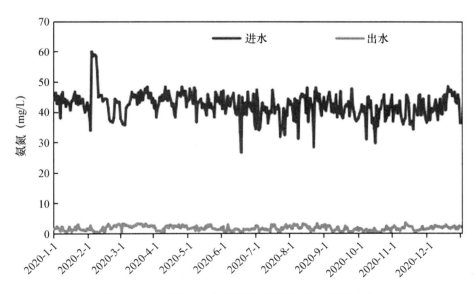

**图 7-35　涧西污水处理厂氨氮处理效果（2020 年）**

（三）总氮处理效果

2020 年涧西污水处理厂进水总氮为 42.7～78.2mg/L，平均值为 54.76mg/L，总去除率在 79％以上，出水总氮稳定小于 14.5mg/L（见图 7-36）。

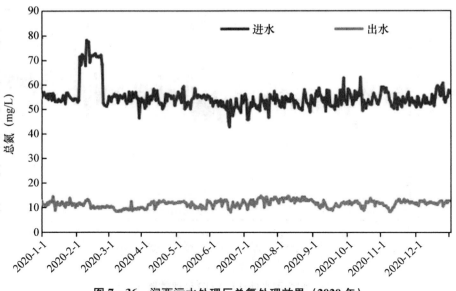

图 7 - 36　涧西污水处理厂总氮处理效果（2020 年）

（四）总磷处理效果

2020 年涧西污水处理厂进水总磷为 2.78～13.2mg/L，平均值为 6.31mg/L，总去除率在 96％以上，出水总磷稳定小于 0.41mg/L（见图 7 - 37）。

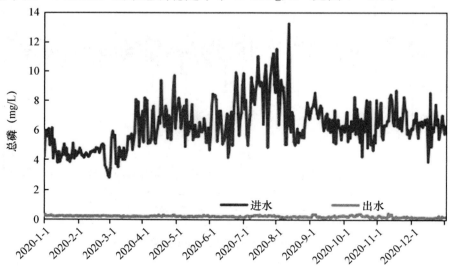

图 7 - 37　涧西污水处理厂总磷处理效果（2020 年）

四、运行能耗

2020 年涧西污水处理厂月平均总运行电耗为 0.276～0.327kW·h/m³，平均吨水电耗为 0.295kW·h/m³（见图 7 - 38）。

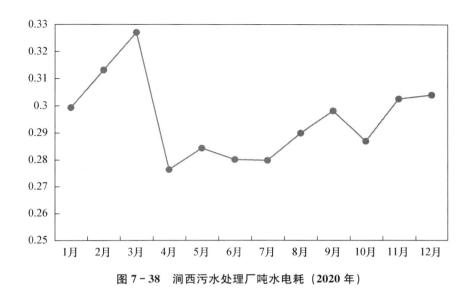

图 7 - 38　涧西污水处理厂吨水电耗（2020 年）

# 第十节　枣庄——南水北调示范项目

## 一、概况

枣庄北控污水处理厂位于山东省枣庄市薛城区西南部，主要收集处理薛城区建成区京沪高铁以西、高铁片区、枣庄市高新区等区域的生活污水和部分工业废水，生化处理采用北控自主知识产权的七段法两级 AO 工艺，深度处理采用磁混凝＋臭氧处理工艺，处理规模为 8 万 m³/d。为保护南水北调东线调水工程水质，枣庄北控污水处理厂于 2018 年 6 月启动提标改造，2019 年 10 月建成投产。设计出水质主要指标达到《地表水环境质量标准》（GB 3838—2002）中的准Ⅲ类标准（其中 COD≤25mg/L、TN≤10mg/L），目前出水稳定达标。该工程于 2019 年 5 月调试结束，8 月通过环保验收，10 月正式投产运行。枣庄北控污水处理厂是南水北调山东段首座出水严格达到地表水准Ⅲ类标准的提标示范项目，也是全国率先实施准Ⅲ类出水水质的提标工程，出水作为小沙河入微山湖的优质补给水源和城区工业回用水、生态补水、市政绿化用水，有效保障南水北调微山湖段的湖水水质，对南水北调东线湖泊的保护治理实现质的飞跃具有重要示范意义。

## 二、设计工艺流程与水质

枣庄北控污水处理厂工艺流程见图 7 - 39。污水经过预处理后，进入七段法两级 AO 系统进行有机物、氮、磷等去除，生化出水再进入磁混凝沉淀池及臭氧氧化单元，高效去除微量有机物、氮、磷等污染物。生化系统产生的剩余污泥、磁混凝

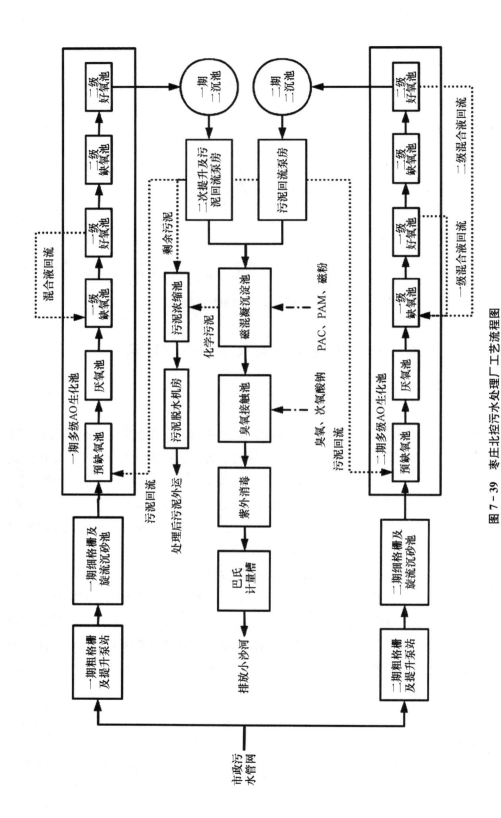

图 7 - 39 枣庄北控污水处理厂工艺流程图

沉淀池产生的化学污泥排放至污泥浓缩池，后经板框压滤机压榨出泥饼运输至电厂焚烧处置。污水厂总出水达到地表水准Ⅲ类标准，作为新水源一部分回用至电厂作为循环冷却水使用，一部分补充至城区人工湖景观用水、一部分作为市政园林绿化用水使用。

该工程设计水质见表 7-17。

表 7-17　　　　　　　　枣庄北控污水处理厂设计进出水水质

| 项目 | BOD$_5$（mg/L） | COD$_{Cr}$（mg/L） | SS（mg/L） | TN（mg/L） | NH$_3$-N（mg/L） | TP（mg/L） |
|---|---|---|---|---|---|---|
| 设计进水 | 230 | 450 | 200 | 40 | 30 | 3 |
| 设计出水 | ≤10 | ≤25 | ≤10 | ≤10 | ≤1（3） | ≤0.2 |
| 处理效率 | 92.5% | 90.7% | 95.4% | 76.2% | 98.6% | 95.2% |

## 三、处理效果

### （一）COD$_{Cr}$ 处理效果

2020 年枣庄北控污水处理厂进水 COD$_{Cr}$ 为 32～389mg/L，平均值为 140mg/L，总出水 COD$_{Cr}$ 为 6～23mg/L，平均值为 13mg/L，总去除率在 90.7% 以上，总出水 COD$_{Cr}$ 稳定小于 25mg/L，多数稳定小于 20mg/L，达到地表水Ⅲ类准标准（见图 7-40）。

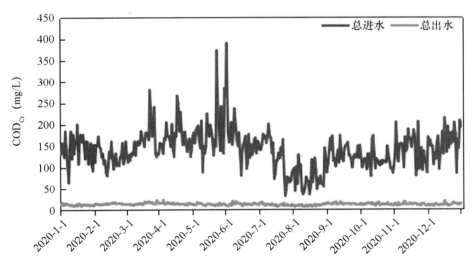

**图 7-40　枣庄北控污水处理厂 COD$_{Cr}$ 处理效果（2020 年）**

### （二）氨氮处理效果

2020 年枣庄北控污水处理厂进水氨氮为 5～53mg/L，平均值为 29.9mg/L，总出水氨氮为 0.03～0.87mg/L，平均值为 0.424mg/L，总去除率在 98.6％以上，出水氨氮稳定小于 1mg/L，达到地表水Ⅲ类标准（见图 7-41）。

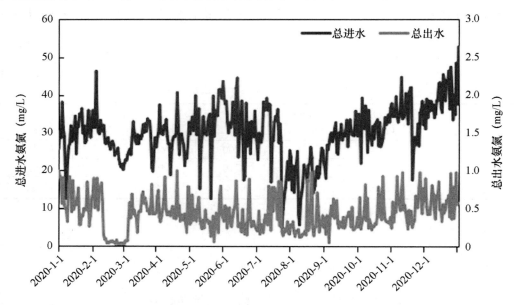

**图 7-41 枣庄北控污水处理厂氨氮处理效果（2020 年）**

（三）总氮处理效果

2020 年枣庄北控污水处理厂进水总氮为 10～53mg/L，平均值为 34.5mg/L，总出水总氮为 2.55～9.98mg/L，平均值 8.22mg/L，总去除率在 76.2％以上，出水总氮稳定小于 10mg/L（见图 7-42）。

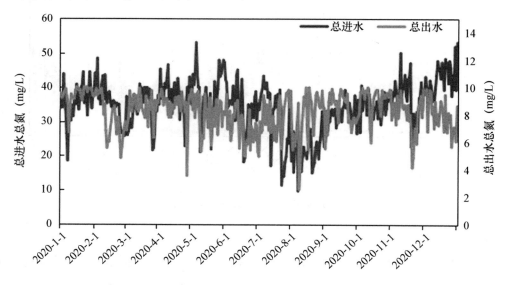

**图 7-42 枣庄北控污水处理厂总氮处理效果（2020 年）**

（四）总磷处理效果

2020 年枣庄北控污水处理厂总进水总磷为 0.4～6.9mg/L，平均值为 2.9mg/L，总出水总磷为 0.06～0.19mg/L，平均值为 0.14mg/L，总去除率在 95.2％以上，总出水总磷稳定小于 0.2mg/L，达到地表水Ⅲ类标准（见图 7-43）。

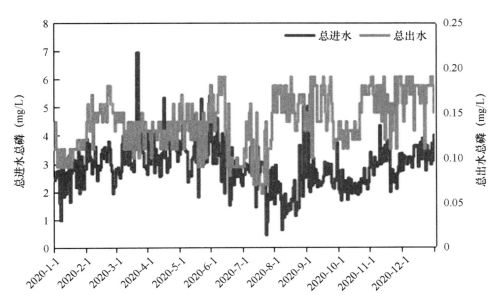

图 7-43 枣庄北控污水处理厂总磷处理效果（2020 年）

## 四、主要工艺段节点水质

枣庄北控污水处理厂由于要求出水达到地表水Ⅲ类准标准，其重点难点在于脱氮、除磷以及 COD 的去除。脱氮主要依靠七段法两级 AO 工艺实现，通过少量外加碳源，生化池实际出水总氮接近 8mg/L。通过外加除磷剂，磁混凝沉淀单元实际出水总磷接近 0.12mg/L，总氮去除率达到 76.2％，总磷去除率达到 95.2％。经过二沉池、磁混凝沉淀池的少量去除，最终保证总出水稳定达到总氮小于 10mg/L、总磷小于 0.2mg/L。七段法两级 AO 生化池出水 $COD_{Cr}$ 为 7～23mg/L、氨氮为 0.3～1.0mg/L，经过二沉池、磁混凝沉淀单元的少量去除，$COD_{Cr}$ 实际出水接近 13mg/L，去除率达到 90.7％，氨氮实际出水接近 0.5mg/L，去除率达到 98.6％以上。该厂各工艺节点水质见图 7-44。

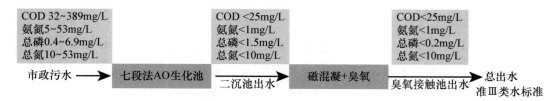

图 7-44　枣庄污水处理厂主要工艺段节点水质

## 五、运行能耗

2020 年枣庄北控污水处理厂月平均总运行能耗为 0.21~0.30kW·h/m³，平均运行能耗为 0.242kW·h/m³，其中七段法两级 AO 段（混合＋鼓风）运行能耗为 0.125~0.165kW·h/m³，深度处理区磁混凝单元能耗为 0.007~0.009 5kW·h/m³，臭氧单元单能耗为 0.047~0.097kW·h/m³（见图 7-45）。

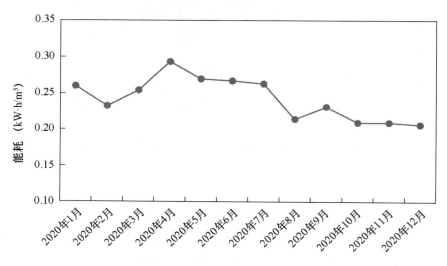

图 7-45　枣庄污水处理厂多级 AO 工艺运行能耗（2020 年）

# 第十一节　中国最大规模纺织印染再生水回用工程
## ——潮南印染中心再生水厂

## 一、概况

潮南印染中心再生水厂（8 万 m³/d）是中国规模最大的纺织印染再生水回用工程，位于广东省汕头市潮南区陇田镇与井都镇交界处，规划用地面积为 3 750 亩，是广东省练江流域综合整治的重点建设项目。潮南印染中心工程以污水处理厂建设为核心，配套建设热电联产、通用厂房、商住及道路管网等项目服务汕头市潮南区保留的 127 家印染企业入园生产。潮南印染中心再生水厂鸟瞰图见图 7-46。

**图 7-46　潮南印染中心再生水厂鸟瞰图**

潮南印染中心工程充分应用中信环境污水处理关键技术，实现印染废水处理稳定达标排放，同时，践行循环经济发展理念，在最大限度实现中水回用的基础上，利用热电联产项目工艺技术，协同处置废水处理污泥，实现污染物排放"减量化、再利用、资源化"。

## 二、潮南印染中心再生水厂及核心技术

### （一）污水再生系统简介

印染企业污水经污水厂处理后，按照污水处理厂循环用水设计的要求，将 50% 的污水（8 万 $m^3/d$）进行深度处理后作为再生水回用，工艺流程见图 7-47。

再生水原水含有较高盐分和色度，未经深度处理的再生水基本没有利用价值，经由超滤膜、一级反渗透膜处理后，盐分脱除≥98%，色度完全脱除，处理后的回用再生水作为企业生产用水，充分提高水资源利用率。

回用的污水一部分经超滤＋RO 工艺处理，转换成高品质再生水后回用于印染企业作为生产用水；另一部分经超滤＋一、二级 RO＋EDI 工艺处理后生产的高品质除盐水作为热电联产项目的高温超高压锅炉用水。

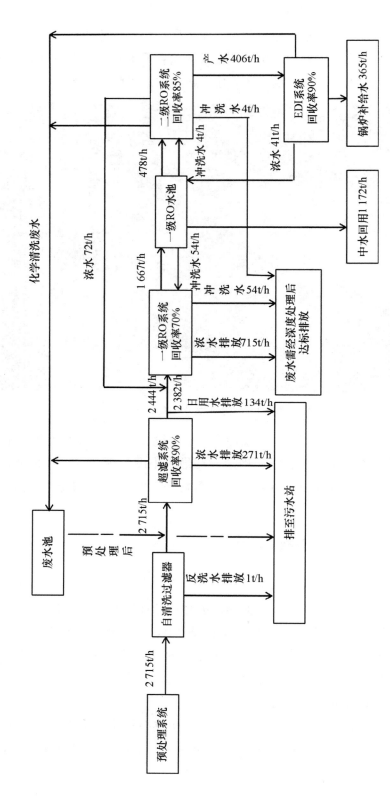

图 7-47 潮南印染中心再生水厂工艺流程

（二）核心技术简介

再生水深度处理系统前端采用由中信环境技术有限公司研发的 PVDF 中空纤维膜组成的超滤部分，中空纤维膜过滤精度可达 $0.01\mu m$，能有效去除自污水系统夹带而来的悬浮物和部分胶体，使产品水质澄清，同时杀死并去除大部分微生物，避免引起后端膜污染。再生水回用超滤系统一期在运行共 9 套，单套产水流量为 256t/h，采用错流过滤方式，日处理水量达 61 440 吨。经超滤系统产出的水再供给一级反渗透系统，反渗透系统同样采用中信自产的美能卷式反渗透 RO 膜元件，可脱除 98% 以上的离子，完全脱除色度和细菌微生物，有效降低水质硬度，利于园区企业用水。目前一期在运行 RO 膜组共 8 套，单套产水量为 208t/h，日处理水量可达 57 024吨。潮南印染中心再生水厂处理前后浓度的对比见表 7-18。

表 7-18　　　　　　　　　　潮南印染中心再生水厂处理前后浓度

| 项目 | COD（mg/L） | 氨氮（mg/L） | 总磷（mg/L） | 总氮（mg/L） | 硬度（mg/L） | 电导率（μS/cm） |
|---|---|---|---|---|---|---|
| 原水 | 64.1 | 7.24 | 0.11 | 8.42 | 120 | 3 892 |
| RO 产水 | 4.3 | 0 | 0 | 0.1 | 2.4 | 96 |

一级 RO 系统回收率为 70%，余下 30% 含盐量较高水作为浓水排放至污水处理厂。一级 RO 产水剩余少量 COD 经过二级反渗透后含量下降为 0，二级 RO 产水硬度为 0，避免了后端精密设备 EDI 系统污染。部分一级 RO 产水再通过后段的二级 RO＋EDI，产出高品质除盐水。二级 RO 盐分脱除率≥95%，EDI 盐分脱除率≥99%（见图 7-48）。

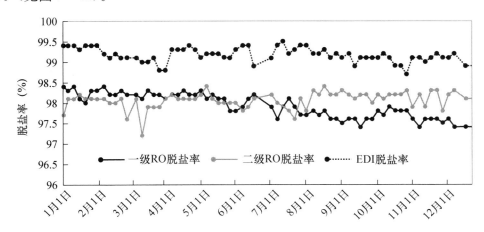

图 7-48　潮南印染中心再生水厂一、二级 RO、EDI 脱盐率（2021 年）

EDI 是一种将传统的离子交换和电渗析相结合的新兴超纯水处理技术，在低能耗的条件下也能极高效率地去除水中溶解性盐分，其产水电阻率优于传统混床，且省去了频繁的化学再生。车间 EDI 产水电导率可稳定在 $0.09\mu S/cm$ 以下，$SiO_2$ 含量≤5ppb，钠离子含量低于3ppb，产品水质远高于供水限值（见表7-19和图7-49）。

表7-19　　　　　　　　　　潮南印染中心再生水厂脱盐水产水指标

| 序号 | 项目 | 单位 | 数值 |
|---|---|---|---|
| 1 | 电导率 | $\mu S/cm$（25℃） | ≤0.2 |
| 2 | $SiO_2$ | mg/L | ≤0.02 |
| 3 | 铁 | $\mu mol/L$ | ≤0.03 |
| 4 | 铜 | mg/L | ≤0.005 |
| 5 | pH | | 8.5～9.2 |
| 6 | 硬度 | $\mu mol/L$ | — |

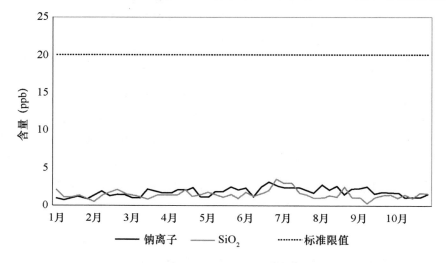

图7-49　潮南印染中心再生水厂 EDI 产水品质与标准限值

目前在运行 EDI 系统共4套，单套超纯水制备能力为125t/h，每日提供超纯水超过8600t。通过双膜＋EDI工艺产水电阻率长期稳定达到16兆欧，满足国家电子级水Ⅰ级标准，为印染循环工业园区的安全稳定生产提供了水源保障。

为提高潮南印染中心再生水厂的科学管理及自动化水平，其中控室配套建设了由中信环境技术有限公司技术团队自主设计、研发的污水处理信息化管理系统，系统集成了纳管企业的用水、用气和污水的排放浓度、流量等信息，可实行流量控制、超标收费等信息化管理。潮南印染中心再生水厂内部有污水进水浓度、流量、污水处理、再生水回用过程监控及膜反冲洗自动控制等功能模块，最大限度实现了污水处理全过程信息化监管，提高了自动化水平和安全稳定性。

（三）运行能耗分析

2021 年潮南再生水深度处理车间整体能耗较为平稳（见图 7 - 50），再生水深度处理工艺依靠压力作为推动力，整体能耗较高，EDI 系统通过电渗析促进离子交换，电能消耗较大。2021 年纯水电耗平均在 3.35～3.5kW·h/m³。

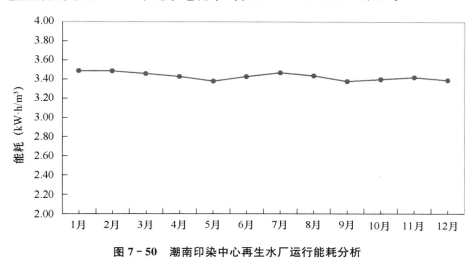

**图 7 - 50　潮南印染中心再生水厂运行能耗分析**

## 三、取得成效

2020 年 1 月，潮南印染中心再生水厂被国家发展和改革委员会、生态环境部评为"环境污染第三方治理园区"。

2020 年 12 月，潮南印染中心再生水厂"六位一体"循环经济产业经营模式通过科技成果评审，经相关权威机构及专家认定该工程整体技术达到国际先进水平，部分技术达到国际领先水平。

2021 年 1 月，潮南印染中心再生水厂通过广东省工业和信息化厅验收，被评为"广东省循环化改造试点园区"。

2021 年 7 月，潮南印染中心再生水厂被中国印染行业协会命名为"中国纺织印染循环经济产业园示范基地"。

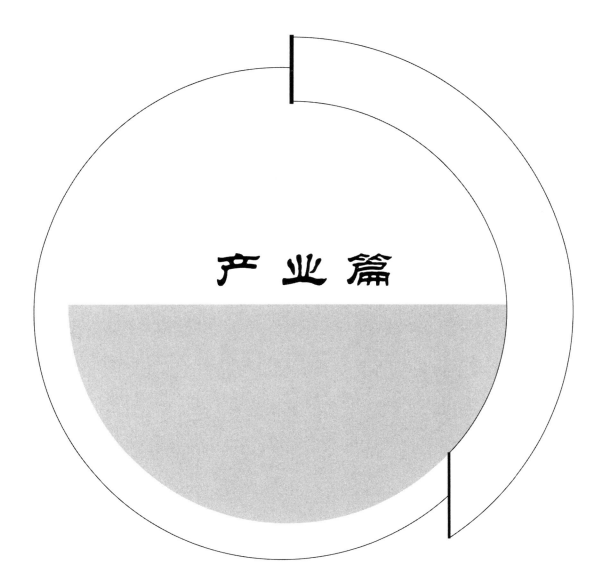

产　业　篇

# 第八章　市场竞争主体

## 第一节　北京首创生态环保集团股份有限公司

### 一、企业概况

北京首创生态环保集团股份有限公司（原北京首创股份有限公司，简称首创环保集团）成立于 1999 年，是北京首都创业集团有限公司旗下国有控股环保旗舰企业，于 2000 年在上交所挂牌上市。作为最早从事环保投资的上市公司，首创环保集团率先践行国内水务环保产业市场化改革，积极推动环保事业发展，致力于成为值得信赖的生态环境综合服务商。经过 20 余年发展，公司业务从城镇水务、固废处理，延伸至水环境综合治理、资源能源管理，布局全国，拓展海外，已成为全球第五大水务环境运营企业。

截至 2020 年底，首创环保集团在全国 28 个省、自治区和直辖市超百个城市拥有项目，水处理能力达到 3 047 万 $m^3/d$，年生活垃圾处理能力为 1 382 万 $m^3$，服务总人口超过 6 000 万。公司总资产达到 1 006 亿元，位居主板上市环保公司首位。

公司营业收入持续稳定增长，由 2015 年的 70.61 亿元增长到 2021 年的 222.33 亿元（见图 8 - 1）。2021 年公司营业收入同比增长 15.65%，归母净利润 22.87 亿元，同比增长 55.58%。公司城镇水务运营业务营业收入同比增长 22.34%，城镇水务建造业务营业收入同比减少 19.8%，毛利率增长 5.19%，水环境综合治理业务营业收入同比减少 7.09%，毛利率增长 13.44%，固废处理业务营业收入同比增长 44.68%。

　　2015 年，固废处理为公司第一大业务，占比为 40.05％；污水处理与给水处理为第三、四大业务，占比分别为 15.00％与 12.44％。2021 年，固废处理仍为公司的第一大业务，但营收占比从 2015 年的 40.05％下降到 34.69％；污水处理与给水处理营收占比分别为 22.83％与 11.91％（见图 8-2）。

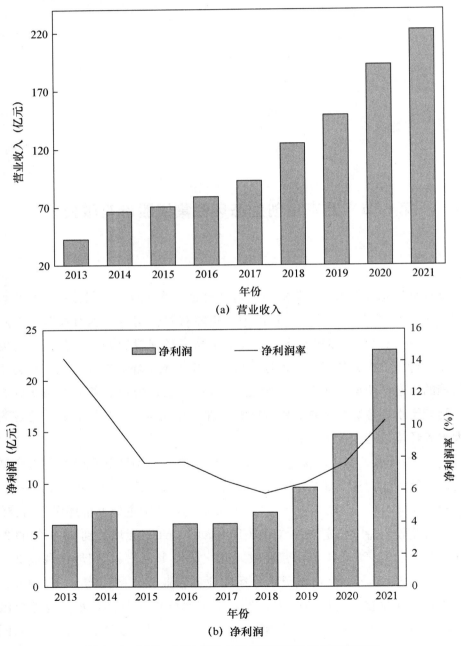

(a) 营业收入

(b) 净利润

图 8-1　2013—2021 年首创环保集团营收及净利润情况

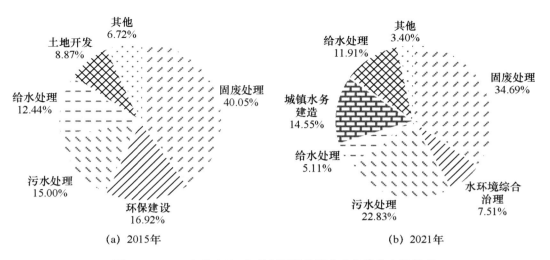

图 8-2　2015 年和 2021 年首创环保集团各业务营收占比情况

公司不同业务板块营业情况：2021 年，公司自来水销售收入为 37.63 亿元，得益于售水量的提升，收入不断增长，业务毛利率为 33.84%；公司污水处理收入为 50.48 亿元，业务毛利率为 39.12%，收入受益于保底水量和价格调整持续增长，业务毛利率有所增长；公司垃圾处理业务收入 76.71 亿元，业务毛利率为 26.74%。

公司业务遍及国内主要区域，尤其是在华北、华东和中南等经济较发达地区，2015 年营收占比较高的依次为华东、境外、华北、中南地区；2021 年，华北地区从 2015 的第三跃居到第一，华东地区退居第二（见图 8-3）。

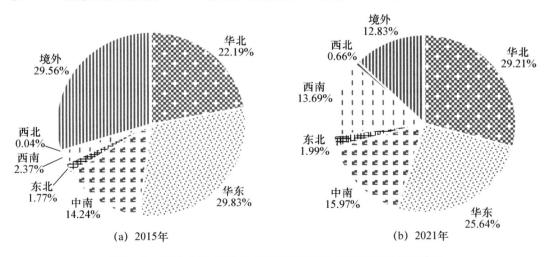

图 8-3　2015 年和 2021 年首创环保集团业务营收地区分布情况

## 二、工程业绩

公司不断聚焦主业，污水处理、自来水生产销售、水务建设、垃圾处理占营业总收入比重从 2011 年的 60% 到目前基本全部为环保主业。公司已形成了全国性的业务布局，水务投资和工程项目分布于 28 个省、自治区、直辖市，覆盖范围超过 100 个城市，并在湖南、山东、安徽等省形成了区域竞争优势，产生了明显规模效应，并初步实现了村镇水务业务的纵深化拓展。公司合计拥有超过 3 047 万 $m^3/d$ 的水处理能力，位居国内水务行业前列。

截至 2021 年底，公司供水能力为 1 028.33 万 $m^3/d$，其中控股公司产能为 1 013.23 万 $m^3/d$，污水处理能力为 1 471.40 万 $m^3/d$，其中控股公司产能为 1 338.63 万 $m^3/d$。水处理总能力达到 3 047 万 $m^3/d$；2021 年内新增投产水处理能力约为 146.04 万 $m^3/d$（见图 8 - 4）。2016 年以来，公司的水处理总能力呈逐年上升趋势。截至 2020 年底，公司水处理能力占全国的比重大约为 6%。

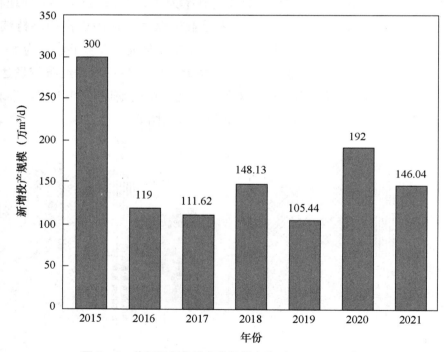

图 8 - 4　首创环保集团产能规模变化（2015—2021 年）

## 三、经营情况

### （一）战略聚焦，做强环保主业

2021 年 6 月，公司更名为北京首创生态环保集团股份有限公司，简称变更为首创环保集团，证券简称变更为首创环保。首创环保集团实现新增投产水处理能力约 39.7 万 m³/d，其中供水新增约 2.70 万 m³/d，污水新增约 37.00 万 m³/d。2021 年，天津、湘西等地新增供水产能，北京、天津、东营、临沂、新乡、青岛、娄底、汕尾、宜宾、仁寿、六盘水、合肥、铜陵等地新增污水产能。安阳、恩施、运城、海宁、成都、合肥、务川等地部分存量项目完成水价调整，自来水生产销售收入、污水处理收入相应增长，同时公司坚持精益运营、精细管理，运营效率不断提升。水环境综合治理方面，宿豫、福州项目于 2020 年底全部转入商业运营，固原、内江项目本期部分转运，宿豫乡污改造、栾城区古运粮河、淮安黑臭水体治理等项目按进度确认收入。城镇水务建造方面，铜川漆水河、舞阳、邵阳红旗渠、庆阳、临沂二污扩建等项目按进度确认收入。

（二）精准投资，加强资产管理

2021 年上半年，首创环保集团净资产收益率（ROE）同比提升 3.37 个百分点，收入、利润等额度指标持续增长且轻资产占比提升，公司资产经营效率不断提升。依托公司自身的运营能力，不断强化优势区域布局、优化增量。公司紧随国家发展战略，在"生态＋"战略的引领下，积极融入京津冀、长江经济带、粤港澳大湾区等国家重点战略中。截至目前，中山市岐江流域水体治理先后发布 15 个项目，其中首创环保集团及联合体中标 5 个，独占三分之一，中标总金额超 160 亿元，运营费约为 23 亿元，充分体现了市场对首创环保集团轻资产能力的认可。2021 年上半年，公司水务、污泥业务新增 4 个签约项目，其中 3 个是轻资产项目，分别是阜阳市阜南县供排水一体化 EPCO 项目、中山市未达标水体综合整治工程（前山河流域）EPCO 项目、青岛市城阳区污水处理厂污泥处置工程（一期）EPCO 项目。

（三）精益运营与管理，提升增长质量

首创环保集团管理费用率同比下降 1.32%，财务费用率同比下降 0.27%。水务运营方面，公司通过对重点项目和核心事项的梳理，建立调度、督推、考评等六大机制，不断提升增长效率。

- 运营效益不断改善，实现综合水费回收率同比增长 1%，供水业务产销差率同比下降 0.38%。

- 增收节支成果显著，完成 9 家项目公司水价调整，对公司业绩实现有效支撑。

- 运营能力逐步升级，城镇水务聚焦经营发展、品质形象、业务开拓、服务平台四个方面，夯实责任，明确抓手，持续优化运营管理体系。

首创环保集团不断强化水环境业务的系统方案能力，建立了生态项目资产体系，形成绩效导向型运营指标体系，依托项目全周期的信息共享平台，朝着区域化、流域化智慧运营方向大步迈进。

（四）技术引领，打造竞争优势

首创环保研集团发费用达 4 637 万元，同比增长 67.23%，为增强公司技术创新能力和行业竞争力提供了坚实基础。公司围绕数字化转型和高质量发展，以提升管理效率、业务效率为目标，统筹各类信息化项目的开发进度和建设节奏。

● 加大开发力度，迭代优化财务、办公、运营等系统功能，对于应用成熟的系统，适时推广至相应子公司、子单位，以相对一致的节奏推进公司整体数字化进程。

● 拓展智慧化产品边界，高度重视科研创新、产品创新和服务创新，不断迭代升级城市水务信息化、水环境综合管控平台、市级综合环保管理平台等多个产品，同时关注智慧环保整体解决方案和相应产品组合的开发，打造生态环境监测平台、大数据资源中心、大数据应用平台等系列产品，智慧化赋能环保业务。

首创环保集团从行业发展和技术提升实际需求出发，推动科技成果转化推广与加强科技成果示范应用。

● 科技成果转化推广——开展低碳超净污水处理技术集成工艺，以及在线水质毒性监测仪、智能加药控制系统、智能曝气控制系统、连续深度脱水耦合低温干化工艺、污水处理生物模型建模与运营优化服务、"厂网河"联合调度模拟关键技术等技术产品转化推广，促进公司技术价值链的突破升级。

● 加强科技成果示范应用——开拓科技成果转化的产业化路径，好氧颗粒污泥技术、资源回收型污水再生技术等多项技术集成工艺进行工程示范，以及二次供水装置及自动化控制系统、供水污泥带式浓缩深脱系统、污水厂能效管控平台、二沉池改良技术、多模式生物滤池、污水源热泵等 8 项技术产品示范应用。

2021 年，首创环保集团稳步推进污水处理、污泥处置和水环境三大领域的集团重大科技项目，并主导或参与国家级科研项目 10 项，市级科技项目 1 项。此外，公司加强企业自主立项科技项目研发和管理，年度结题科技项目 6 项，现有在研科技项目 17 项。

## 四、公司核心竞争力分析

### （一）全业务、全产业链、水固协同的市场拓展能力

近年来，首创环保集团立足传统水处理业务，不断拓展业务范围，形成了包括传统水务、再生水、固废处理、环境综合治理的全业务布局。已建成融资、投资、建设、运营、技术、信息化、集采、装备为一体的综合水务平台以及前端垃圾收集、中端垃圾转运分拣到末端垃圾分类处理的固废全产业链业务，可为客户提供包括项目投资、技术研发、工程建设、系统集成、设备供应、运营维护在内的多项服务。

首创环保集团依托业内领先的水务和固废处理产能，创新完善"水务—固废"治理业务协同发展，推动构建新型合作模式，发挥资源共享效应，协同布局环境综合治理业务，把全业务、全产业链、水固协同的市场拓展能力打造成为公司核心竞争力。公司及固废业务子公司首创环境联合开展的雄安新区白洋淀农村污水、垃圾、厕所等环境问题一体化综合系统治理先行项目已完工，建设的污水处理设施有效收集、处理了农村生活污水，高标准完成垃圾清扫收运和公共厕所保洁工作，显示公司在"水务—固废"协同提供环境整体解决方案方面的竞争优势。

### （二）多年深耕细作形成的运营能力

截至 2021 年，首创环保集团已投入运营的供水规模（控股）约为 589.24 万 $m^3/d$，污水处理规模（控股）约为 831.62 万 $m^3/d$。良好的区域优势是公司未来增量发展的基础，在沿海发达地区、省会城市的资产占公司经营总资产规模的一半，创造了公司大部分的特许经营收入。经过 20 多年的深耕细作，运营能力已成为首创环保集团在行业的名片。凭借规范运行的责任担当和成本控制能力，首创环保集团普遍得到了项目所在地政府的好评。在后续项目的招投标过程中占得先机，客户的黏性优势明显。

### （三）低成本、多元化的融资能力

首创环保集团是 AAA 信用评级的国有控股上市公司，现金流稳定，抗周期性强，拥有多元化的融资渠道。公司于 2016 年至 2021 年在上海证券交易所共发行 9 次公司债产品，银行间市场共发行 14 次超短期融资券、5 次中期票据，累计发行金额为 265 亿元，平均利率约为 3.93%，低于同期基准贷款利率水平。同时，公司围绕盘活存量资产、控制资产负债率、降低融资成本、赋能公司发展等方面不断尝试金融创新，实现多个金融产品的先行先试，树立了资本市场创新融资的典范。2021

年 6 月 21 日，公司富国首创水务 REIT 于上交所正式挂牌交易，成为首批试点公募 REITs 中唯一一家以污水处理基础设施为基础资产的产品，得到市场广泛认可。2021 年 3 月 27 日，公司"2020 年第一期创新型资产支持证券"业务荣获 2020 年度资产证券化行业汇菁奖之杰出产品奖。

（四）产学研用结合的技术研发能力

近年来，首创环保集团持续加大研发投入力度（见图 8-5），2021 年度公司研发投入超过 1.44 亿元，同比增长 36.36%。主导或参与国家级科研项目 10 项，市级科研项目 1 项；编制了 5 项团体标准，2 项行业标准，4 项地方标准；申请了 83 项国家专利，其中发明专利 35 项，实用新型专利 48 项；获得授权国家专利 50 项，其中发明专利 1 项，实用新型专利 49 项，获得软件著作权 21 项。

图 8-5 2015—2021 年首创环保集团研发投入情况

首创环保集团构建了自来水供应、市政污水处理、工业园区废水处理、排水管网系统建设、村镇污水处理、污泥处置、流域水环境综合治理和智慧水务 8 大业务领域科技创新技术平台。充分发挥"院士专家工作站""博士后科研工作站""中-荷未来污水处理技术研究中心""首-哈未来水质净化与水资源可持续利用技术产业化中心"等科技创新平台作用，先后与荷兰代尔夫特理工大学、德国亚琛工业大学、清华大学、中国人民大学、浙江大学等知名高校搭建校企合作中试平台及人才培养基地，构建首创技术生态圈，推动公司核心技术开发；同时，公司加强东坝污水处理中试基地、徐州供水技术中试基地、延庆污泥设备中试基地建设，保障科技创新平台稳定运行，积极开拓科技成果转化的产业化路径。

公司从产业发展需求出发，布局科技成果孵化培育体系，实现研发成果的落地示范和应用推广，有效提升了公司自主创新和业务服务能力。公司固废业务平台首创环境以科技创新为根本发展动力，强化科技赋能，持续加大研发投入，从根本上提升运营效率。首创环境成立科技创新管理委员会和科技创新管理办公室，编制完成《科技创新实施方案》，标志着科技创新工作步入正轨；完成 10 个科研课题立项工作，推进重大科技项目实施，取得阶段性进展。同时，首创环境坚持制度创新和科技创新并行的发展路线，重视科技型人才和科技创新能力建设，科技人才序列管理制度已完成编制。

## 五、公司布局与发展战略

2021，首创环保集团聚焦环保主业，深耕区域化、流域化治理，向城市水、固、气综合解决方案拓展和引导客户，为城市近零排放、综合资源能源管理的碳中和终极目标努力。

2022，首创环保集团逐渐进入从重资产发展模式向轻资产发展模式转型的关键期。一方面，重资产业务通过精选城市、精选项目、精选战略合作伙伴，严格投资标准，实现量的增长和质的提升；另一方面，积极拓展轻资产服务能力，逐步由投资驱动向专业驱动换挡。

未来，首创环保集团将保持高速增长的科技研发投入，以"高效"技术开发为基础，推进"智慧"和"绿色"技术的发展，打通研发、应用、转化链条，广泛应用新技术到公司价值链各个环节；以提升业务与科技的链接能力为切入，聚焦内部业务需求，逐步向数据驱动、智慧决策的方向发展，塑造适应新时代特征的新产业，实现以数据赋能业务的战略目标。

# 第二节　北控水务集团有限公司

## 一、企业概况

北控水务集团有限公司（简称北控水务集团）是北控集团旗下专注于水资源循环利用和水生态环境保护事业的旗舰企业，是集产业投资、设计、建设、运营、技术服务与资本运作为一体的综合性、全产业链、领先的专业化水务环境综合服务商，水处理规模位居中国行业第一位。其业务涵盖市政水务（包括水源项目、输水项目、供水项目、污水项目、再生水项目、管网运营等）、水环境综合治理业务（包括城市黑臭水体治理、城市流域综合治理、智慧环境、生态柔性城市构建、区域环境治理、新农村建设等）、工业水务（包括工业园区废水处理与回用、石化煤化医药等行业废水处理与回用等）、海水淡化业务，以及行业科技服务与金融服务等。作为香港主板上市公司，北控水务集团已入选香港恒生中资指数、摩根士丹利资本国际指数等多只重要国际成分股。其母公司北控集团是中国最大的公用事业类企业，营业收入、资产总额、利润均排名北京市国有企业前三。

## 二、项目业绩

截至 2021 年 12 月 31 日，北控水务集团拥有水厂及乡镇污水处理设施总数为1 370 座，其中有 1 116 座污水处理厂及乡镇污水处理设施，191 座自来水厂，61 座再生水处理厂，2 座海水淡化厂。水厂遍布全国 20 个省、5 个自治区和 4 个直辖市；总设计处理能力达 4 488.6 万 $m^3/d$，其中污水处理能力为 2 580.2 万 $m^3/d$，供水能力为 1 497.8 万 $m^3/d$，再生水处理能力为 375.7 万 $m^3/d$，海水淡化能力为 35万 $m^3/d$（见图 8-6）。2020 年底，北控水务集团水处理规模占全国水处理规模的8.2%，居国内水务行业之首。水环境综合治理项目有 30 余个，流域综合治理面积超过 7 000$km^2$，治理河流长度超过 1 500km，水环境综合治理管网长度超过4 000km。北控水务集团再生水部分案例见表 8-1。

表 8-1　　　　　　　　　　　　北控水务集团再生水部分案例

| 项目 | 再生水运营规模（万 $m^3/d$） | 工艺 | 转商运时间 |
|---|---|---|---|
| 锦州市第一污水处理厂再生水项目 | 8 | AAO | 2009 年 |
| 昌平沙河再生水一期 | 3 | AAO | 2011 年 |
| 锦州第三污水处理厂 | 5 | AAO，斜管（板）沉淀池 | 2013 年 |
| 嵩明污水处理厂尾水处理 | 2 | AAO，平流式沉淀池，V 型滤池，高密度沉淀池 | 2014 年 |
| 洛阳市涧西污水处理厂 | 10 | AAO，高密度沉淀池 | 2015 年 |
| 土右旗中水回用项目 | 2 | CASS/CAST/CASP，V 型滤池，斜管（板）沉淀池 | 2016 年 |
| 安宁太平新城中部污水处理厂 | 1.25 | AAO | 2016 年 |

续表

| 项目 | 再生水运营规模（万 m³/d） | 工艺 | 转商运时间 |
|---|---|---|---|
| 河间污水厂再生水处理一期 | 1.2 | 辐流式沉淀池，AAO，氯消毒，紫外消毒，高密度沉淀池 | 2016 年 |
| 北京稻香湖再生水一期 | 8 | 多级 AO，超滤 | 2017 年 |
| 昌平区沙河再生水厂二期工程 | 6 | AAO | 2018 年 |
| 昌平再生水厂二期工程 | 3 | 多级 AO | 2018 年 |
| 呼伦贝尔北控水务有限公司 | 5 | AAO，斜管（板）沉淀池 | 2021 年 |

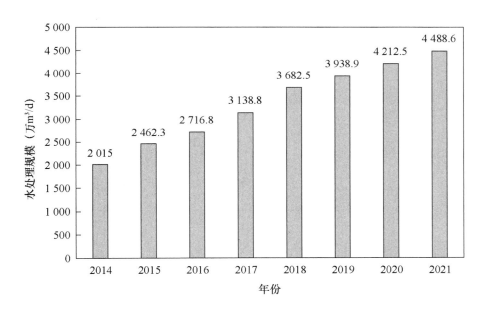

图 8-6　2014—2021 年北控水务集团水处理服务规模

## 三、经营情况

截至 2021 年 12 月 31 日，北控水务集团总资产达到 1 836 亿港元，同比增长 5%，净利润为 41.9 亿港元，同比增长 0.3%，主营业务收入为 278.8 亿港元，同比增长 9.93%，企业总设计能力为 4 488.6 万 m³/d，同比增长 6.55%。服务领域遍及 9 个国家，在 100 多个城市运营 1 300 余个项目，企业全球员工超过 19 000 人；项目覆盖全国 31 个省、自治区、直辖市，紧密对接国家重大战略，在核心治水高地

"三片两江一带三亮点"重点布局。

北控水务集团重点业务包括水处理服务、水环境综合治理建造服务和水环境治理技术服务及设备销售，其中水环境综合治理建造服务项目为北控水务集团贡献了11%的营业收入，但主要收益则是来自水处理服务，以40%的营业收入创造了较高的利润，公司股东应占溢利为57%（见图8-7）。2008—2021年北控水务集团营业收入、毛利润及毛利率的变化见图8-8和图8-9。

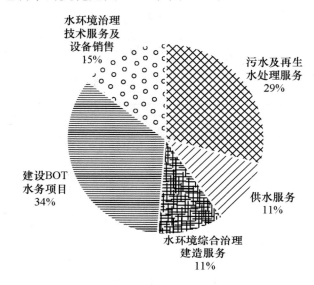

图 8-7 2021 年北控水务集团各业务收益占比情况

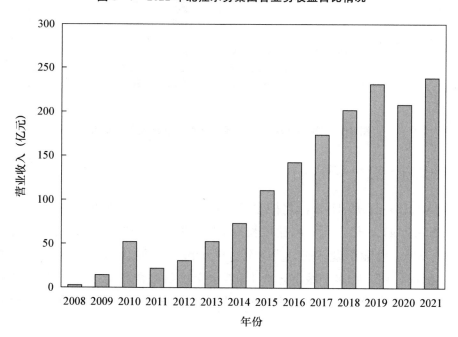

图 8-8 北控水务集团营业收入年度变化

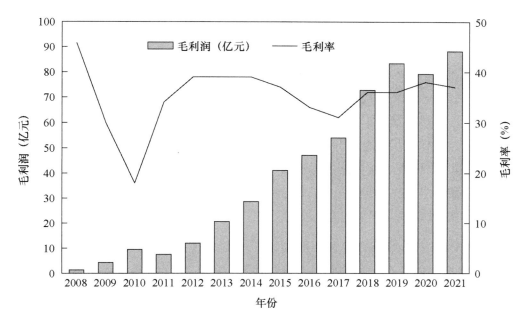

图 8-9　2008—2021 年北控水务集团毛利润及毛利率变化

## 四、核心竞争力分析

### （一）金融投资能力

北控水务集团深耕资产管理平台，通过引入财务投资人、存量资产轻资产化、寻求战略合作者，走出一条适合自己的轻重结合发展之路。

北控水务集团成立北控金服，并与诸多大型金融机构建立了战略合作关系，在并购基金、产业基金领域展开全方位合作，全面打造北控水务集团自己的金融控股服务平台，让绿色金融焕发无限生机；与国寿投资共同设立北控国寿水务基金，基金规模为 240 亿元；与三峡资本共同出资设立长江绿色发展基金管理有限公司。

北控水务集团战略性股权投资已在六大板块 12 个环保细分领域进行产业布局，涵盖多家上市水务企业、设计院、工业水务、固废危废、膜科技公司和智慧水务公司；投资的 23 家公司中已经有 9 家公司成功上市，通过各领域之间的资源共享，助力发展达到协同共赢的目标；致力于构建具有超强活力的具有共生、互生、再生特点的泛中心化的水务环境命运共同体。

### （二）技术方案能力

北控水务集团始终高度重视技术研发、技术集成、技术创新和技术应用，构建了"两主多专"（两主是水务、水环境综合治理，多专是环卫及固废、海外业务、科技服务、金融服务、清洁能源等）的业务发展格局，持续推动环境产业高质量发展。

北控水务集团围绕"灰绿结合的厂网河湖一体化，创造美好人居环境"的理念构建技术能力，从水源管理与水源地保护到保障供水与高品质饮用水，从管网（雨、污）系统到市政污水再生与资源化，从村镇水务环境一体化到流域环境治理与开发，从污泥处理与处置到风险管理与智慧决策支持，通过八大产品序列、数十项课题研究、数百项专利与技术标准积累，从城市到村镇，从水源到污水资源化，从可持续发展到生物多样性保护，覆盖美好人居环境方方面面，满足不同客户需求，为他们提供定制化解决方案。

（三）技术研发能力

北控水务集团拥有完善的研发产业化体系、团队以及成果。科技创新工作秉承以客户需求为源，提升科技创新价值的理念，以技术识别捕获、科技创新研发、科技成果转化、创新人才培养为核心内涵，以研发项目化、项目产品化、产品市场化为重要途径，掌握了一批底座技术和底座产品。

北控水务集团累计承担了科学技术部、住房和城乡建设部、生态环境部、北京市等省部级重大科技专项和校企合作、企业自主研发项目 60 余项，拥有 26 项创新技术、百余项专利、技术商标和软件著作；参与编制 17 项国家标准、5 项行业标准、9 项地方标准及 8 项团体标准；获得 2 项国家级奖项、6 项省部级奖项；构建了独具特色的科技创新平台体系，包括 2 个大型甲级设计院、3 个科研院站、6 个国家级省级科研中心在内的合作创新平台，以及市政水务、水环境、工业水、供水 4 类技术与装备验证平台，打造了 37 000m³/d 的验证能力；培养了一批科技创新人才、企业科学家及领军人才，为企业科技转型提供助力。

（四）卓越运营能力

北控水务集团污水运营管理系统结合运管的标准管理模式，覆盖水厂的工艺、设备、安全、综合管理、运行评价等全业务场景，实现工艺调整、运行巡检、设备巡检及维修养护等核心业务流程的标准化、自动化。基于实时数据和工单数据的提取，水厂可定义生成多种专题报表；同时各厂按照集团星级模型、设备评价模型、工艺评价模型进行自动评价，以一厂一策和工艺调控工具为手段实现过程调优。水厂、业务区、大区、集团各层级均可以通过系统获取水厂关键指标排名、水质预警、星级评分等数据。依托这套系统，将运营管理理念和线上工具深度融合，实现了标准管理模式复制与强流程管控，形成了组团合力。

　　北控水务集团将核心运营能力与新一代水处理技术结合，打造了一套自主可控的数字化工具，并形成了行业内第一个服务于水务企业的智慧云平台——BECloud。基于 BECloud，形成了多层级 1＋N 管控能力，实现了集团全业态数字化能力的覆盖。随着数字化工具支撑的模式建设力逐步形成，集团的项目管理也从传统模式转向 1＋N 集约模式。放眼全国，北控水务集团以 1＋N 模式智慧运行的项目已经遍地开花。各业态及多业态数字化系统均同步在项目上完成部署并持续运用。

　　北控水务集团将 GIS、BIM、AR、物联网、水科学模型模拟等多元技术在水环境领域中融合应用；实现水质水量实时监控预警、网格化精细运维、安全应急联动处置、工程绩效动态考核评估等，为流域水环境管理提供系统化、精细化与科学化管理工具；为各级河长提供便捷的监管工具，提高管控效率，为相关水环境管理者提供动态的数据决策依据，有助于打造宜居的水环境生态体系，提高人民的满意度。

## 五、企业特质与发展战略

　　作为新型国企，北控水务集团是混合所有制的典型，具备国企的坚守使命、民企的灵活务实和外企的开放包容以及在此基础上内生的现代国企、新国企发展动力。正是这样的复合基因和发展动力的叠加，使得北控水务集团能够快速地适应市场变化，灵活自主地发展。

　　产业的发展离不开战略的指引，随着经营环境的日益复杂化，北控水务集团通过实施"双平台"战略来保证快速迭代、不断升级。"双平台"战略中的运营平台给予资管平台基业和品牌支撑，资管平台又给予运营平台资管反哺，同时，生态战略以提升效率和补充能力来推动双平台发展，创新战略以降低成本和创造价值来进行驱动，数字化战略进行智慧工具赋能，共同支撑北控水务集团向轻资产模式转型。

## 六、公司发展历程

　　2008 年，北控水务集团正式成立，与优秀民营环保企业中科成环保集团有限公司重组，并在香港主板上市；从第一个污水处理厂——四川省绵阳塔子坝污水厂开始，业务逐渐拓展至全国 30 余省、自治区、直辖市；第一个含供水业务的厂网一体化项目——广西贵港北控水务项目，其供水规模达 25 万 $m^3/d$，污水处理规模达 10 万 $m^3/d$。

　　2009 年，积极响应"走出去"国家战略，建设马来西亚最大的污水处理厂——潘岱Ⅱ地下式污水厂。

2010 年，登上"中国水业十大影响力企业"榜首，并保持至今；签约集团首个单体最大的污水处理项目——深圳横岭污水处理厂特许经营项目，处理规模为 60 万 m³/d；进军水环境综合治理领域，投资建设昆明滇池环湖南岸截污干渠等重大项目。公司股票纳入香港恒生综合指数成分股，在新加入恒生综合指数的在港上市公司中，北控水务集团是唯一一家以水务为主业的公用事业公司。

2011 年，与清华大学合作成立"清华大学－北控水务集团环境产业联合研究院"；探索海水淡化领域，投产的曹妃甸海水淡化项目被列为"国家发展和改革委员会海水淡化重点示范项目"。

2012 年，在北京建设中国北方第一个全地下式污水处理厂——海淀稻香湖再生水厂；开启与境内外大型金融机构合作拓展多元化融资模式，与国家开发银行海内外各级分行建立全面合作关系。

2013 年，收购建工环境、标准水务、实康等众多水务项目，刷新中国水业"单一企业单一年度新增水处理规模"纪录；签约贵阳市南明河水环境综合整治工程建设投资项目，全面进军水环境综合治理领域，开辟国内流域综合治理先河；收购法国威立雅葡萄牙水务公司下属的两家全资子公司 100％股权，并拓展业务至葡萄牙；公司股票入选摩根士丹利资本国际指数。

2014 年，中标新加坡樟宜Ⅱ新生水厂项目，成为迄今为止唯一一家进入新加坡水务市场的中国水企，也是新加坡首个由国外公司主导的 PPP 项目；积极服务"主权三沙、美丽三沙、幸福三沙"国家战略，有效缓解三沙市居民和驻岛官兵的饮水难题；荣获 GWI 全球水务论坛评选的"全球年度水务公司四佳"，是唯一入选的亚洲水务公司；入选沪港通首批试点单位。

2015 年，成立北控环境投资（中国）有限公司，后更名为北控城市资源集团有限公司，进入环卫领域；成立北控清洁能源集团有限公司，进入光伏领域，并在香港主板上市；控股湖南北控威保特环境科技股份有限公司，进入固废、危废处理领域。

2016 年，首次入选《财富》中国 500 强，此后连续五年荣登该榜单，排名逐年上升；签约广东鹤山沙坪河综合整治工程项目，该项目为岭南特色城乡水系水环境综合治理的典范之作；中标北京城市副中心通州项目，助力京津冀协同发展。

2017 年，乌鲁木齐市水进城项目开工，该项目为打造城市河流复兴与城市生态的修复典范；与宜兴市政府签约宜兴农村治污和管网 PPP 项目，该项目为国内最大的农村分散式治污项目和盘活存量管网资产项目；正式发布生态战略，旨在对内向生态型企业转型，对外构筑共赢的水务环保生态系统，提升公司综合性项目的服务能力；全面参与首都水务及水环境治理，贡献新航城再生水项目、2022 年冬奥会项目等品质工程，为打造美丽首都提供有力支撑。

2018 年，首次发布"双平台"战略，加速轻资产化转型步伐；以澳大利亚 Trility 水务集团为平台，成功进入澳大利亚、新西兰市场；联合国前秘书长潘基文先生实地考察北控水务集团新加坡樟宜 II 新生水厂，对这一项目出水品质表示充分肯定；牵头成立中国生态环境产教联盟，发布《北控水务集团战略蓝图与产教联盟行动纲要》，致力于为中国环保行业储备高素质技能人才。

2019 年，发布并实施全面创新战略，为资本、技术、人才、数据四核驱动提供创新动力；与三峡集团同行，共抓长江大保护，阶段性成果不断涌现；正式进入非洲市场，为博茨瓦纳、安哥拉提供水务服务；智慧水务布局加速，BECloud 智慧云平台正式发布。

2020 年，全面加速数字化转型，制定数字化转型蓝图与实施方案，系统加强数字化能力建设；2 家成员企业成功登陆资本市场——北控城市资源集团有限公司在香港主板上市、金科环境股份有限公司在上交所科创板上市；持续拓展海外业务，成功进入斯里兰卡水务市场；入选教育部全国第四批"1＋X"证书试点名单。根据摩根士丹利资本国际公司最新公布的公用事业板块公司 ESG（环境、社会及企业管治）年度评级结果，北控水务集团评级升至 BBB 级，成为中国上市水务公司中评级最高的公司，也是唯一一家获得 BBB 评级的水务公司。

# 第三节　北京碧水源科技股份有限公司

## 一、企业概况

北京碧水源科技股份有限公司（简称碧水源）由归国学者于 2001 年创办，是中关村国家自主创新示范区高新技术企业，以自主研发的膜技术解决中国"水脏、水少、饮水不安全"三大问题，以及为城市生态环境建设提供整体解决方案。2010 年在深交所创业板挂牌上市，目前净资产逾 230 亿元。自上市以来，碧水源受到资本市场持续青睐，具有强大的融资能力和资金实力，亦是北京市首家民营银行——中关村银行的发起人和创立者。2020 年，中交集团全资子公司中国城乡控股集团有限公司控股碧水源，共同服务国家生态文明发展战略。碧水源以技术创新、商业模式创新、管理与机制创新为三大引擎，已发展为世界一流的膜技术企业之一，是中国环保行业、水务行业标杆企业，创业板上市公司龙头股之一，中关村自主创新知名品牌。

碧水源是一家集膜材料研发、膜设备制造、膜工艺应用于一体的高科技环保企业，已发展为全球一流的膜设备生产制造商和供应商之一。公司在北京怀柔建有膜研发、制造基地，核心技术包括微滤（MF）膜、超滤（UF）膜、超低压选择性纳滤（DF）膜和反渗透（RO）膜，以及膜生物反应器（MBR）、双膜新水源工艺（MBR-DF）、智能一体化污水净化系统（ICWT）等膜集成城镇污水深度净化技术。年生产能力为微滤膜和超滤膜 1 000 万 $m^3$、纳滤膜和反渗透膜 600 万 $m^3$，及 100 万台以上的净水设备。目前已形成市政污水和工业废水处理、自来水处理、海水淡化、民用净水、湿地保护与重建、海绵城市建设、河流综合治理、黑臭水体治理、市政景观建设、城市光环境建设、固废危废处理、环境监测、生态农业和循环经济等全业务链。

## 二、工程业绩

截至 2021 年底，碧水源参与了长江流域、黄河流域、首都水系、海河流域、太湖流域、巢湖流域、滇池流域、洱海流域、南水北调丹江口水源地等多个水环境敏感地区的治理，建成数千项膜法水处理工程、数百个国家水环境重点治理工程、数十座地下式再生水厂、多个国家湿地公园，占中国膜法水处理市场份额 70% 以上，处理总规模超过 2 000 万 $m^3$/d，可为国家新增高品质再生水超过 70 亿 $m^3$/年。碧水源 ICWT 广受青睐，已承建上万座农村小型污水处理站。近年来，碧水源亦成为"一带一路"的积极参与者，发力布局国际市场。

在过去 20 年，碧水源的足迹已经遍布全国 20 多个省、自治区、直辖市，污水处理厂的新建、扩容改造、提标升级等项目集中分布在华北的北京地区、华东的环太湖地区、西南的环滇池地区、西部缺水地区、华中地区等水环境敏感地区。

随着中交集团全资子公司中国城乡控股集团有限公司成为碧水源控股股东，中交集团成为碧水源的间接控股股东，国务院国资委成为碧水源实际控制人。中交集团和碧水源在战略协同、市场开拓、体制机制等方面的协同效应都得到了进一步的释放。有了央企的良好品牌信用背书，结合中国城乡控股集团有限公司旗下的西南院和东北院在规划设计上的优势，中交集团与碧水源合体陆续取得多个重要项目。

碧水源成为中交集团中国城乡控股集团有限公司水务板块骨干力量后，双方联合协作，自 2019 年 10 月碧水源与中国城乡控股集团有限公司等联合中标了为碧水源带来约 51 亿元的稳定收入的哈尔滨城镇污水项目之后，在两年多的时间内，中交集团和碧水源共同斩获 15 个水处理项目，总投资额逾 250 亿元，主要集中在黑龙江、河北、山西、海南、山东、湖北等地区。双方携手中标的各大项目中，投资额最大的为武汉长江新城起步区基础设施工程 PPP 项目，总投资近 80 亿元。

碧水源与中交集团内多家企业开展环保、水务、城市光环境建设等相关项目合作，近百个环保项目正在实施，使碧水源获得大量的新订单和长期稳定的收益。与此同时，国有企业的资金实力、项目资源等与环保民企的研发创新、技术咨询服务能形成优势互补，产生协同效应，并逐步得到释放。

三、经营情况

碧水源主要业务包括环保整体解决方案、运营服务、市政与给排水工程、净水业务板块以及光科技整体解决方案。其中，环保处理整体解决方案及运营服务是碧水源最核心的业务，这两项业务已进行 18 年之久，成为公司主要经营支柱，2018 年、2019 年、2020 年以及 2021 年，环保整体解决方案及运营服务主营业务收入占公司主营业务收入分别为 67.97%、65.48%、73.25% 和 74.63%，营业收入占比均在 50% 以上（见图 8-11），毛利率高于 28%。净水器销售为公司主要技术膜技术的附加产品收益，重要性已于近年逐步提升，目前占比公司收益的 1.68%，城市光环境解决方案自三年前逐步发展，正逐渐成长为公司下一个业务经营支柱（见图 8-10）。

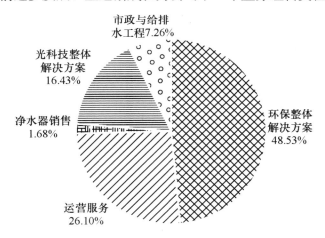

**图 8-10 碧水源按业务分布的营业收入（2021 年）**

碧水源自 2010 年上市以来，营业收入与净利润持续保持高增长。自 2017 年达到顶点后，2018 年首次出现收入与利润双下滑，公司资金紧缩，财务压力骤增。2018 年至 2021 年同比均为负值，且公司净利润率也呈逐年下降趋势。2014 年，水务行业优先采用 PPP 模式运营，随后三年成为水务企业主要的业务拓展方向。2017年起，PPP 项目被严格监管，不规范项目 PPP 被集中清理，以防止 PPP 泛化滥用。

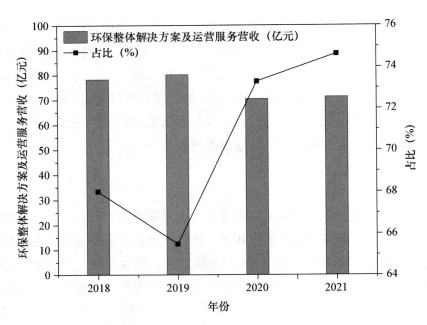

**图 8 - 11　碧水源环保整体解决方案及运营服务业务营业收入占比（2018—2021 年）**

以 PPP 为主要业务模式的碧水源受到政府强监管的影响，经营业绩因此下滑。经历"失血"后，"投奔"川投集团未成的碧水源在 2019 年觅得了中交集团这个新的伙伴。

2019 年，碧水源通过引入国有资本，使股权结构得到优化，公司治理能力和经营业绩得到提升，企业融资能力大幅增强，资金链断裂风险有效降低。继碧水源引入中国城乡控股集团有限公司后，碧水源快速"回血"，同年年报显示，其营业总收入为 123 亿元，同比增长 6.4%；归属于上市公司股东的净利润为 13.8 亿元，同比增长 10.94%（见图 8 - 12、图 8 - 13）。截至 2021 年第三季度，碧水源实现营业收入 62.77 亿元，同比上涨 30.30%；归母净利润为 1.594 亿元，同比大幅上涨 55.96%。

## 四、核心竞争力分析

碧水源每年将归属母公司净利润的 10% 投入技术研发，拥有强大的科研团队，并于 2009 年和 2017 年两次获得国家科学技术进步奖二等奖。碧水源承担了国家科技重大专项水专项、863 计划、国家科技支撑计划等国家课题，公司建有院士专家工作站、博士后工作站、美国工程院院士 David Waite 教授工作站、李锁定创新工作室、国家工程技术中心，并先后与清华大学、澳大利亚新南威尔士大学等成立联合研发中心，落地中国境外首个火炬创新园区——澳大利亚新南威尔士大学火炬创新园，并牵头组建了膜生物反应器（MBR）产业技术创新战略联盟、水处理膜材料及装备产业技术创新战略联盟等。

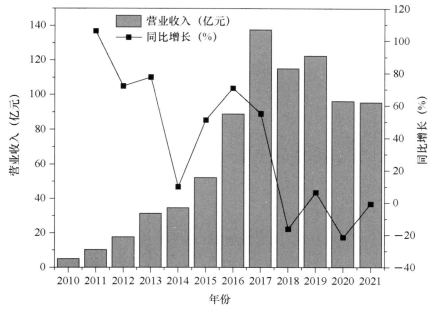

图 8-12　碧水源营业收入年度变化（2010—2021 年）

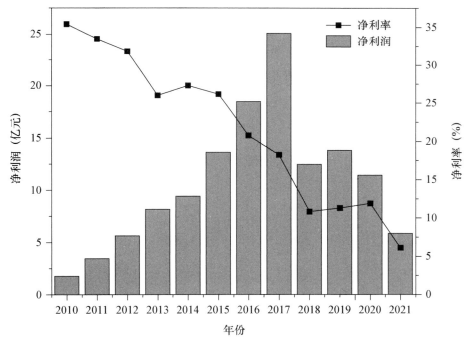

图 8-13　碧水源净利润及其所占营业额比值变化（2011—2021 年）

　　碧水源自成立以来获得了一系列高级别荣誉，其中企业荣誉有 117 项（见图 8-14）。就专利而言，截至 2020 年 12 月 31 日共计 609 项，遥遥领先于国内众多的膜法水处理公司。

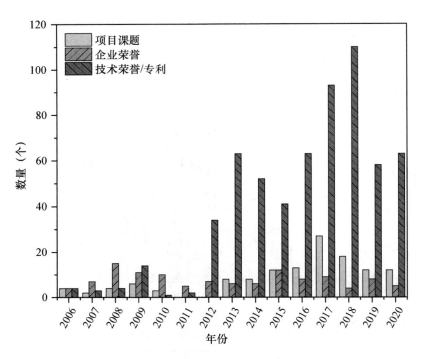

**图 8-14　碧水源获得荣誉及承担/参与的课题**

　　碧水源始终将科技创新列为首位，虽然因为新冠肺炎疫情等因素近年来营业收入存在一定下滑，但其研发费用占比并未出现下降，甚至小幅上升（见图 8-15）。碧水源在科创属性明显的创业板上市公司中知识产权价值排名第一，遥遥领先于其他科创公司。

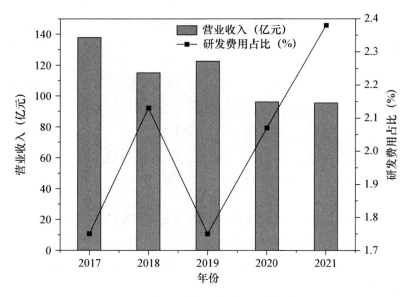

**图 8-15　碧水源营业收入与研发费用占比**

## 五、公司布局与发展战略

### （一）抢占农村污水处理市场

随着 2020 年中国全面建成小康社会，当前和今后的一个时期，实现巩固拓展脱贫攻坚成果同乡村振兴有效衔接，将是未来"三农"工作的最重要任务。碧水源作为中国最早进军农村污水处理市场的水务领军企业，其开发的采用膜技术的 IC-WT 设备，将得到更为广泛的推广使用。碧水源采用该模式在北京农村率先投建了包括北京密云石城镇污水处理站在内的农村治水的样板工程，之后，便在全国遍地开花，成功走出了一条在全国颇具示范效应的农村治水路。碧水源投建的云南洱源县（洱海流域）城镇及村落污水收集处理项目顺利完成"不让一滴污水流入洱海"的任务。2016 年启动的江苏泗洪县乡镇及村居污水处理项目，实现了出水水质优于国家一级 A 排放标准，泗洪县被住房和城乡建设部确定为全国农村生活污水治理示范县。

### （二）抓住"碳中和"良机

2021 年是"十四五"的开局之年，亦是中国开启"碳中和"的元年，"双碳"是时下各行业讨论的热点。污水处理行业被认为是耗能大户，"以高能耗、高物耗为基础的优质出水"的局面，不利于中国污水处理行业的健康发展，污水处理领域绿色低碳转型发展迫在眉睫。在中国污水处理行业减污降碳绿色协同发展的道路上，碧水源深耕膜法水处理技术的研发、应用和膜装备制造，把节能降耗、提质增效、能源资源回收作为核心的研发方向，贯穿污水处理全流程，且拥有众多成功案例，为中国实现"降碳提质"目标做出了积极贡献。在高品质再生水回灌水源地或用于环境敏感地区生态补水等方面，碧水源创新研发出 MBR-DF 双膜新水源工艺，与新加坡 NEWater 技术相比，系统运行压力可降低 60％～70％，能耗下降 60％～65％。在 MBR 技术、MBR-DF 双膜新水源技术的基础上，又研发了新成果振动膜生物反应器（V-MBR）技术，能耗下降了 70％。通过组器水力学优化、元件结构优化、曝气方式优化、化学清洗优化，减少了膜吹扫的耗能，使得水电耗从第 1 代的 0.25 度电降至 0.1 度电，也进一步降低了 30％的出水总氮。该技术入选《国家鼓励发展的重大环保技术装备目录》，也成为目前最具竞争力的膜法水处理技术之一。

碧水源正在研发的面向未来可实现资源循环、能源回收、环境友好的污水处理厂，运用纳米级高精度膜分离等自主知识产权技术，高效回收污水中的资源和能源，将污水处理厂升级为兼具保护环境、补充水资源、能源再利用和磷等资源回收等多功能的新型城市综合体，从源头实现节能减排。

### （三）积极开拓国际市场

近年来，碧水源加快"一带一路"沿线和国际市场的布局，不仅加强了包括与澳大利亚新南威尔士大学在内的国际科技合作，同时在膜设备制造和技术应用的标准、规范等方面与国际接轨，通过了ISO体系、美国水质协会、美国国家卫生基金会、澳大利亚标准局等多项国际认证，增强了技术的国际竞争力。碧水源根据"一带一路"沿线国家的特点，已经开发了不同系列的膜技术产品，以满足不同国家的需求，目前已与安哥拉、马来西亚、斯里兰卡建立合作关系。

自碧水源获中交集团中国城乡控股集团有限公司入股后，依托中交集团在海外市场的业务优势，深度参与布局海外水务市场的国家战略，不断输出高新企业的科技竞争力。据近期公示的多个在建的国际水处理项目信息表明碧水源膜设备在非洲、欧洲、亚洲市场表现亮眼（见表8-2）。

表8-2　　　　　　　　　　　　碧水源海外项目

| 区域 | 国家或地区 | 项目 | 工程简介 | 技术及运行效果 |
|---|---|---|---|---|
| 非洲 | 安哥拉 | 安哥拉国家旅游区污水处理工程项目 | 工程占地9 100m²，污水处理设计规模达6 400m³/d | MBR技术，出水可直接用于绿化、灌溉等 |
| 欧洲 | 法国 | 圣阿沃尔德METEX NOOVISTA污水处理项目 | METEX NOOVISTA污水处理项目 | MBR技术，解决了企业日常产出工业废水的无害化处理 |
| 亚洲 | 马来西亚 | 吉隆坡增江集中污水处理厂和马来西亚农贸市场换膜项目 | 设计规模约为17万m³/d | MBR技术，建成后出水水质将达到马来西亚污水处理厂最高排放标准Standard A |
| | 斯里兰卡 | "惠民水站"项目 | 为当地164户村民提供了健康放心的饮用水 | 纳滤净水技术 |
| | 澳门 | 路环污水处理厂项目、澳门跨境工业区污水处理站项目、氹仔污水处理厂及澳门国际机场污水处理站项目 | 现有5座污水处理厂，处理污水超21万m³/d | MBR技术、超滤膜技术 |

# 第四节　中国光大水务有限公司

## 一、企业概况

中国光大水务有限公司（简称光大水务）是卓越的水环境治理综合服务商，为新加坡及香港主板上市公司（新交所代码：U9E.SG；港交所代码：1857.HK），直接控股股东为港交所主板上市的中国光大环境（集团）有限公司（简称光大环境，股票代码：257.HK），亦系中央管理国有金融控股集团——中国光大集团股份公司（简称光大集团）旗下的水务平台公司。

光大水务实现原水保护、供水、市政污水处理、工业废水处理、再生水回用、流域治理、污泥处理处置等全业务覆盖，精专于项目投资、规划设计、科技研发、工程建设、运营管理等业务领域，形成水务行业全产业链布局。截至 2021 年 12 月 31 日，资产总额约为 281.8 亿元，投资建设及运营管理的环保项目有 156 个，水处理项目设计处理规模逾 706 万 $m^3/d$（见图 8-16），项目分布在北京、江苏、山东、陕西、河南、辽宁、内蒙古、浙江等 10 个省、自治区、直辖市，覆盖 50 个地区。

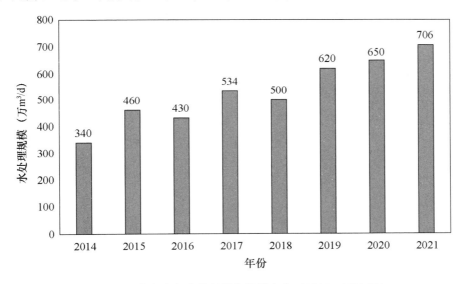

图 8-16　光大水务水处理服务规模变化（2014—2021 年）

光大水务将借助母公司光大环境、光大集团的资源优势，凭借公司在新加坡资本市场上及控股股东光大环境在香港资本市场上所获得的市场活力和强大的融资能力，以市场为基础、以资本为依托、以技术为先导、以管理为核心，专注于水务行业，致力于成为国内领先的专业化水环境治理综合服务商。

二、经营情况

2021 财政年度，光大水务集团经营情况稳健，录得收入 69.1 亿港元，较 2020 财政年度增长 22%；除利息、税项、折旧及摊销前盈利 22.5 亿港元，较 2020 财政年度增长 16%；该公司权益持有人应占盈利 12 亿港元，较 2020 财政年度增长

17％；每股基本盈利41.96港分，较2020财政年度增加6.16港分，增幅17％；整体毛利率为41％，较2020财政年度上升5个百分点。集团融资渠道多元畅通，融资工具长短期兼备（见图8-17）。

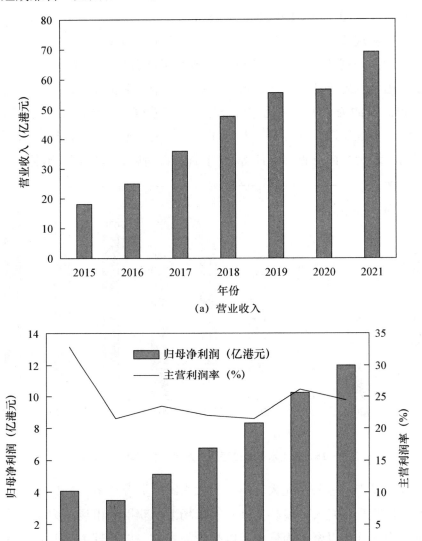

（a）营业收入

（b）净利润

图8-17　光大水务营收及净利润情况（2015—2021年）

## 三、竞争优势

### (一) 丰富的金融资源

光大集团是中央管理的国有重要骨干企业，创办于 1983 年，由国务院直属管理，是中国改革开放的窗口企业。经过 30 多年的努力，现已发展成为以经营银行、证券、保险、资产管理、信托、投行、基金、期货、金融租赁、环保新兴产业及其他实业领域为主的特大型企业集团。2014 年底实施改制，2015 年即进入世界 500 强行列，2020 年位列世界 500 强第 301 位，目前集团管理资产总额约为 5.2 万亿元，成为全牌照大型金融控股集团。

旗下的中国光大银行股份有限公司、光大证券股份有限公司、光大永明人寿保险有限公司、光大金控资产管理公司、光大兴陇信托有限责任公司等丰富的金融资源不仅能为光大水务的业务发展提供充足的资金支持，而且可以为项目所在城市的基础设施建设与经济发展提供全方位的金融服务。

中国光大环境（集团）有限公司，为光大集团骨干企业，香港主板上市公司，亦为光大水务控股母公司。央企中的外企，呈现更高的效率与活力；外企中的央企，拥有更强的责任与实力。下辖两家上市企业，分别是于新加坡上市的光大水务以及于香港上市的光大绿色环保。主营业务包括垃圾发电、垃圾分类与资源利用、水环境综合治理、生物质综合利用、危废处理、生态修复、规划设计、装备制造、分析检测、环保产业园等。截至 2020 年 12 月 31 日，光大环境业务布局已拓展至全国 23 个省、自治区、直辖市，遍及 200 多个区、县、市，海外市场涉足德国、波兰及越南，已落实环保项目共 458 个，涉及总投资约为 1403.86 亿元；另承接 36 个环境修复服务、14 个工程总包项目、4 个合同能源管理项目以及 4 个委托运营项目。

### (二) 多形式、多渠道的融资优势

- 投资者范围广：光大作为新加坡香港两地上市公司，能够吸引不同资本市场的投资者，扩大股东范围；通过境内多次熊猫债/中期票据的发行，进一步丰富了投资者范围。
- 融资品种丰富：公司融资品种包括境内银行流贷、项目贷、境外银行流贷、上交所熊猫债、ABS、银行间中期票据等。
- 融资结构良好：2020 年 12 月底，公司资产负债率为 57.6%，流动比率为 1.12，短期借款占比为 20%。

- 融资成本低：2020 年 1—12 月，公司年化综合融资利率为 3.49%。12 月底，公司存量借款综合票面利率为 3.19%。

- 境内外资金通道畅通：光大已在 2017 年搭建跨境双向人民币资金池，通过资金池可跨境净流入/流出额度为 44 亿元，公司可自由选择境内外优惠利率品种融资满足资金需求。

（三）涉水全领域、全方位技术优势

光大水务在成立之初便精准定位涉水领域，集中全部精力深耕多年，从原水、供水、排水、水处理、河道治理、海绵城市乃至水环境综合治理，持续追求涉水全领域、全方位技术领先，经营项目实现先进技术全覆盖，打造出了一支经验丰富、执行力卓越的管理层团队及员工队伍。

截至 2020 年 12 月 31 日，光大水务已签约 138 个项目，签约总规模逾 650 万 m³/d，持有 106 个市政污水处理项目、12 个工业废水处理项目、7 个再生水回用项目、6 个流域治理项目、3 个城乡一体化供水项目、1 个原水保护项目、2 个污水源热泵项目、1 个垃圾渗滤液项目，累计项目总投资金约为 246.8 亿元。光大水务代表性中水回用项目见表 8-3。

表 8-3　　　　　　　　　　　　　光大水务代表性中水回用项目

| 项目名称 | 处理规模（m³/d） | 投运时间 | 处理工艺路线（流程） | 回用去向 |
|---|---|---|---|---|
| 济南历城中水回用项目 | 42 000 | 2011 年 | 污水厂出水→清水池→吸水井→输送至用户 | 华能济南黄台发电有限公司生产冷却用水 |
| 天津北塘再生水厂 | 45 000 | 2012 年 | 污水厂出水→UF-S 膜池→UF-S 产水池→RO 增压泵→保安过滤器→RO 高压泵→RO 系统→清水池→输送至用户 | 北塘热电厂、黄港生态开发区、北塘片区 |
| 淄博中水回用项目 | 9 600 | 一期 2011 年；二期 2015 年 | 污水厂出水→自清洗过滤器→超滤→反渗透→输送至客户 | 华电、山铝、鲁南化工、三星等企业 |
| 江阴中水回用项目 | 10 000 | 2013 年 | 污水厂出水→浸没式超滤→反渗透→输送至客户 | 企业 |
| 江阴澄西污水处理厂中水回用项目 | 33 000 | 2021 年 | 污水厂出水→臭氧接触氧化→次钠接触消毒→河道 | 河道 |
| 南京中水一期 | 20 000 | 2017 年 | 污水厂出水→反硝化→臭氧接触→次钠消毒→河道 | 河道 |

公司高度重视技术研发，下属有 4 家子公司被认定为国家级高新技术企业，通过近年来的技术研发沉淀，开发出多项具有自主知识产权工艺包技术，例如 EB-HES 高密度沉淀池工艺包、EBAF 曝气生物滤池工艺包、EBOAC 臭氧催化氧化工艺包等，截至 2021 年 10 月，已获得 193 项专利。同时公司积极参与政府科技项目申报，先后承担江苏省科技厅、深圳市科创委等多项政府科技项目，并荣获多项殊荣，例如参与的"城镇污水处理厂智能监控和优化运行关键技术及应用"项目荣获2020 年国家科学技术进步奖二等奖，"城镇再生水生态纽联利用技术及应用"获得住房和城乡建设部 2019 年华夏奖建设科技进步一等奖。

（四）成熟、规范的项目运作经验

光大水务在水务行业拥有丰富的 PPP 项目运作经验。光大水务是国内最早以PPP 模式运作市政项目的大型公司之一，迄今已成功运作 60 余个水务 PPP 项目，其中典型代表为济南市水务项目、淄博市水务项目和镇江市海绵城市项目：

● 济南市水务项目：以 TOT＋BOT 模式投资获得，于 2006 年 11 月陆续投入商业运营，特许经营期为 30 年。项目包括 8 座污水处理厂和 1 座再生水厂，整体日处理污水规模为 122.5 万 m³。该项目是 "2016 年联合国欧洲经济委员会国际PPP 论坛"中全球入选 12 个 PPP 成功案例的唯一中国项目。项目所辖一厂及二厂是国内首个省会城市全部执行国家一级 A 排放标准的项目，国家市政金杯示范工程，连续多年在全国 36 个大中城市污水处理中排名第一。

● 淄博市水务项目：以 TOT＋BOT 模式投资获得，于 2005 年 12 月陆续投入商业运营，特许经营期为 30 年。项目包括三个分厂，设计规模为 35 万 m³/d，担负着张店中心城区及高新技术开发区的污水处理任务。于 2018 年 10 月与淄博市政府签订《污水处理服务协议》补充协议，启动一分厂迁建、二三分厂提标改造工程项目，目前已投入运营，各分厂出水主要污染物指标由一级 A 标准提高至地表Ⅳ类水质标准，有效改善了所在地市的水环境质量。

● 镇江市海绵城市项目：项目以 PPP 模式取得，特许经营期 23 年，涉及总投资为 25.85 亿元，由光大水务与镇江市水业总公司成立 PPP 项目公司，在镇江市所属试点区进行项目的建设、改造和运营，具体项目包括污水处理厂、雨水泵站、排涝管道、雨水调蓄池、河流整治工程等。该项目为国内首个海绵城市建设与 PPP双示范项目，也是财政部、住房和城乡建设部以及水利部共同宣布的中央财政予以支持的 16 个海绵城市建设试点项目之一，同时是财政部 PPP 示范项目之一。2017年入选财政部 2016 年全国十大 PPP 经典案例、国家发展和改革委员会第二批典型案例。

（五）优秀的水务PPP项目运营管理能力

光大水务拥有技术研发人员200余人，生产运营和管理人员约2 000余人，各类专业人员齐备，同时以技术创新为重点，探取自主研发、技术引进消化、联合开发等方式，不断提升研发能力，先后获得实用型专利及发明型专利200余项。高素质的运营及研发团队成为集团保持管理运营领先优势的重要保证。

1. "智慧水务"运营管理系统

"智慧水务"运营管理系统借助物联网、云计算、数据挖掘等前沿技术，充分体现了光大水务核心运营管理战略。通过集约化的组织架构、完善的管理服务体系和标准严格的流程控制体系，实现人、财、物的集中精细化管理。通过PC端和移动端的双向管理工具，随时随地掌握运营动态，真正做到远程监控、无人值守、信息分享。

2. ESHS（环境、安全、职业健康及社会责任）管理体系

为有效应对企业环境、安全、职业健康及社会责任（简称ESHS）带来的挑战，进一步强化和完善光大水务项目管理及环境管理部的工作，光大水务建立了一套成熟的ESHS管理体系，能有效地防止ESHS事故的发生，保护员工身心健康和维护公司利益。

# 第五节　中持水务股份有限公司

## 一、企业概况

中持水务股份有限公司（简称中持股份）作为一家创新型综合环境服务商，以"创造安全、舒适、可持续的环境"为使命，坚持"技术领先、客户体验、合作伙伴"的发展三原则，致力于成为环境技术领军企业。公司在市政环保基础设施、工业及工业园区污染控制、领先的环保技术产品等领域开展工作，具备技术研发、设备销售、工程承包、项目投资及运营管理等全产业链服务和整合能力。近年来，公司在做好原有业务的同时，还进一步拓展城乡环境治理与服务、高端环境技术与装备等业务领域，完善在环保产业链的多元化布局。

## 二、主要业务

中持股份业务范围涉及城镇污水处理、工业园区及工业污水处理、综合环境治理、地下水治理。其中，综合环境治理业务涉及为客户提供黑臭水体治理、地下水治理、农村环境治理及海绵城市等生态环境综合治理服务，协助城镇、农村改善区域环

境。中持股份在工业园区污水处理特别在汽车、印染、皮革、电镀、石化、化工等行业的污水处理上具有良好的业绩和声誉。2021 年中持股份主要业务营收见图 8 - 18。

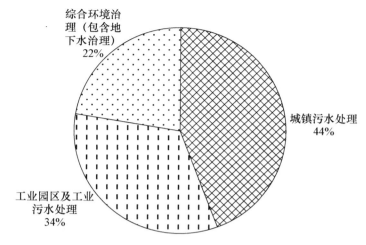

**图 8 - 18　中持股份主要业务营收占比情况（2021 年）**

## 三、经营情况

2021 年，中持股份坚持"健康经营、创新发展"的经营策略，科学组织生产经营，积极开拓市场，提高项目实施、运营效率和管理水平。公司实现营业收入 14.62 亿元，同比减少 10.02%；公司归属于母公司股东的净利润 1.64 亿元，同比增长 19.30%（见图 8 - 19）。

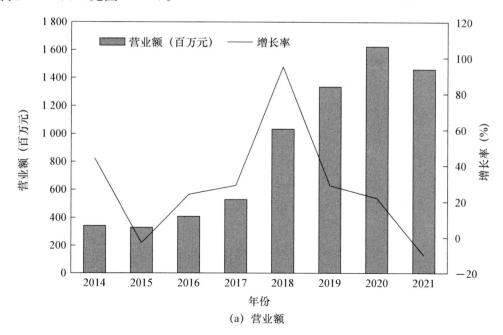

（a）营业额

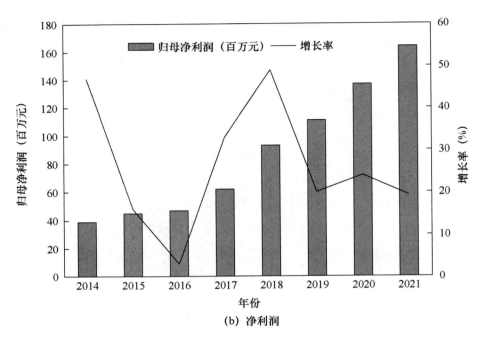

（b）净利润

**图 8 - 19　中持股份营业额及归母净利润情况（2014—2021 年）**

## 四、核心竞争力分析

中持股份的核心竞争力主要体现在技术创新与示范工程优势、组织优势、人才优势、深耕客户带来的客户黏性优势、行业经验和整合能力优势等方面。

### （一）技术创新与示范工程优势

公司坚持进行技术创新，不仅创造客户价值，促进产业升级，也持续提升企业自身价值。典型的例证包括：

在传统环保基础设施领域，公司历经多年积累推出的"中国污水处理概念厂"以全球的视角、多学科的技术创新与跨界融合深度契合了污水资源化的市场痛点。睢县第三污水处理厂作为公司建设"中国污水处理概念厂"的首个试点，实现了"水质永续、能源回收、资源循环、环境友好"的目标，持续获得客户的高度认可，有力证明了这个传统市场中存在巨大的升级可能性。

在工业园区水污染治理领域，公司基于长远眼光进行了一系列布局，公司旗下深耕化工园区的南资环保，凭借精深的技术和可靠的解决方案帮助诸多企业和园区解决了高难度水污染挑战。除此之外，公司研发团队承担了"京津冀地下水污染特征识别与系统防治研究""再生水补给型环城水系水质保障与景观构建技术研究与工程示范"等多项国家"十三五"水专项课题，公司技术创新优势得到广泛认可。

## （二）组织优势

公司围绕贴近客户、创造客户体验的服务业拓展逻辑，不断迭代区域中台的发展模式，把能力建在客户端，目前已经构架了河北、河南、安徽、陕西、深圳等区域中台服务组织。这种组织形态能够引导公司更高效地为前端赋能，在更广阔的维度中寻求最佳解决方案，即时共享信息、策划团队战斗；同时，也能深度理解公司总部的战略思考逻辑，并就决策的执行与总部保持高度共鸣与协同，以此构建起一个更具支撑力的创新迭代体系。

## （三）人才优势

公司核心管理团队成员均为环保行业的长期从业人员，具有丰富的服务和管理的经验，同时对行业发展趋势和客户需求动向具有深刻的理解和较强的洞悉能力，为公司持续创新服务模式、提升服务品质、应对环保行业的新挑战奠定了基础。同时，公司内部还培育出一批在环保行业具有丰富经验的中层骨干，其中很大一部分都是和公司一同成长起来的，并且这些优秀的人才都长期在客户端，与客户在一起。他们热爱环保事业，热爱技术，对技术的理解能力高，并具有丰富的工程技术、运营经验，能够综合地运用技术，为客户解决问题。

## （四）深耕客户带来的客户粘性优势

公司长期深耕客户，追求极致的客户体验，坚持把能力建在客户端。通过与客户直接的、高频的互动，客户对公司的感知不断强化。在获得单一业务之后，公司能够继续获得满足客户延伸需求的机会，客户的长期价值得以实现。

## （五）行业经验和整合能力优势

公司在环境污染防治技术研发和应用的基础上，通过多年的战略布局和项目实施，业务能力覆盖城镇污水处理、工业园区及工业污水处理、综合环境治理等领域，并在各个细分领域均有技术储备和业绩支持。公司通过多年的项目实施储备了专业化的技术人才，积累了丰富的行业经验，特别是在工业园区及工业污水处理服务方面，凭借精深的技术和丰富的经验为客户提供综合环境解决方案。

## 五、公司布局与发展战略

中持股份致力于成为环境技术领军企业，通过不断深入研发和规模化应用具备领先优势的核心技术，打造技术创新型环境服务商。近年环保行业发展脉络清晰表明，资本加持和模式创新给环保行业的发展提供了重要的阶段性动力，但随着阶段性红利衰退，这样的增长模式已然不可持续，未来唯有技术创新才是环保行业的持续性发展动力。

以领先技术为核心竞争力，构筑公司业务护城河，可以不断强化公司市场优势，提高行业影响力并助推业绩持续健康增长。公司自成立以来始终践行"技术领先"的发展核心，依靠内部核心技术团队和外部技术资源，持续创新研发了多种技术产品并应用于各个项目之中，赢得了客户的信赖，增加客户黏性的同时不断提高项目收益水平。此外，公司将通过提供基于公司领先技术的创新性技术产品、成套装备等方式，进一步扩大与行业内其他公司的深入合作，突破运营服务规模瓶颈，实现客户规模和经营业绩的健康增长。

"技术领先"得益于人的创造和活力，公司正打造一个面向未来的创新型组织，以开放性为基本要求、协同共生为基本特质、快速迭代为基本特点，以期进一步加强创意与技术创新的力度，共同建设环境技术领军企业。

## 六、公司发展历程

中持股份成立于 2009 年。2017 年，中持股份成功登陆上海 A 股，股票代码为603903。在公司成立之初，中持股份提出了"长期客户"的定义，通过选择能够长期服务的项目，不断深化与客户之间的联系，强化在区域业务中的份额及影响力；也进一步确认了"品牌优秀、效益良好、客户紧密"的企业行动逻辑。商业价值、社会价值、个人价值是中持股份在每个战略成长期都笃定不移的价值方向。中持股份通过将优秀人才布局至客户端，在面向全国中小城市提供环境综合管理服务过程中，构建起区域服务的概念，实现这三个价值的统一。

2020 年初，中持股份引入长江环保集团作为战略投资者，以期实现未来各方协作打造混合所有制经营企业的典范。中持股份成为一家无实控人的公司，这将成为央企民企混改的创造性机制。长江大保护是人类迄今为止最大规模的流域环境治理和可持续发展的实践，长江生态环保集团将获得中持股份的全力协同，以概念厂、工业园区 IES 为发动机，为长江大保护注入更具前瞻性和技术先进性的解决方案，面向未来打造新的行业标杆。而中持股份经此混改后将以主力军身份加入长江大保护的伟大事业中来，为打造环境技术领军企业踏上新的台阶。

# 第六节　中国水环境集团有限公司

## 一、企业概况

中国水环境集团有限公司（简称中国水环境集团）是国内领先的综合水环境投

资营运服务商和水环境治理的领跑者，在水环境综合治理、供水服务、污水处理、污泥处理、再生水回用等领域具有强大的投资能力、领先的系统技术，同时具有成熟的投资、设计、建设、运营和管理团队。中国水环境集团是国家开发投资集团有限公司旗下的水环境专业平台，历时近十年研究的分布式下沉再生水生态系统技术领先世界，规模居亚洲第一，国家重大示范项目位列行业第一，致力于打造世界一流的水环境治理民族品牌。

## 二、主要业务

中国水环境集团在流域水环境综合治理、区域性水环境综合治理、湖泊水环境综合治理、分布式下沉再生水生态系统等领域拥有国际、国内领先的技术及经验。中国水环境集团在国内成功实施了贵阳南明河流域水环境治理、大理洱海高原湖泊治理、四川广安区域水环境治理、北京通州碧水下沉式再生水厂、上海嘉定南翔下沉式再生水厂等 15 个有重大影响力的国家级示范项目，在财政部第一、二批 PPP 示范项目中占比最高。

（一）流域水环境综合治理

中国水环境集团拥有流域水环境综合治理的十大核心工程技术体系，深度修复河道自净生态系统，系统构建流域水环境生态。中国水环境集团创新采用"适度集中、就地处理、就近回用"分散式污水厂建设思路对贵阳市政规划重新进行优化，通过分布式下沉再生水生态系统的科学治理，项目节省管网投资约 15 亿元，实现向贵阳市南明河生态补水年 5 亿 $m^3$，节约占地千余亩。该项目是国内第一座以流域为单元，通过下沉式再生水系统实现黑臭水体治理的成功案例。

（二）区域水环境综合治理

通过对区域水环境的系统研究、科学规划，统筹实施全地域、全板块、全领域的区域性供水、污水处理、再生水利用、污泥处置及流域生态等水环境综合治理，为全面解决和持续改善城镇化过程中政府和群众关心的生态环境问题提供优质服务。

（三）湖泊水环境综合治理

创新运用"海绵农田"等多项控制性生态工程技术，对湖泊流域的内、外源进行综合治理和生态修复；统筹规划，截流、治污、再生、回用、补水、调水、生态修复，实现湖泊长治久清。

（四）分布式下沉再生水生态系统

中国水环境集团历时十余年研究、实践，科学提出"适度集中、就地处理、就近回用"的创新规划和"环境友好、资源节约、生态安全"的下沉式再生水系统技术解决方案。

分布式下沉再生水生态系统具有以下特点：

- 厂网河一体：将河流生态系统健康作为重要指标，与水厂建设、提升相结合。

- 水地生综合：节省土地，土地资源和水资源最优化利用，使土地升值、生态增容。

- 碳能质融通：将减碳消碳、节省能源、转化能源和能量多级利用、物质资源化融合。

- 十大技术体系：复合生物反应器、高效空气净化系统、智能管控技术等。

- 以未来水生态科技城为核心，打造城市水资源中心、绿色能源利用中心、数字化管理中心、公共服务供给中心。

"环境友好、资源节约、生态安全"的下沉式再生水处理系统，是传统污水处理厂的全面升级，占地仅为传统地面建厂的1/3，有效节约土地、节省管网等投资，并充分利用地上空间建设城市生态综合体，是人口密集、城市中心城区市政污水处理系统创新的必由之路。

## 三、公司核心竞争力分析

中国水环境集团核心竞争力体现在高品质下沉式再生水系统、HERO高效复合生物除臭技术、Trend高效低耗污泥低温干化技术、智慧水厂与环境生态物联网智慧系统、产学研技术平台等方面：

- 高品质下沉式再生水系统：中国水环境集团拥有自主知识产权的下沉式再生水系统，经过十几年技术创新，已发展至第五代，出水指标稳定达到地表水Ⅳ类标准（非MBR膜工艺），有效地为城市黑臭河道提供生态补水。拥有30余项专利。

- HERO高效复合生物除臭技术：中国水环境集团自主研发的HERO高效复合生物除臭技术，处理规模和排放标准领先世界，能够根除污水厂各环节中产生的臭味问题，实现环境友好。该项技术已在北京、上海、香港等地成功应用。

- Trend高效低耗污泥低温干化技术：该技术拥有国内外多项专利，是中国水环境集团的核心技术之一。该技术在具体实际使用中不添加任何药剂，可将污泥含水率处理至10%～60%，满足后续资源化的需要；同时该技术还具有安全性高、设备紧凑、无二次污染的优点。

● 智慧水厂与环境生态物联网智慧系统：该系统能有效实现污水厂智能运营管理，各项处理设备有序运行，厂区无人值守，通过智慧化水厂和环境生态物联网指挥系统，实现流域水环境的监控预警、实时分析与智能管理等功能。

● 一流的产学研技术平台：中国水环境集团目前和多个国内外知名院校建立了长期产学研相关技术平台，其中已与清华大学、荷兰代尔夫特理工大学联合成立了"中荷水处理技术研究中心"；与中国教育部、德国联邦教研部共同成立了"中德水环境与健康联合研究中心"；同时和上海交通大学、中国科学院生态环境研究中心、中国环境科学研究院等高校、研究所展开密切合作。

## 四、公司发展历程

2013 年 9 月，伴随贵阳首次"国际生态论坛"的成功举办，由中信产业基金控股的中信水务产业基金管理有限公司正式成立。

2015 年 1 月，中信水务产业基金管理有限公司正式更名为中国水环境集团有限公司。

2016 年 10 月，世界银行"PPP 改革在中国"国际研讨会在华盛顿召开，中国水环境集团作为社会资本方代表受邀参会，向世界分享中国实践和经验。

2017 年 1 月，中国水环境集团牵头制定"十三五"重大水专项课题"地下污水厂建设模式创新与生态综合体示范"。

2017 年 5 月，中国水环境集团获得亚洲开发银行 2.5 亿美元贷款，是亚洲开发银行在中国支持的首个综合性水环境污染防治项目。

2017 年 10 月，"城镇污水深度处理与资源化利用技术"国家工程实验室建设启动，该实验室为城镇污水处理领域唯一的国家工程实验室。

2017 年 12 月，中国水环境集团与德国亚琛工业大学共建"中德水环境与健康联合实验室"，该项目由中国教育部和德国联邦教研部共同支持，是唯一一家以水为主题的国际联合实验室。

2018 年 12 月，中国水环境集团正式加入国投大家庭。中国水环境集团作为国投旗下唯一的水环境专业平台，致力于打造世界一流的水环境治理民族品牌。

2020 年 1 月，中国水环境集团牵头编制的国内首部下沉式水厂标准《地下式城镇污水处理厂工程技术指南》在全国正式实施，中国水环境集团 2 项技术入选生态环境部《国家先进污染防治技术目录（水污染防治领域）》（全国共 26 项）。

# 第七节　中信环境技术有限公司

## 一、企业概况

中信环境技术有限公司（以下简称中信环境技术）作为中信集团在水务及环保领域拓展的旗舰平台，从新加坡联合环境技术有限公司更名而来，是一家以环保设施投资、建设和运营为主营业务的高科技环保企业。

中信环境技术秉承"技术创新、高效务实、价值创造、共生共赢"的核心价值观，经过多年的稳健发展，凭借自身环保领域全产业链的业务模式和一流的膜产品及先进的技术工艺，为客户提供投资、规划设计、高端环保装备集成制造、工程建设、设备安装调试、项目托管运营、技术维护等环境治理整体解决方案，并积累了丰富的环保投资、建设、运营管理经验和业绩，创造了多个行业第一。

中信环境技术成功将膜生物反应器（MBR）技术、连续膜过滤（CMF）技术和反渗透（RO）技术应用于各种水处理项目，特别是对高难度的工业废水、高要求的大型市政污水以及饮用水的处理具有丰富经验。中信环境技术在供水和污水处理系统设计、建设、安装、调试及技术服务方面实力雄厚，承建了多个行业内的标杆工程，累计投资环保项目近百个。

中信环境技术通过不断拓宽环保产业领域，从膜制造、水处理发展到危废处置、循环经济产业园、流域治理等，致力于为客户提供一体化的环境治理整体解决方案。

## 二、公司发展历程

中信环境技术自成立以来，发展迅速，经历了以下四个阶段：

起步阶段（2003—2010 年）：广泛涉足中国高浓度、难降解工业废水处理领域。国内大部分环保企业均是从门槛较低的市政污水开始做起，但中信环境技术却选择了以高难度工业废水处理为突破口，原因有以下两点。一是当时中国工业废水治理市场刚起步，要求高、难度大，涉足企业不多，但前景可观；二是中信环境技术是新加坡企业，新加坡多年成功治水经验让中信环境技术对水处理业务有独到见解——能治好工业废水，就一定能治好市政污水。

成长阶段（2011—2014 年）：以膜技术为核心，拓展工业废水应用行业，开始涉足城市市政污水处理以及大型供水领域，从石油化工废水治理拓展到印染废水治理，包括河北高阳县污水厂、山东昌邑柳瞳污水厂等，投资领域主要为工业废水MBR用膜项目或UF＋RO再生水项目，同时开始涉足城市市政污水以及超滤膜供水项目，包括广州京溪地下净水厂、广州江村自来水厂、烟台莱山自来水厂等。

突破阶段（2015—2017年）：膜制造、工程建设与投资运营三足鼎立。中信集团控股，让公司迎来腾飞发展新机遇。"工业废水＋大型市政污水"双线齐飞，成都第三、四、五、八四座污水处理厂提标改造，北京槐房再生水厂，福州洋里污水厂四期，哈萨克斯坦KBM再生水回用等项目树立行业标杆；膜制造领域，南通、北京、美国生产基地先后投产，形成膜制造—工程建设—投资运营产业链三足鼎立局面。

协同发展阶段（2018年至今）：膜制造、工程建设与投资运营协同发展。中信环境技术形成了以膜装备制造及膜技术研发应用为核心，以水务、危废处置主营业务为两翼，以工程建设为基础的产业协同发展模式。2019年，采用中信环境技术旗下核心技术的亚洲最大规模超滤膜自来水厂——广州北部水厂实现产水。目前中信环境技术MBR膜应用项目规模在北京、成都、广州三大城市超350万 m³/d，危废处置规模超100万 m³/d，居于央企前列。

## 三、业务成绩

### （一）环保装备制造业务

中信环境技术旗下的新加坡美能材料科技有限公司（简称美能公司）是全球领先的拥有微滤、超滤、纳滤和反渗透全系列膜产品的专业研发制造企业，可提供系列浸没式膜产品和压力式膜产品及集成膜系统，同时为世界知名企业提供ODM产品定制服务。美能公司同时拥有NIPS和TIPS制造技术、严格的生产管理体系以及经验丰富的生产管理团队。美能公司在新加坡、美国以及中国南通、绵阳、北京等地建立了世界先进的膜生产基地，产能可达1 000万 m²/年，全球膜应用规模逾2 000万 m³/d，生产产能及应用规模均居世界前列。美能公司拥有150多项发明与实用新型专利，产品综合性能排名全球前三。美能公司坚持以膜技术研发及应用为核心，以产品和服务的创新引领企业发展，以全球化视野推动中国环保行业的技术进步，致力于提供世界一流的水处理及生态修复的全套解决方案，持续为人民创造美好的生产生活环境。

### （二）水处理业务

中信环境技术利用自身在技术、运营、管理和团队等方面的综合优势，凭借在工业污水、大型市政污水及城市供水领域多年的成功经验，不断拓展在水处理和环境治理等领域的业务，投资运营近百个水处理项目。公司还大力拓展海外市场，积极践行"一带一路"倡议，在埃塞俄比亚、苏丹、巴基斯坦、哈萨克斯坦、印度尼西亚等国家积极参与水处理设施的建设和投资。

1. 工业污水处理业务

中信环境技术早在 2003 年，MBR 技术尚未在中国规模化应用之前，就已经开始尝试使用 MBR 技术解决高难度工业污水处理的难题。2003 年 8 月，随着中信环境技术承建的中石化广州分公司污水净化回用项目完工，正式开启了膜技术在全国规模工业污水处理领域的商业化应用进程，中信环境技术也成为国内最早将膜法水处理技术应用到万吨级工业污水处理领域的企业，为石化行业及其他工业废水达标排放与水再生利用提供了新的路径。

此后在 2004—2009 年间，中信环境技术接连承建中石化、中石油、中海油和广东、江苏等诸多工业园区的多个大型膜法水处理工程，涵盖炼油含油废水、含盐废水、PTA 废水、己内酰胺废水、精细化工废水、农药废水、医药中间体废水等领域，为中石化、中海油、中石油、广东大亚湾石化工业区等石油化工、精细化工、医药化工企业及园区提供废水处理及回用技术服务，在解决中国高含油、高含盐、高浓度的"三高"废水领域积累了丰富的案例及技术经验，成为中国高浓度、难降解工业废水处理领域的膜法技术专家，其中不少项目在中国工业废水处理领域具有里程碑意义。

- 中国第一个石化污水双膜回用项目：中石化广州污水回用项目，2003.8；
- 中国第一个己内酰胺废水 MBR 项目：巴陵石化污水改造项目，2003.10；
- 中国第一个化纤污水 MBR 项目：洛阳石化项目，2004.9；
- 中海油第一个炼油废水 MBR 项目：中海油惠炼污水处理工程项目，2007.2；
- 中国第一个 COD＜40mg/L 的精细化工园区污水项目：广州南沙小虎岛污水厂，2007.7；
- 新加坡第一个工业污水 MBR 项目：裕廊岛 SUT 石化中心污水处理项目，2007.12；
- 中国第一个精细化工及医药化工园区污水 MBR 项目：江苏泰兴滨江污水厂项目，2008.5；
- 中石油第一个炼油废水 MBR 项目：中石油哈尔滨石化污水回用工程项目，2008.8。

2. 市政供水及排水业务

在 2010 年后的国内膜法技术全面推广阶段，中信环境技术更是凭借多年积累的膜法水处理技术经验，成功将 MBR 技术、超滤膜技术、反渗透膜技术等从高难度的工业废水处理领域拓展到大型地埋式市政污水、大型城市饮用水等领域，并成就了一系列行业标杆项目。

● 中信环境技术承建了中国第一个全地埋式大型市政污水处理项目，开启了将 MBR 技术大规模应用于城市排水和城市供水领域的新时代：广州京溪地下净水厂，膜寿命长达十年，规模为 10 万 $m^3/d$，于 2010 年 7 月建成；

● 亚洲最大的全地埋式 MBR 再生水厂：北京槐房再生水厂，规模为 60 万 $m^3/d$，于 2016 年 10 月建成；

● 不新征占地、不停产实现处理能力翻番并提标到准Ⅳ类的模式，开创中国污水处理厂提标扩容改造技术先河：成都第三、四、五、八四座污水处理厂提标扩容改造工程，总处理能力为 75 万 $m^3/d$，于 2016 年 6 月建成；

● 国内最大的超滤膜自来水厂：广州北部水厂，一期工程规模为 60 万 $m^3/d$，设计总规模为 150 万 $m^3/d$。

3. 循环经济工业园区建设业务

中信环境技术利用自身先进环保技术及资金优势，引进国际领先的环保产业发展理念，着力打造循环经济产业园区，实现园区污染物零排放的目标，探索建立起了工业生产、污水处理、再生水利用、集中供热、清洁能源发电、危废处理"六位一体"循环经济产业链。目前，中信环境技术这种先进的环保理念已在河北高阳、广东汕头潮南等地区得到实践，并树立行业典范。

● 国家发展和改革委员会、生态环境部深入推进园区环境污染第三方治理示范单位，"六位一体"循环经济产业模式实践典范：汕头潮南纺织印染环保综合处理中心，污水处理设计规模为 15.5 万 $m^3/d$，再生水规模为 8 万 $m^3/d$，中低压蒸汽规模为 1 000$m^3/h$；

● 全国第一个县级循环经济产业示范项目、全国第一个印染工业园区污水、污泥循环处理与综合利用项目、"六位一体"循环经济产业模式实践典范：高阳循环经济产业园，污水处理规模为 26 万 $m^3/d$，再生水处理规模为 8 万 $m^3/d$。

4. 流域治理及农村污水治理

中信环境技术本着"世界眼光、国际标准、中国特色、高点定位"的规划精神，借助新加坡 30 年水环境治理及生态保护经验，根据"001 治理原则"，科学规划治理流域的"水生态"。顶层规划以调查为依据，以数据为基础，通过翔实的信息收集和数学分析，建立治理区域模型。无论是污染负荷、水利、水动力数据，还是所采取的治理措施，均是建立在定量分析基础之上，以确保治理方案行之有效，打造"城市—乡村—自然"一体化发展模式，实现人民期盼的绿水青山与金山银山和谐共荣的理想家园。

- 雄安新区最早规划、最快实施的流域治理项目、潜流湿地污水净化技术典范项目、中央水污染防治专项资金项目：雄安新区容城县萍河生态治理工程；
- 国内首个"乡村环境管家"模式：宜兴陆平村林家南河综合治理示范项目；
- 全国首个内河流域治理 PPP 项目、中国人居环境范例奖：南宁那考河流域治理项目，应用规模为 5 万 $m^3/d$。

（三）环保工程建设业务

中信环境技术是国内为数不多的集环保装备制造、应用及环保工程设计、施工建设、运营为一体的环保企业，拥有环境工程设计专项乙级、建筑工程施工总承包一级、市政公用工程施工总承包一级、机电工程施工总承包一级等资质，承建大型市政供排水、工业污水、危废处置等各类环保 EPC 项目数百项，年度工程项目产值近 50 亿元。

- 西北地区最大全地埋式 MBR 市政污水处理厂：兰州七里河安宁污水厂改扩建工程，污水处理规模为 40 万 $m^3/d$；
- 广东省最大地埋式 MBR 市政污水处理厂：广州西朗污水处理厂提标改造工程，污水处理规模为 30 万 $m^3/d$；
- 新疆最大规模危废处置项目：新疆库尔勒危废（固废）处置中心工程，危废处理量为 55 万 $m^3/$年；
- 福建省最大市政污水 MBR 项目：福州洋里污水厂提标改造工程，污水处理规模为 60 万 $m^3/d$。

（四）危废处置业务

中信环境技术遵循着打造多元化综合性环保集团的战略指引，在积极拓展水务领域业务的同时，致力于工业和市政危险废弃物的资源化利用与无害化处理，构建起水务、危废齐头并进的环保产业发展格局。中信环境技术凭借着雄厚的资金实力、品牌影响力及管理优势，已在新疆、山东、江苏、海南、广东、河北等危废生产大省重点布局危废项目十多个，年危废固废设计处置容量逾 100 万 $m^3$，位居央企前列。

- 南通国启危废项目，工艺路线及设备选型均为世界一流水平，处置能力为 2.5 万 $m^3/$年；
- 日照市岚山区工业废物资源利用处置中心，山东省危废处置重点建设工程，处置能力为 8.4 万 $m^3$/年；

- 滨州云水基力环境保护固体废物综合处置中心，处置能力为 6 万 $m^3$/年；
- 东莞市海心沙危废项目，国内首个采用回转窑焚烧＋等离子体灰渣熔融协同处理、实现固态危险废物零排放的标杆项目，处置能力为 8 万 $m^3$/年。

## 四、核心竞争力分析

中信环境技术通过充分发挥央企品牌、业务协同、系统服务、技术驱动、国际整合、模式创新六大核心优势，实现业务可持续增长，在水处理、危废处理、膜制造、工程建设四大业务板块取得卓越成就。

在水处理板块，中信环境技术持续开发针对各类难处理废水处理方面的重点工艺开发，使其具备更广泛的处理应用场景。将运营的重点放在降本增效方面，持续进行工艺和技术开发和改进，降低各运营水厂药耗、电耗及人工成本。中信环境技术将研发成果广泛运用于各类工业废水中，例如石化废水、印染废水、精细化工废水、皮革废水等。

在危废处理板块，中信环境技术通过技术开发，强化危险废物焚烧工程过程控制，提高安全等级，降低烟气污染物浓度，进一步提高危废处理产能；将研发重点放在污泥的处理和处置方面，在污泥资源化、减量化、无害化方面发挥技术力量，解决现有固废（危废）产量过高的问题；中信环境技术通过技术创新，以融合的模式将两项技术有机结合以更高标准创新处理固危废体，并将其应用在广东省东莞市海心沙资源综合利用中心和海南洋浦经济开发区危险废物处置中心项目中。

在膜制造板块，中信环境技术旗下的美能公司是全球领先的拥有微滤、超滤、纳滤和反渗透全系列膜产品研发、制造及应用能力的全产链行业领先品牌，具有强大的自主研发和创新能力，拥有上百项发明与实用新型专利，产品综合性能排名全球前三，生产能力及出货量稳居世界前列。在实际项目中，美能 MBR 膜元件市政污水有效膜寿命达 10 年或以上，工业园区污水 MBR 有效膜寿命为 3～8 年。中信环境技术开发了 MBR 专用的 ESAS 技术。ESAS 按照水、气流体动力学设计，全机械部件无阀门控制，曝气效果优于目前普遍使用的穿孔管和气动阀组成的间歇曝气，节能效果显著。

在工程建设板块，中信环境技术拥有环境工程设计专项乙级、建筑工程施工总承包一级、市政公用工程施工总承包一级、机电工程施工总承包一级等多项专业资质，承建大型市政污水、危废处置等各类环保 EPC 项目数百项，年度工程项目产值近 50 亿元。

在模式创新方面，第一，中信环境技术创新性地采用了"京溪模式"，即在中国第一个 10 万 m³/d 的全地埋式市政污水 MBR 项目京溪污水处理厂，采用了本体设施全地埋、厂区外观为园林绿化和独特建筑的技术方案，为解决中国市政污水处理与城市土地资源紧缺矛盾提供新思路，并将其应用在广州市 6 座地埋式 MBR 污水处理厂、北京槐房地下再生水厂等项目上；第二，创新性地开发了"成都模式"，在成都市第三、四、五、八四座污水处理厂在不停产、不增加土地的情况下，采用自主研发的 MP-MBR 技术，实现总处理规模由 40 万 m³/d 扩容至 75 万 m³/d，出水水质由一级 A 标准提升到地表水Ⅳ类标准；第三，在潮南印染园区，中信环境技术潮南印染园区以"循环经济"为核心设计理念设计了"六位一体"模式，即以印染废水处理、再生水利用和热电联产为核心，以市场化运作为手段，集工业生产、污水集中处理、再生水利用、集中供热、余热发电、危固废处置，为国内工业园区探索环境治理与产业发展提供新思路，同时发挥了中信环境技术自身业务、技术、品牌、管理等综合性优势，统一为入园企业提供污水处理、中水回用、集中供水、集中供热、商住配套和通用厂房租售等一站式综合服务。

迄今为止，中信环境技术 MBR 集成技术应用项目达到 100 项以上，合计处理水量大于 700 万 m³/d，工业污水资源化逾 60 万 m³/d（见表 8 - 4）。

表 8 - 4　　　　　中信环境技术 MBR 集成技术资源化及主要污染物减排统计表

| 项目 | 市政污水 | 工业污水 |
| --- | --- | --- |
| 处理水量（万 m³/d） | 560 | 170 |
| 回用量（万 m³/d） | 150 | 60 |
| 污水回用效益（万元/年） | — | 40 000 |
| COD 减排（万 kg/年） | 45 625 | 21 900 |
| 氨氮减排（万 kg/年） | 5 475 | 1 314 |
| 总氮减排（万 kg/年） | 3 650 | 876 |
| 总磷减排（万 kg/年） | 912.5 | 219 |

# 第八节　北京城市排水集团有限责任公司

## 一、企业概况

北京城市排水集团有限责任公司（简称北京排水集团）是市属公共服务类一级企业，主要负责北京中心城区水环境治理设施投融资、建设、运营，全力做好中心城区雨污水收集、处理、回用和防汛保障各项工作。北京排水集团旗下拥有 43 家子公司，员工 7 000 人。北京排水集团是中华环保联合会副主席单位、中国城镇供水排水协会副会长单位、中国城镇供水排水协会排水专业委员会主任单位、中国环境保护产业协会副会长单位等 10 余个国家级行业协会和联盟单位。在四十余年发展历程中，北京排水集团聚焦主业、聚焦核心技术、聚焦核心竞争力，紧紧围绕产业链部署创新链、围绕创新链完善资金链，大力推进产业发展，为广大城乡和客户提供水污染治理整体解决方案和个性化菜单式服务，打造让客户满意、让政府放心的精品工程。

## 二、工程业绩

2020 年，北京排水集团设计供水及处理能力为 423 万 $m^3/d$，年实际供水及处理量为 12.18 亿 $m^3$。2020 年，公司分别实现再生水处理业务收入 30.20 亿元，雨污水及再生水管网收入 19.02 亿元，污泥处置收入 10.04 亿元，工程施工收入 12.12 亿元，其他业务收入 19.08 亿元，合计 90.46 亿元（见图 8-20）。

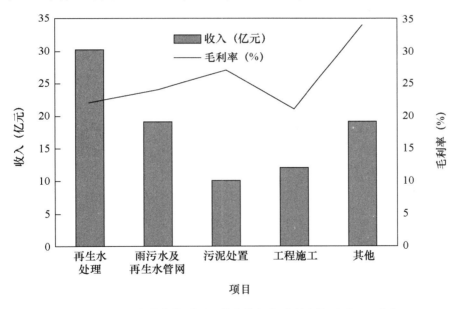

**图 8-20　北京排水集团项目营业收入和毛利率情况（2020 年）**

北京排水集团再生水处理业务运营主体为本部和子公司北京北排水环境发展有限公司（简称北排水环境）。北排水环境是北京市中心城区唯一一家污水处理运营公司，具备丰富的污水处理运营管理经验以及较为成熟的污水及再生水处理技术。自 2017 年 3 月起，北京排水集团将处理后的污水全部生产为再生水，因而污水处理能力及污水处理量基本与再生水相同。截至 2021 年 3 月底，共运营 11 个再生水厂，生产能力为 423 万 m³/d（见表 8-5）。

表 8-5　　　　　　　　北京排水集团近年再生水厂运营情况

| 再生水厂名称 | 工艺 | 生产能力（万 m³/d） | 再生水生产量（万 m³） | | | |
|---|---|---|---|---|---|---|
| | | | 2018 | 2019 | 2020 | 2021.1—3 |
| 清河再生水厂（一、二、三期） | 微滤—超滤—臭氧—消毒—MBR—消毒 | 55 | 17 112 | 17 858 | 17 948 | 4 115 |
| 北小河再生水厂 | MBR—消毒 | 10 | 3 164 | 3 122 | 2 970 | 566 |
| 酒仙桥再生水厂 | 臭氧—混凝—沉淀—过滤—消毒（生物滤池—过滤—臭氧—消毒） | 20 | 8 080 | 7 847 | 7 209 | 1 522 |
| 吴家村再生水厂 | 微絮凝/生物滤池—过滤—臭氧—消毒 | 8 | 2 846 | 2 879 | 2 813 | 617 |
| 卢沟桥再生水厂 | 生物滤池—过滤—臭氧—消毒 | 10 | 3 580 | 3 622 | 3 390 | 764 |
| 高碑店再生水厂 | 生物滤池—过滤—臭氧—消毒 | 100 | 34 423 | 32 656 | 29 450 | 6 731 |
| 清河第二再生水厂 | AAO—砂滤—消毒 | 50 | 10 359 | 10 735 | 9 494 | 2 860 |
| 高安屯再生水厂 | AAO—砂滤—消毒 | 20 | 3 938 | 6 112 | 6 125 | 1 420 |
| 定福庄再生水厂 | AAO—砂滤—消毒 | 30 | 7 818 | 10 644 | 9 788 | 2 212 |
| 槐房再生水厂 | MBR | 60 | 12 617 | 15 472 | 14 205 | 3 290 |
| 小红门再生水厂 | 生物滤池—过滤—臭氧—消毒 | 60 | 19 242 | 19 281 | 18 369 | 3 687 |
| 合计 | — | 423 | 123 179 | 130 228 | 121 761 | 27 784 |

## 三、经营情况

　　截至 2021 年 3 月底，北京排水集团总资产达到 877.32 亿元，2021 年新增营业收入达 18.68 亿元，整体增长情况与往年持平。2020 年北京排水集团营业收入为 90.46 亿元，整体增长率达 23.80%，公司利润总额整体主要来自经营性业务利润，2020 年营业收入水平较 2019 年有所提升，营业毛利率相对稳定，经营性业务利润较 2019 年实现一定增长（见图 8-21）。

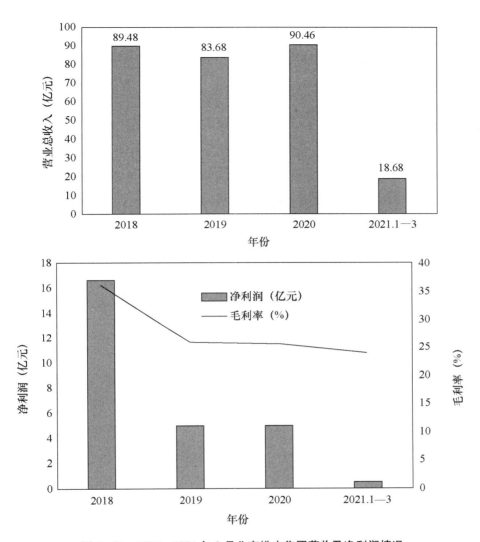

图 8 - 21　2018—2021 年 3 月北京排水集团营收及净利润情况

## 四、核心竞争力分析

北京排水集团落实《北京市加快污水处理和再生水利用设施建设三年行动方案》，完成雨水泵站改造、新建再生水厂、污水处理厂升级改造、建设污泥集中处理设施等重大项目建设任务。随着集团承担的建设项目全面完成，北京市中心城区污水处理能力由 267 万 m³/d 提升至 543 万 m³/d，每年可生产再生水量近 10 亿 m³。北京排水集团成功地将传统污水处理设施转变为现代化生态水厂，实现了北京市污水处理、再生水生产利用和防汛排涝能力全面提升、居全国领先水平，中心城区水污染治理问题得到根本性解决。

（一）打造绿色、循环的现代化生态水厂

北京排水集团充分发挥厂网一体化运营管理优势，使每一个新建和改造后的再生水厂都成为资源循环利用的现代化水厂。除了污水再生利用外，污泥经过无害化处理将进一步生产为资源化产品，可应用于林地抚育、土壤改良、苗圃种植、沙荒地治理、矿山修复等领域；水厂在运行中还利用污泥消化产生的沼气和沼气利用设施为厂内生产提供热能和电能；利用厂区空间和光伏技术发电，为厂区提供用电或上网外供；利用水源热泵技术，通过提取污水中的热能用于厂区的制冷供暖。

（二）实现污泥减量化、资源化及循环利用

北京排水集团集中建设了高碑店、小红门、槐房、高安屯、清河第二等 5 个污泥集中处理中心，污泥无害化处理能力合计为 6 128m³/d，中心城区产生的污泥将全部在厂内进行减量化、无害化处理，并加快实现污泥资源化利用。污泥处置设施选择世界领先的热水解—厌氧消化—深度脱水技术路线，可实现污泥减量化、无害化目标，同时全面推进资源化建设。

（三）自主研发的技术和装备得到充分应用

北京排水集团 40 年来坚持不懈地开展技术研发，重点开展水环境治理达标提标、提质增效、前沿战略性等三大类水环境治理技术的研发和转化，开发出的生物菌、高效生物脱氮除磷、污水深度处理精细过滤、再生水水质保障集成、膜组件等技术和装备达到国内领先水平，北京排水红菌（厌氧氨氧化）技术居世界先进水平。

# 参考文献

第一章

LI W W，YU H Q．Advances in energy-producing anaerobic biotechnologies for municipal wastewater treatment．Engineering，2016，2（4）：438-446．

QU J，WANG H，WANG K，et al．Municipal wastewater treatment in China：Development history and future perspectives．Frontiers of Environmental Science & Engineering，2019，13（6）：1-7．

WANG X，McCarty P L，LIU J X，et al．Probabilistic evaluation of integrating resource recovery into wastewater treatment to improve environmental sustainability．PNAS，2015，112（5），1630-1635．

ZHANG J，XIAO K，LIU Z W，et al．Large-scale membrane bioreactors for industrial wastewater treatment in china：technical and economic features，driving forces，and perspectives．Engineering，2020，7（6），868-880．

ZHENG X，WEN J，SHI L，et al．A top-down approach to estimate global RO desalination water production considering uncertainty．Desalination，2020（488）．

程刘柯，叶林，朱燕，等．工业水回用相关国际标准化研究进展．中国标准化，2021（09）：67-74．

陈夏彬，王易初，倪晋仁．长江与黄河流域因子对河网结构特征的影响．中国科学：技术科学，2019，49（11）：1383-1384．

曹晓峰，胡承志，齐维晓，等．京津冀区域水资源及水环境调控与安全保障策略．中国工程科学，2019，21（05）：130-136．

陈卓，吴乾元，杜烨，等．世界卫生组织《再生水饮用回用：安全饮用水生产指南》解读. 给水排水，2018，54（06）：7-12.

杜睿，彭永臻. 城市污水生物脱氮技术变革：厌氧氨氧化的研究与实践新进展. 中国科学：技术科学，2021，51：1-14.

胡洪营，吴乾元，黄晶晶，等. 再生水水质安全评价与保障原理. 北京：科学出版社，2011.

胡洪营. 中国城镇污水处理与再生利用发展报告（1978—2020）. 北京：中国建筑工业出版社，2021.

侯立安，吴明红，席北斗，等. 2019 年水环境安全热点回眸. 科技导报，2020，38（01）：215-228.

黄霞，文湘华. 膜法水处理工艺膜污染机理与控制技术. 北京：科学出版社，2016.

建设面向未来的中国污水处理概念厂引领城市污水处理高质量发展. 给水排水，2014，40（03）：112.

李良，毕军，周元春，等. 基于粮食—能源—水关联关系的风险管控研究进展. 中国人口·资源与环境，2018，28（07）：85-92.

刘俊新，王旭. 城市污水处理的多目标管理. 给水排水，2015，51（09）：1-3.

曲久辉，赵进才，任南琪，等. 城市污水再生与循环利用的关键基础科学问题. 中国基础科学，2017，19（01）：6-12.

任洪强，丁丽丽，严永红，等. 化工园区工业废水处理新技术及工程应用. 中国石油和化工标准与质量，2009（10）：142-143.

任南琪，张建云，王秀蘅. 全域推进海绵城市建设，消除城市内涝，打造宜居环境. 环境科学学报，2020，40（10）：3481-3483.

生态环境部科技与财务司，中国环境保护产业协会. 2021 中国环保产业发展状况报告.

沈耀良，城市污水处理技术：走向低碳绿色，苏州科技大学学报（工程技术版）. 2021，34（03）：1-16.

王凯军，宫徽. 在生态文明框架下推动污水处理行业高质量发展. 给水排水，2021，57（08）：1-7.

王喜峰，王亦宁. 污水资源化管理的市场驱动路径研究. 水利经济，2021，39（06）：50-53.

杨育红，侯佳雯，汪伦焰. 中国污水处理概念厂1.0. 北京：中国水利水电出版社，2020.

王洪臣. 污水资源化是突破经济社会发展水资源瓶颈的根本途径. 给水排水，2021，47（04）：1-5.

王金南，董战峰，蒋洪强，等. 中国环境保护战略政策 70 年历史变迁与改革方向. 环境科学研究，2019，32（10）：1636-1644.

王金南，孙宏亮，续衍雪，等. 关于"十四五"长江流域水生态环境保护的思考. 环境科学研究，2020，33（05）：1075-1080.

王旭，刘玉，罗雨莉，等. 基于高附加值产品的废水资源化技术发展趋势与应用展望. 环境工程学报，2020，14（08）：2011-2019.

魏源送，常国梁，吴敬东，等. 基于"源—流—汇"的非常规水源补给河流水质改善与水生态修复专刊序言. 环境科学学报，2021，41（01）：1-6.

魏源送，郑利兵，张春，等. 热电厂中水回用深度处理技术与国内应用进展. 水资源保护，2018，34（06）：1-16.

夏军，左其亭. 中国水资源利用与保护 40 年（1978—2018 年）. 城市与环境研究，2018（02）：18-32.

徐祖信，徐晋，金伟，等. 我国城市黑臭水体治理面临的挑战与机遇. 给水排水，2019，55（03）：1-77.

徐祖信，张辰，李怀正. 我国城市河流黑臭问题分类与系统化治理实践. 给水排水，2018，54（10）：1-39.

张怀宇，马军，李敏，等. 城市水系统公共卫生安全应急保障体系构建与思考. 给水排水，2020，56（04）：9-24.

中华人民共和国工业和信息化部. 工业节水技术装备与应用典型案例之二：钢铁行业. （2019-12-23）［2021-3-17］. https://www.miit.gov.cn/jgsj/jns/gzdt/art/2020/art_33195a77b2dc43988d7839d9090a0ca0.html.

中华人民共和国工业和信息化部. 工业节水技术装备与应用典型案例之四：纺织印染行业. （2019-12-26）［2021-03-17］. https://www.miit.gov.cn/jgsj/jns/gzdt/art/2020/art_bd0fc604cbd14d7d837f900c5a5ee5fe.html.

中华人民共和国工业和信息化部. 工业节水技术装备与应用典型案例之五：造纸行业. （2019-12-26）［2021-03-17］. https://www.miit.gov.cn/jgsj/jns/gzdt/art/2020/art_b0aff1f7c2bf45df83bbd8b7a839e62e.html.

中华人民共和国工业和信息化部，水利部，统计局，全国节约用水办公室. 关于印发《重点工业行业用水效率指南》的通知. （2013-10-22）［2021-03-17］. https://www.miit.gov.cn/jgsj/jns/zyjy/art/2020/art_e5c1bd28666e4dc0944ec000243231c0.

html.

中华人民共和国生态环境部，国家发展和改革委员会，住房和城乡建设部，水利部. 关于印发《区域再生水循环利用试点实施方案》的通知. （2021－12－24）[2022－03－09］. https：//www. mee. gov. cn/xxgk2018/xxgk/xxgk05/202112/t20211231_965785. html.

中华人民共和国水利部，国家发展和改革委员会，住房和城乡建设部，工业和信息化部，自然资源部，生态环境部关于印发《典型地区再生水利用配置试点方案》的通知.（2021－12－10）[2022－03－09］. http：//qgjsb. mwr. gov. cn/tzgg/202112/t20211220_1556130. html.

**第二章**

APOSTOLIDIS N，HERTLE C，YOUNG R. Water recycling in Australia. Water，2011，3：869－881.

British Columbia Ministry of Environment. British Columbia，Reclaimed water guideline. British Columbia，Canada：British Columbia Ministry of Environment，2013.

British Columbia Regulations. British Columbia environmental management act，municipal wastewater. British Columbia，Canada：British Columbia Regulations，2012.

Bureau of Meteorology，Australian Government. Water in Australia 2018－19. http：//www. bom. gov. au/water/waterinaustralia/copyright. shtml.

Bureau of Sewerage，Tokyo Metropolitan Government. Ochiai water reclamation center. https：//www. gesui. metro. tokyo. lg. jp/english/pdf/ochiai. pdf.

California Water Reuse Action Plan Committee. California water reuse action plan. California，America：California Water Reuse Action Plan Committee，2019.

Canada Minister of Health. Canadian guidelines for domestic reclaimed water for use in toilet and urinal flushing. Canada：Canada Minister of Health，2010.

DEVILLER G，LUNDY L，FATTA-KASSINOS D. Recommendations to derive quality standards for chemical pollutants in reclaimed water intended for reuse in agricultural irrigation. Chemosphere，2019（240）.

Environment and Climate Change Canada. Wastewater systems effluent regulations. Canada：Environment and Climate Change Canada，2016.

Florida Department of Environmental Protection. 2019 reuse inventory. Tallahassee，Florida，America：Florida Department of Environmental Protection，2020.

KOG Y. Water reclamation and reuse in Singapore. Journal of Environmental Engineering，2020，146（4）.

LEE H，TAN T P. Singapore's experience with reclaimed water：NEWater. International Journal of Water Resources Development，2016，32（4）：611−621.

MELGAREJO J，LÓPEZ-ORTIZ M. Depuración y reutilización de aguas en España. Agua y Territorio，2017：22.

MESEGUER E，BERNABÉ-CRESPO M，GÓMEZ ESPÍN J M. Recycled sewage—A water resource for dry regions of southeastern Spain. Water Resources Management，2019，33.

Ministry of Land，Infrastructure Transport and Tourism（MLIT）. Current state of water resources in Japan. https：//www. mlit. go. jp/tochimizushigen/mizsei/water_resources/contents/current_state2. html.

MOUHEB N，BAHRI A，THAYER B，et al. The reuse of reclaimed water for irrigation around the Mediterranean Rim：a step towards a more virtuous cycle? Regional Environmental Change，2018.

National Research Council. Water reuse：potential for expanding the nation's water supply through reuse of municipal wastewater. Washington，D. C：The National Academies Press，2012.

NG P，TEO C. Singapore's water challenges past to present. International Journal of Water Resources Development. 2019，36：1−9.

OGOSHI M，SUZUKI Y，ASANO T. Water reuse in Japan. Water Science and Technology，2001，43：17−23.

Ontario Ministry of the Environment. Water and energy conservation guidance manual for sewage works. Ontario，Canada：Ontario Ministry of the Environment，2019.

QIN J，KEKRE K，TAO G，et al. New option of MBR-RO process for production of NEWater from domestic sewage. Journal of Membrane Science，2006，272：70−77.

RADCLIFFE J，PAGE D. Water reuse and recycling in Australia-history，current situation and future perspectives. Water Cycle，2020，1：19−40.

Rainwater Harvesting Task Group. Alberta government guidelines for residential rainwater harvesting systems. Alberta，Canada：Rainwater Harvesting Task

Group，2010.

REBELO A，QUADRADO M，FRANCO A，et al. Water reuse in Portugal：New legislation trends to support the definition of water quality standards based on risk characterization. Water Cycle，2020，1.

ROSSUM T. Water reuse and recycling in Canada—history，current situation and future perspectives. Water Cycle，2020，1，98-103.

SEAH H. Singapore's water strategy：Diversified，robust，and sustainable. Journal American Water Works Association. 2020，112：40-47.

SEAH H，TAN T，CHONG M，et al. NEWater—multi safety barrier approach for indirect potable use. Water Science & Technology：Water Supply，2008，8.

TAKEUCHI H，TANAKA H. Water reuse and recycling in Japan—History，current situation，and future perspectives. Water Cycle，2020，1：1-12.

TRAPOTE A. Tecnologías de depuración y reutilización：nuevos enfoques. Agua y Territorio，2017：48.

United States Environmental Protection Agency. 2012 guidelines for water reuse. America：United States Environmental Protection Agency，2012.

United States Environmental Protection Agency. 2017 potable reuse compendium. America：United States Environmental Protection Agency，2017.

WHO. Guidelines for drinking-water quality，first addendum to the fourth edition. Geneva：WHO，2017.

卢睿卿，杨光，宫徽，等. 新加坡新生水工艺对我国生产高品质回用水的启示. 中国给水排水，2019，35（14）：36-40.

莫利纳，A.，朱庆云. 西班牙水资源短缺问题及水政策取向——调水、海水淡化和污水再利用等方案之间的平衡. 水利水电快报，2017，38（10）：13-17.

水循环政策本部事务局. 关于水循环的主要举措状况. 日本：水循环政策本部事务局，2020.

许国栋，高嵩，俞岚，等. 新加坡新生水（NEWater）的发展历程及其成功要素分析环境保护，2018，46（07）：70-73.

张昱，刘超，杨敏. 日本城市污水再生利用方面的经验分析. 环境工程学报，2011，5（06）：1221-1226.

## 第三章

ZHU J J, DRESSEL W, PACION K, REN Z J. ES&T in the 21st century: A data-driven analysis of research topics, interconnections, and trends in the past 20 years. Environmental Science & Technology, 2021, 55 (6): 3453-3464.

刘晓君, 杨兴, 付汉良. 再生水研究的发展态势与研究热点分析——基于 CiteSpace 的图谱量化研究. 干旱区资源与环境, 2019, 33 (04): 68-75.

王曼娜, 陈晨, 陈晓芬, 等. 我国再生水领域的研究和应用趋势——基于博硕士论文与专利的分析//中国环境科学学会. 中国环境科学学会学术年会, 2014, 4586-4593.

徐慧芳, 郑祥, 樊耀波. 利用 SCI 分析学科发展——以近 15 年的 MBR 研究状况为例. 现代情报, 2007, 27 (3): 45-48, 51.

徐慧芳, 谭送琴, 况彩菱, 等. 基于计量的中国膜产业基础竞争力分析. 膜科学与技术, 2018, 38 (6): 129-137.

夏军, 吴霞. 页岩气开发的水资源与绿色发展面临的机遇与挑战. 地球科学与环境学报, 2021, 43 (02): 205-214.

郑祥, 孔亚东, 谭送琴, 等. 中美膜领域科研实力比较——基于文献计量学的视角. 膜科学与技术, 2020, 40 (3): 136-144.

## 第四章

鲍超. 中国城镇化与经济增长及用水变化的时空耦合关系. 地理学报, 2014 (12): 1799-1809.

鲍超, 贺东梅. 京津冀城市群水资源开发利用的时空特征与政策启示. 地理科学进展, 2017, 36 (1): 58-67.

匡跃辉. 长株潭城市群缺水现状、原因及对策. 中国城市经济, 2012 (02): 28-29.

凌霄, 徐志标. 珠江三角洲城市群水资源区域一体化研究. 给水排水, 2016 (10): 21-24.

彭佳捷, 周国华, 唐承丽, 等. 长株潭城市群环境压力与经济发展脱钩研究. 热带地理, 2011, (03): 298-303.

夏军, 刘柏君, 程丹东. 黄河水安全与流域高质量发展思路探讨. 人民黄河, 2021, 43 (10): 11-16.

熊鹰, 李静芝, 蒋丁玲. 基于仿真模拟的长株潭城市群水资源供需系统决策优化. 地理学报, 2013 (09): 1225-1239.

张小刚, 罗雅. 长株潭城市群资源环境承载力评价及改善措施研究. 中南林业科技大学学报（社会科学版），2015（3）：34-39.

张秀智. 七大城市群节约用水和再生水利用状况比较分析. 给水排水，2017（07）：39-48.

### 第五章

郭宇杰，王学超，周振民. 我国城市污水处理回用调查研究. 环境科学，2012，33（11）：3881-3884.

黄绪达. 青岛市麦岛污水处理厂扩建工程设计. 给水排水，2007（09）：31-34.

柯崇宜. 青岛海泊河污水处理厂污水回用工程. 给水排水，1999（08）：35-36.

李威，孔德骞. 深圳市再生水利用专题调研分析. 中国给水排水，2009，25（16）：23-25.

刘杰，徐桂淋，阙添进，等. 罗芳污水处理厂MBR生化段提标改造方案分析. 中国给水排水，2018，34（10）：22-25.

林功波. 昆明空港经济区再生水利用系统专项规划. 中国给水排水，2013，29（02）：87-90.

马东春，唐摇影，于宗绪. 北京市再生水利用发展对策研究. 西北大学学报（自然科学版），2020，50（05）：779-786.

孟涛. MBBR工艺用于青岛李村河污水处理厂升级改造. 给水排水，2013（02）：59-62.

聂新宇. 无锡梅村污水处理厂MBR工艺多年运行效果分析. 给水排水，2017（01）：25-27.

王静，张灿，刘艳慧，等. 昆明市污水再生利用情况调研. 三峡环境与生态，2013，35（01）：56-59.

温东辉，丁嫚，龚询木，等. 昆明市中水再生处理及回用现状调研. 环境科学导刊，2011，30（05）：55-76.

徐傲，巫寅虎，陈卓，等. 北京市城镇污水再生利用现状与潜力分析. 环境工程，2021，39（09）：1-47.

西安市水务局. 2010—2020年西安市水资源公报.

曾学云，彭瑜，杜河清，等. 深圳市宝安区再生水利用探讨. 人民珠江，2010，31（04）：51-53.

赵立立. 西安市中水利用现状分析及对策研究. 水资源开发与管理，2020（03）：49-51.

张蕊. 天津出台再生水利用规划. 区域治理，2019（17）：67-69.

张新，李育宏. 天津市中心城区污水再生利用现状与发展. 天津建设科技，2019，29（03）：58-60.

钟昊亮. 深圳市污水处理厂提标改造生产保障措施. 中国给水排水，2018，34（24）：26-31.

## 第六章

中华人民共和国生态环境部，国家发展和改革委员会，住房和城乡建设部，水利部. 关于印发《区域再生水循环利用试点实施方案》的通知. （2021-12-24）［2022-03-09］. https://www.mee.gov.cn/xxgk2018/xxgk/xxgk05/202112/t20211231_965785.html.

## 第七章

陈翔，侯晓庆，郭奏恺，等. 超滤膜系统在高碑店再生水厂升级改造中的应用. 中国给水排水，2018，34（10）：77-81.

王凯军，宫徽. 在生态文明框架下推动污水处理行业高质量发展. 给水排水，2021，57（08）：1-7.

## 第八章

北京首创生态环保集团. 北京首创生态环保集团2021年度报告.

北控水务集团有限公司. 北控水务集团有限公司2021年度报告.

北京碧水源科技股份有限公司. 北京碧水源科技股份有限公司2021年度报告.

中国光大水务有限公司. 中国光大水务有限公司2021年度报告.

中持水务股份有限公司. 中持水务股份有限公司2021年度报告.

**图书在版编目（CIP）数据**

中国水处理行业可持续发展战略研究报告. 再生水卷.
Ⅱ / 郑祥，程荣，李锋民主编. -- 北京：中国人民大学
出版社，2022.9
　（中国人民大学研究报告系列）
　ISBN 978-7-300-30968-2

　Ⅰ.①中… Ⅱ.①郑… ②程… ③李… Ⅲ.①水处理
-化学工业-可持续发展战略-研究报告-中国②再生水
-可持续发展战略-研究报告-中国 Ⅳ.①X703

　中国版本图书馆 CIP 数据核字（2022）第 162412 号

中国人民大学研究报告系列
**中国水处理行业可持续发展战略研究报告（再生水卷Ⅱ）**
主编　郑　祥　程　荣　李锋民
Zhongguo Shuichuli Hangye Kechixu Fazhan Zhanlüe Yanjiu Baogao（Zaishengshui Juan Ⅱ）

| | | | |
|---|---|---|---|
| 出版发行 | 中国人民大学出版社 | | |
| 社　　址 | 北京中关村大街 31 号 | 邮政编码 | 100080 |
| 电　　话 | 010 - 62511242（总编室） | 010 - 62511770（质管部） | |
| | 010 - 82501766（邮购部） | 010 - 62514148（门市部） | |
| | 010 - 62515195（发行公司） | 010 - 62515275（盗版举报） | |
| 网　　址 | http://www.crup.com.cn | | |
| 经　　销 | 新华书店 | | |
| 印　　刷 | 唐山玺诚印务有限公司 | | |
| 规　　格 | 185 mm×260 mm　16 开本 | 版　　次 | 2022 年 9 月第 1 版 |
| 印　　张 | 19.5 插页 1 | 印　　次 | 2022 年 9 月第 1 次印刷 |
| 字　　数 | 347 000 | 定　　价 | 78.00 元 |